概率论与数理统计

潘兴侠 主编

毕公平 何军 邢秋菊 邹群 明万元 鲍丽娟 熊归凤 副主编

清华大学出版社
北京

内 容 简 介

本书系统介绍了概率论与数理统计的基本概念、理论、思想、方法。全书共8章,第1~5章为概率论部分,介绍随机事件及其概率、随机变量及其分布、多维随机变量及其分布、随机变量的数字特征、大数定律与中心极限定理;第6~8章为数理统计部分,介绍样本及抽样分布、参数估计、假设检验。

本书立足于应用型人才的培养定位,全书贯穿应用主线,每章均以实际案例引入、以实际案例分析结尾,引导学生运用理论知识解决实际问题。每节均配有习题,每章都配有考研题精选和自测题,并在书后配有习题答案,供读者选择使用。

本书可作为高等院校概率论与数理统计课程的教材,也可供相关工作者参考使用。

本书封面贴有清华大学出版社防伪标签,无标签者不得销售。
版权所有,侵权必究。举报:010-62782989,beiqinquan@tup.tsinghua.edu.cn。

图书在版编目(CIP)数据

概率论与数理统计 / 潘兴侠主编. -- 北京 : 清华大学出版社,2024.8(2024.9重印). -- ISBN 978-7-302-66912-8

I. O21

中国国家版本馆 CIP 数据核字第 2024382AG4 号

责任编辑:聂军来
封面设计:常雪影
责任校对:刘 静
责任印制:杨 艳

出版发行:清华大学出版社
    网 址:https://www.tup.com.cn, https://www.wqxuetang.com
    地 址:北京清华大学学研大厦A座 邮 编:100084
    社 总 机:010-83470000 邮 购:010-62786544
    投稿与读者服务:010-62776969, c-service@tup.tsinghua.edu.cn
    质量反馈:010-62772015, zhiliang@tup.tsinghua.edu.cn
    课件下载:https://www.tup.com.cn,010-83470410
印 装 者:北京联兴盛业印刷股份有限公司
经 销:全国新华书店
开 本:185mm×260mm 印 张:14 字 数:337千字
版 次:2024年8月第1版 印 次:2024年9月第2次印刷
定 价:49.00元

产品编号:105913-01

本书编委会

主　编
　　潘兴侠

副主编（按姓氏笔画排序）
　　毕公平　何　军　邢秋菊　邹　群
　　明万元　鲍丽娟　熊归凤

前 言

"概率论与数理统计"是高等学校理、工、经管等专业的一门重要的基础理论课,是研究随机现象及其规律的数学课程,其理论方法是研究和处理随机现象的基础。本课程教学旨在使学生理解概率论与数理统计的基本概念、基本理论,掌握处理随机现象的基本思想和方法,具有运用随机数学方法分析和解决实际问题的能力。本书坚持以习近平新时代中国特色社会主义思想为指导,深入贯彻落实党的二十大精神,立足应用型人才的培养定位,引导学生应用理论知识解决实际问题,让学生有兴趣、愿意学、学得会、会应用。在保持本课程知识体系的基础上,突出应用和行业背景,特别编写了贴近学生生活的本土化课程案例,提升课程的实用性和吸引力。

本书具有如下特色。

(1) 重视理论应用。每章均以实际案例引入,全书贯穿应用主线,引导学生应用理论知识解决实际问题。

(2) 重视思想方法。突显数学思想,关注直观想法,加深对方法的理解。

(3) 优化教学案例。结合各专业的实际问题、南昌航空大学航空特色和江西地方特色编写本土化、融专业、贴热点、兼思政的教学案例。

(4) 实现两个转变。一是从重视知识体系完整的理论导向向重视专业需求的应用导向转变;二是从重视数学理论的应试导向向重视数学应用的能力导向转变。

(5) 兼顾思政育人。在知识点导入、联系实际与热点案例分析过程中,讲中国故事、悟万物本质、引价值思考。

本书内容分为两部分(共8章)和一个附录,第1~5章为概率论部分,第6~8章为数理统计部分,教师可以根据专业需求选讲。

第1章为随机事件及其概率,是本课程的基础,是与中学概率统计内容的重要衔接,介绍随机事件及其关系运算、随机事件的概率、古典概型、条件概率、事件的独立性等。

第2章为随机变量及其分布,是第1章内容的深化,将样本空间数量化,使用分析工具研究随机事件及其概率;介绍随机变量及其分布函数、离散型随机变量及其分布律、连续型随机变量及其概率密度、随机变量函数的分布等。

第3章为多维随机变量及其分布,是第2章的推广,将一维随机变量的相关理论推广到多维(主要是二维)情形,主要介绍二维随机变量及其分布、边缘分布、条件分布、独立性、两个随机变量函数的分布等。

第4章为随机变量的数字特征,是用数字描述随机变量的某些特性,主要介绍随机变量的数学期望、方差、协方差、相关系数及矩等概念。

第5章为大数定律与中心极限定理,是后续数理统计的理论基础。

第6章为样本及抽样分布,是数理统计内容的预备知识,介绍数理统计的基础知识,包括随机样本、统计量、重要的抽样分布等。

第7章为参数估计,是统计推断的核心内容之一,主要介绍点估计和区间估计。

第8章为假设检验,是统计推断的第二个核心内容,是一种重要的统计方法,主要包括假设检验的基本概念、一个正态总体参数的假设检验、两个正态总体参数的假设检验。

附录提供了一些重要分布的分布表,以便读者查阅。

本书编者为潘兴侠(第1章)、明万元(第2章)、熊归凤(第3章)、鲍丽娟(第4章)、毕公平(第5章)、邹群(第6章)、邢秋菊(第7章)、何军(第8章)。本书由李曦教授审阅。

本书在编写的过程中得到了南昌航空大学数学与信息科学学院领导和同事的大力支持,在此对他们表示衷心的感谢。

由于编者水平有限,书中难免有不足之处,敬请读者批评指正。

编 者

2024年1月

目 录

第一部分 概 率 论

第1章 随机事件及其概率 ········ 003

- 1.1 随机事件及其关系运算 ········ 003
  - 1.1.1 随机试验 ········ 003
  - 1.1.2 随机事件 ········ 004
  - 1.1.3 随机事件的关系与运算 ········ 005
  - 习题1.1 ········ 008
- 1.2 随机事件的概率及其性质 ········ 008
  - 1.2.1 频率 ········ 008
  - 1.2.2 概率及其性质 ········ 010
  - 习题1.2 ········ 011
- 1.3 古典概型 ········ 012
  - 1.3.1 古典概型的简介 ········ 012
  - 1.3.2 基本计数方法 ········ 012
  - 1.3.3 古典概型的基本模型 ········ 013
  - 1.3.4 典型例题 ········ 014
  - 1.3.5 几何概型 ········ 015
  - 习题1.3 ········ 015
- 1.4 条件概率 ········ 016
  - 1.4.1 条件概率与乘法公式 ········ 016
  - 1.4.2 全概率公式与贝叶斯公式 ········ 018
  - 习题1.4 ········ 021
- 1.5 随机事件的独立性 ········ 021
  - 1.5.1 两个事件的独立性 ········ 021
  - 1.5.2 多个事件的独立性 ········ 022
  - 习题1.5 ········ 024
- 实际案例 ········ 025
- 考研题精选 ········ 028
- 自测题 ········ 029

第2章 随机变量及其分布 ... 031

2.1 离散型随机变量及其分布律 ... 031
2.1.1 随机变量 ... 031
2.1.2 离散型随机变量 ... 032
2.1.3 常见离散型随机变量的分布 ... 033
习题 2.1 ... 036

2.2 随机变量的分布函数 ... 037
习题 2.2 ... 041

2.3 连续型随机变量及其概率密度 ... 041
2.3.1 连续型随机变量的概率密度 ... 041
2.3.2 常见连续型随机变量的分布 ... 042
习题 2.3 ... 047

2.4 随机变量的函数及其分布 ... 047
习题 2.4 ... 049

实际案例 ... 050
考研题精选 ... 051
自测题 ... 052

第3章 多维随机变量及其分布 ... 054

3.1 二维随机变量及其分布 ... 054
3.1.1 二维随机变量及其分布函数 ... 054
3.1.2 二维离散型随机变量 ... 056
3.1.3 二维连续型随机变量 ... 058
3.1.4 n 维随机变量及其分布函数 ... 060
习题 3.1 ... 060

3.2 边缘分布 ... 061
3.2.1 边缘分布函数 ... 061
3.2.2 边缘分布律 ... 062
3.2.3 边缘概率密度 ... 064
习题 3.2 ... 066

3.3 条件分布 ... 067
3.3.1 离散型随机变量的条件分布 ... 067
3.3.2 连续型随机变量的条件分布 ... 070
习题 3.3 ... 072

3.4 随机变量的独立性 ... 073
3.4.1 两个随机变量的独立性 ... 073
3.4.2 二维离散型随机变量的独立性 ... 074
3.4.3 二维连续型随机变量的独立性 ... 076

   3.4.4 n 维随机变量的独立性 ································· 078
   习题 3.4 ··· 079
  3.5 两个随机变量函数的分布 ··· 080
   3.5.1 二维离散型随机变量函数的分布 ································· 080
   3.5.2 二维连续型随机变量函数的分布 ································· 081
   习题 3.5 ··· 087
 实际案例 ··· 088
 考研题精选 ··· 089
 自测题 ·· 091

第 4 章 随机变量的数字特征 ··· 093

  4.1 数学期望 ··· 093
   4.1.1 数学期望的定义 ··· 093
   4.1.2 随机变量函数的数学期望 ································· 096
   4.1.3 数学期望的性质 ··· 098
   习题 4.1 ··· 100
  4.2 方差 ··· 100
   4.2.1 方差的定义 ·· 100
   4.2.2 方差的性质 ·· 103
   习题 4.2 ··· 105
  4.3 协方差、相关系数及矩 ··· 105
   4.3.1 协方差 ··· 105
   4.3.2 相关系数 ·· 107
   4.3.3 矩 ·· 108
   习题 4.3 ··· 109
 实际案例 ··· 109
 考研题精选 ··· 111
 自测题 ·· 112

第 5 章 大数定律与中心极限定理 ·· 114

  5.1 大数定律 ··· 114
   5.1.1 切比雪夫不等式 ··· 114
   5.1.2 三个常用的大数定律 ·· 116
   习题 5.1 ··· 118
  5.2 中心极限定理 ·· 118
   5.2.1 独立同分布中心极限定理 ································· 118
   5.2.2 二项分布中心极限定理 ···································· 119
   习题 5.2 ··· 120
 实际案例 ··· 121

考研题精选 …………………………………………………………………………… 123
自测题 ……………………………………………………………………………… 124

第二部分　数 理 统 计

第6章　样本及抽样分布 ………………………………………………………… 129

6.1　随机样本 ……………………………………………………………………… 129
　　习题 6.1 ……………………………………………………………………… 131
6.2　抽样分布 ……………………………………………………………………… 131
　　6.2.1　统计量的概念 ……………………………………………………… 131
　　6.2.2　几个重要的抽样分布 ……………………………………………… 132
　　6.2.3　正态总体的均值与方差的分布 …………………………………… 137
　　习题 6.2 ……………………………………………………………………… 139
实际案例 …………………………………………………………………………… 140
考研题精选 ………………………………………………………………………… 142
自测题 ……………………………………………………………………………… 143

第7章　参数估计 ………………………………………………………………… 145

7.1　点估计 ………………………………………………………………………… 145
　　7.1.1　矩估计法 …………………………………………………………… 146
　　7.1.2　最大似然估计法 …………………………………………………… 148
　　习题 7.1 ……………………………………………………………………… 152
7.2　估计量的评选标准 …………………………………………………………… 153
　　7.2.1　无偏性 ……………………………………………………………… 153
　　7.2.2　有效性 ……………………………………………………………… 154
　　7.2.3　一致性（相合性） …………………………………………………… 155
　　习题 7.2 ……………………………………………………………………… 155
7.3　一个正态总体参数的区间估计 ……………………………………………… 156
　　7.3.1　一个正态总体均值的区间估计 …………………………………… 157
　　7.3.2　一个正态总体方差的区间估计 …………………………………… 160
　　习题 7.3 ……………………………………………………………………… 163
7.4　两个正态总体参数的区间估计 ……………………………………………… 163
　　7.4.1　两个正态总体均值差的区间估计 ………………………………… 163
　　7.4.2　两个正态总体方差比的区间估计 ………………………………… 165
　　习题 7.4 ……………………………………………………………………… 170
实际案例 …………………………………………………………………………… 170
考研题精选 ………………………………………………………………………… 172
自测题 ……………………………………………………………………………… 174

第8章 假设检验 ……………………………………………………………………… 176

8.1 假设检验的基本概念 ……………………………………………………… 176
8.1.1 假设检验的基本思想和概念 ………………………………………… 176
8.1.2 假设检验的基本步骤 ………………………………………………… 178
习题 8.1 …………………………………………………………………… 179

8.2 一个正态总体参数的假设检验 …………………………………………… 179
8.2.1 一个正态总体均值的假设检验 ……………………………………… 179
8.2.2 一个正态总体方差的假设检验 ……………………………………… 182
习题 8.2 …………………………………………………………………… 186

8.3 两个正态总体参数的假设检验 …………………………………………… 186
8.3.1 两个正态总体均值差的假设检验 …………………………………… 186
8.3.2 两个正态总体方差比的假设检验 …………………………………… 189
习题 8.3 …………………………………………………………………… 191

*8.4 置信区间与假设检验的关系 ……………………………………………… 192
实际案例 …………………………………………………………………………… 192
考研题精选 ………………………………………………………………………… 195
自测题 ……………………………………………………………………………… 196

附录 ……………………………………………………………………………………… 198

习题答案 ………………………………………………………………………………… 212

第一部分 概 率 论

  本书内容分为两部分：第一部分是概率论的内容，包括第 1~5 章；第二部分是数理统计的内容，包括第 6~8 章。两部分相对独立又联系紧密，概率论是数理统计的理论基础，数理统计是概率论的具体应用。

  客观世界存在许多不确定的现象，称为随机现象。随机现象具有偶然性，但偶然性中又含有必然性，概率论就是定量地研究和揭示随机现象内在规律的数学学科。本部分各章节内容：第 1 章提出概率的基础理论与基本概念，给出了概率的定义与性质，建立了概率论的集合模型；第 2、3 章的重点是概率的函数与微积分模型，首先引入随机变量，然后给出随机变量分布函数的定义，将概率用函数描述。随机变量分为离散型随机变量和连续型随机变量两大类，离散型随机变量主要用分布律描述，连续型随机变量主要用概率密度描述。一维随机变量的分布函数与概率密度之间通过求导与积分转换。二维随机变量的分布函数是二元函数，它与概率密度之间通过分别对两个变量求偏导与二重积分转换。二维随机变量的分布比一维随机变量复杂，既可以将其中一个随机变量单独拿出来研究，即研究其边缘分布，也可以将其作为一个随机向量整体来研究，即研究其联合分布，对应第 1 章的条件概率，我们也可以研究其条件分布。第 4 章提出随机变量的 4 种典型的数字特征，即数学期望、方差、协方差与相关系数。这些数字特征以数学期望的概念为核心，其他的概念均可以从数学期望推导而来。数学期望与方差为本章的重点内容。第 5 章是概率论的核心理论，它解释了随机试验中事件发生的频率以概率收敛于其概率的事实，为"用频率近似表示概率"提供严谨的理论依据；另外，中心极限定理解释了为什么正态分布是最常见的分布这一现象。

  总之，要学好概率论，首先要了解它的研究对象、研究内容和研究方法。概率论主要用分析工具处理随机现象问题，因此要善于利用高等数学的知识来分析和计算，本书涉及的高等数学知识有一元函数的微分、积分、二元函数的偏导与重积分、反常积分和级数等。要善于分析应用题，首先清楚应用题中事件及其关系，然后合理设出随机变量，最后通过对应的概率论知识解题。

第 1 章

随机事件及其概率

病毒检测呈阳性一定是感染了该种病毒吗?若不是,感染的概率有多大?需要几次病毒检测才能确诊感染了该病毒?中签概率和抽签次序有关吗?银行是如何根据客户的还款记录对客户进行信用评估的呢?谚语"三个臭皮匠顶个诸葛亮"如何解释?……这些问题都可以在本章找到答案。

概率论是研究随机现象的一个数学分支,其根本是揭示随机现象结果的统计规律性。此前大家所学的数学课程研究的都是确定性现象,如何探究不确定性现象(随机现象)的确定性(统计规律),初学者往往会产生困惑。认真学习并掌握本章的基本概念是非常关键的,这也是概率论与数理统计的基础。

样本空间是对随机现象的首次抽象,由此建立概率论的集合模型,并借助集合的运算与性质描述各种随机事件,并为第 2、3 章进一步建立概率论的函数与微积分模型奠定基础。由频率的三大性质引出概率的公理化定义,并且从这个定义得到概率的若干性质,它们是概率计算的基础。条件概率是在确定某事件发生的前提下另一事件发生的概率,实际上它也是概率的一种表现形式,它满足概率的所有性质。从条件概率引出的乘法公式以及从概率定义引出的加法公式是概率计算的两大基本公式。全概率公式是加法公式与乘法公式的综合应用,它用于多原因下的"执因索果"问题;贝叶斯公式用于"执果索因"问题,它是由条件概率公式与全概率公式相结合推导出来的。独立性是事件之间的一种特殊的关系,在独立条件下乘法公式有着更加简洁的形式。

本章介绍了一种重要的概型——古典概型,它的计算是基于简单的计数法,加法原理、乘法原理与排列组合是用于计数的基本方法,它们在这里有着非常灵活的应用。

本章学习要点:
- 随机事件及其关系运算;
- 随机事件的概率及其性质;
- 古典概型;
- 条件概率;
- 随机事件的独立性。

1.1 随机事件及其关系运算

1.1.1 随机试验

自然界和社会中的现象分为两种:确定性现象和随机现象。

确定性现象是在一定的条件下必然会导致某种确定性结果发生的现象。例如,物理学中的同性电荷互斥,化学反应中参加反应的各物质的质量总和等于反应后生成各物质的质量总和,数学中函数在间断点处不存在导数,等等,这些都属于确定性现象。确定性现象的特征是条件完全确定的结果。

随机现象是在一定的条件下可能出现这样或那样结果的现象,即在一定的条件下结果不唯一。例如,掷一枚硬币,可能正面朝上,也可能反面朝上;到达某十字路口,可能红灯亮,也可能绿灯亮;从一副扑克牌中任意抽取一张,可能抽到黑桃,也可能抽到其他花色等。随机现象的特征是条件不能完全确定结果。

随机现象在一次试验或观察中出现哪种结果具有偶然性,但在大量重复试验或观察中,这种结果会呈现出一定的规律性。例如,在相同的条件下多次掷一枚硬币,正面朝上和反面朝上的次数大致相同。正如恩格斯所说,偶然性背后必然隐藏着必然性。这种在大量重复试验或观察中所呈现出的规律性称为**统计规律性**。概率论与数理统计就是研究随机现象统计规律性的一门数学学科。

我们是通过随机试验来研究随机现象的。

定义 1.1.1 具有如下三个特征的试验称为**随机试验**:

(1) 可以在相同的条件下重复进行;

(2) 每次试验可能的结果不止一个,并且可以预知所有可能的结果;

(3) 每次试验前无法预知哪个结果会出现。

随机试验常用字母 E 表示,简称为试验。这里的试验是一个含义广泛的术语,包括各种各样的科学实验,甚至对某一事物的某一特征的观察也认为是一种试验。下面举一些随机试验的例子。

E_1:掷一枚硬币,观察正、反面出现的情况。

E_2:射手射击一个目标,直到射中为止,观察其射击的次数。

E_3:从一批产品中抽取 10 件,观察其次品数。

E_4:掷一枚骰子,观察出现的点数。

E_5:从一批灯泡中任取一只,测试灯泡的使用寿命。

1.1.2 随机事件

1. 样本空间

定义 1.1.2 随机试验 E 所有可能的结果构成的集合称为该随机试验的**样本空间**,记作 S。样本空间的元素,即随机试验每个可能的结果,称为**样本点**,记作 e。

【**例 1.1.1**】 写出 1.1.1 小节中的随机试验 $E_1 \sim E_5$ 的样本空间。

解
$$S_1 = \{正面, 反面\}$$
$$S_2 = \{1, 2, 3, \cdots\}$$
$$S_3 = \{0, 1, 2, 3, 4, 5, 6, 7, 8, 9, 10\}$$
$$S_4 = \{1, 2, 3, 4, 5, 6\}$$
$$S_5 = \{t \mid t > 0\}$$

注:样本空间的元素是由试验目的确定的,不同的试验目的,其样本空间是不一样的。如对于试验"将一枚硬币掷两次",如果试验目的是"观察正、反面出现的情况",则样本空间

为 $S=\{$正正,正反,反正,反反$\}$。如果试验目的是"观察正面出现的次数",则样本空间为 $S=\{0,1,2\}$。

2. 随机事件

在实际问题中,对于一个随机试验,人们往往更关心样本空间中满足某种条件的那些样本点所组成的集合。如在掷骰子试验 E_4 中,常常要根据掷出点数的奇偶性进行分组。满足条件"掷出的点数为奇数"的样本点所组成的集合 $A=\{1,3,5\}$,即样本空间 S_4 的子集,称为试验 E_4 的一个随机事件。一般地,称随机试验 E 的样本空间 S 的子集为 E 的**随机事件**,简称**事件**,记作 $A,B,C,\cdots$。

事件 A 发生,当且仅当子集 A 中有一个样本点出现。若一次试验的结果 e 在事件 A 的集合中,我们称 e 属于 A,即 $e\in A$,则称事件 A 发生了;若 $e\notin A$,则称这次试验事件 A 不发生。例如,在随机试验 E_4 中,设 A 表示事件"出现的点数为奇数",即 $A=\{1,3,5\}$,若某人掷得的点数为 $2,2\notin A$,则表示事件 A 没发生;若掷得的点数为 $5,5\in A$,则表明事件 A 发生了。

特别地,每次试验都必然发生的事件称为**必然事件**;每次试验都不可能发生的事件称为**不可能事件**;由单个样本点组成的单点集称为**基本事件**。必然事件包含所有的样本点,即为样本空间,记作 S;不可能事件不包含任何样本点,是空集,记作 $\varnothing$。

【例 1.1.2】 在掷骰子试验中,试表示下列事件:

(1) 出现的点数大于 7;

(2) 出现的点数不大于 6;

(3) 出现的点数为奇数;

(4) 出现的点数为 3;

(5) 出现的点数不小于 5。

解 掷骰子试验的样本空间为 $S=\{1,2,3,4,5,6\}$。

(1) 事件"出现的点数大于 7"$=\varnothing$,是不可能事件。

(2) 事件"出现的点数不大于 6"$=\{1,2,3,4,5,6\}=S$,是必然事件。

(3) 事件"出现的点数为奇数"$=\{1,3,5\}$。

(4) 事件"出现的点数为 3"$=\{3\}$,是基本事件。

(5) 事件"出现的点数不小于 5"$=\{5,6\}$。

1.1.3 随机事件的关系与运算

随机事件是样本空间的子集,集合有关系与运算,自然地随机事件也有相应的关系与运算。设随机试验 E 的样本空间为 $S,A,B,A_1,A_2,\cdots,A_k,\cdots$ 分别是随机事件。

1. 事件的包含关系

定义 1.1.3 如果事件 A 的发生必然导致事件 B 发生,则称事件 B **包含**事件 A,或事件 A 包含于事件 B,记作 $A\subset B$。

如果青少年身体发育正常与否是由其身高与体重是否达标所决定的,则事件"身高不达标"发生必然导致事件"身体发育不良"发生,所以事件"身体发育不良"包含事件"身高不达标";再如掷骰子试验中,事件"出现 2 点"必然导致事件"出现的点数为偶数"发生,因此事件"出现的点数为偶数"包含事件"出现 2 点"。

用集合的语言，$\forall e\in A$，表示"事件 A 发生"，"事件 A 发生必然导致事件 B 发生"，即此样本点 $e\in B$。也就是说，$\forall e\in A\Rightarrow e\in B$，即集合 A 是集合 B 的子集，如图 1-1 所示。

显然，任何事件都包含于必然事件 S，而不可能事件包含于任意事件。

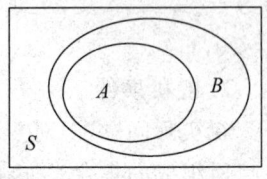

图 1-1　包含关系

2. 事件的相等关系

定义 1.1.4　如果事件 B 包含事件 A，而且事件 A 也包含事件 B，即 $A\subset B$ 且 $B\subset A$，则称事件 A 与事件 B 相等，记作 $A=B$。

两事件相等，表明它们是样本空间的同一个子集，只不过是代表同一事件的不同表述而已。

3. 事件的和运算

定义 1.1.5　"事件 A 和事件 B 至少有一个发生"称为事件 A 和事件 B 的**和事件**，记作 $A\cup B$，即 $A\cup B=\{e\mid e\in A \text{ 或 } e\in B\}$。

例如，"身体发育不良"是"身高不达标"与"体重不达标"的和事件。

用集合的语言，事件 A 和事件 B 的和事件就是集合 A 和集合 B 的并集，如图 1-2 中的阴影部分所示。

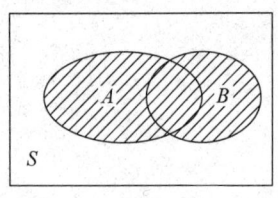

图 1-2　和事件

一般地，多个事件 $A_1,A_2,\cdots,A_n$ 的和事件记作 $A_1\cup A_2\cup\cdots\cup A_n$ 或 $\bigcup\limits_{i=1}^{n}A_i$。事件 $\bigcup\limits_{i=1}^{n}A_i$ 发生表示"事件 $A_1,A_2,\cdots,A_n$ 至少有一个发生"。

因此，称 $\bigcup\limits_{i=1}^{\infty}A_i$ 为可列个事件 $A_1,A_2,\cdots$ 的和事件。事件 $\bigcup\limits_{i=1}^{\infty}A_i$ 发生表示"事件 $A_1,A_2,\cdots$ 至少有一个发生"。

4. 事件的积运算

定义 1.1.6　"事件 A 和事件 B 同时发生"称为事件 A 和事件 B 的**积事件**，记作 $A\cap B$ 或 AB，即 $A\cap B=\{e\mid e\in A \text{ 且 } e\in B\}$。

例如，"身体发育正常"是"身高达标"与"体重达标"的积事件。

用集合的语言，事件 A 和事件 B 的积事件就是集合 A 和集合 B 的交集，如图 1-3 中的阴影部分所示。

一般地，多个事件 $A_1,A_2,\cdots,A_n$ 的积事件记作 $A_1\cap A_2\cap\cdots\cap A_n$ 或 $\bigcap\limits_{i=1}^{n}A_i$。$\bigcap\limits_{i=1}^{n}A_i$ 发生表示 n 个事件 $A_1,A_2,\cdots,A_n$ 同时发生。

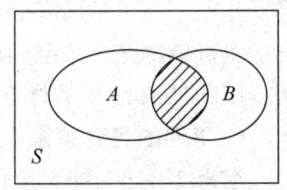

图 1-3　积事件

因此，称 $\bigcap\limits_{i=1}^{\infty}A_i$ 为可列个事件 $A_1,A_2,\cdots$ 的积事件。事件 $\bigcap\limits_{i=1}^{\infty}A_i$ 发生表示"事件 $A_1,A_2,\cdots$ 同时发生"。

5. 事件的互斥关系

定义 1.1.7　如果在同一次试验中事件 A 和事件 B 不可能同时发生，即 $AB=\varnothing$，则称事件 A 和事件 B **互不相容**或**互斥**。

例如掷一枚硬币,"出现正面"与"出现反面"是互不相容的两个事件。基本事件都是两两互不相容的。

用集合的语言,事件 A 和事件 B 互不相容等价于集合 A 和集合 B 的交集为空集,如图 1-4 所示。

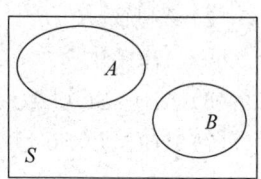

图 1-4　互斥关系

6. 事件的对立关系

定义 1.1.8　如果事件 A 和事件 B 至少有一个发生,但又不可能同时发生,即 $AB=\varnothing$,且 $A\cup B=S$,则称事件 A 和事件 B 互为**对立事件**或**逆事件**。若事件 A 和事件 B 互逆,说明在一次试验中事件 A 和事件 B 有且仅有一个发生,称事件 B 是事件 A 的逆事件。事件 A 的逆事件记为 $\overline{A}$。

例如掷骰子试验中,事件"掷出的点数为奇数"和事件"掷出的点数为偶数"就是一对互逆事件。

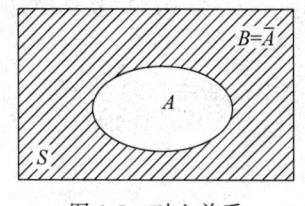

图 1-5　对立关系

用集合的语言,事件 B 是事件 A 的逆事件等价于集合 B 是集合 A 的补集或余集,如图 1-5 所示。

7. 事件的差运算

定义 1.1.9　"A 发生但 B 不发生"称为事件 A 和事件 B 的**差事件**,记作 $A-B$,即 $A-B=\{e\,|\,e\in A,\text{且}\,e\notin B\}$。

例如,事件"身高达标但体重不达标"是事件"身高达标"和事件"体重达标"的差事件。

用集合的语言,事件 A 和事件 B 的差事件就是集合 A 和集合 B 的差集,如图 1-6 中的阴影部分所示。易见,$A-B=A\overline{B}=A-AB$。

事件的运算具有集合的运算规律。对于任意的事件 A,B,C,具有如下运算性质。

(1) **交换律**:$A\cup B=B\cup A$,$A\cap B=B\cap A$

(2) **结合律**:$A\cup B\cup C=A\cup(B\cup C)$
　　　　　　$A\cap B\cap C=A\cap(B\cap C)$

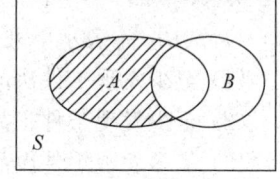

图 1-6　差事件

(3) **分配律**:$A\cup(B\cap C)=(A\cup B)\cap(A\cup C)$
　　　　　　$A\cap(B\cup C)=(A\cap B)\cup(A\cap C)$

(4) **德·摩根律**:$\overline{A\cup B}=\overline{A}\cap\overline{B}$,　$\overline{A\cap B}=\overline{A}\cup\overline{B}$

【**例 1.1.3**】　设 A,B,C 表示 3 个随机事件,试将下列事件用事件 A,B,C 的运算表示。

(1) A 出现,B,C 不出现。

(2) A,B 都出现,C 不出现。

(3) 3 个事件都出现。

(4) 3 个事件至少有一个出现。

(5) 3 个事件都不出现。

(6) 3 个事件至少有两个出现。

(7) 不多于一个事件出现。

解

(1) $A\overline{B}\overline{C}$ 或 $A-B-C$。

(2) $AB\bar{C}$ 或 $AB-C$。

(3) ABC。

(4) $A \cup B \cup C$。

(5) $\overline{ABC}$。

(6) $AB \cup BC \cup AC$ 或 $ABC \cup AB\bar{C} \cup \bar{A}BC \cup A\bar{B}C$。

(7) $\overline{A}BC \cup A\bar{B}C \cup AB\bar{C} \cup ABC$。

习题 1.1

1. 写出下列随机试验的样本空间及随机事件所含的样本点。

(1) 同时掷两枚质地均匀的硬币,事件 A="出现一正一反"。

(2) 同时掷两枚骰子,事件 B="出现点数和为 8 点"。

(3) 在单位圆内任投一点,事件 C="该点落在左右半圆内"。

2. 设某试验 E 的样本空间为 $S=\{1,2,3,4,5,6,7,8\}$,事件 $A=\{3,4,5\}$,$B=\{4,5,6\}$,$C=\{6,7,8\}$。求事件 $A\bar{B}$,$\bar{A} \cup B$,$\overline{ABC}$。

3. 在图书馆随意抽取一本书,事件 A="数学书",事件 B="中文版书",事件 C="平装书"。

(1) 说明事件 $AB\bar{C}$ 的实际意义。

(2) 说明 $\bar{C} \subset B$ 的含义。

(3) $\bar{A}=B$ 是否意味着图书馆中所有数学书都不是中文版的?

4. 化简下列各式。

(1) $AB \cup A\bar{B}$ (2) $(A \cup B) \cup (\bar{A} \cup \bar{B})$ (3) $(\overline{A \cup B}) \cap (A-\bar{B})$

5. 从一批产品中任意抽取 4 件进行质量检验,事件 A_i="抽出的第 i 件是次品"($i=1,2,3,4$),试用 A_i 表示下列事件。

(1) 至少发现 1 件次品。

(2) 至少发现 1 件正品。

(3) 最多发现 1 件次品。

1.2 随机事件的概率及其性质

1.2.1 频率

1. 频率的定义

事件的概率与事件的频率密切相关,可以通过频率来认识概率。

定义 1.2.1 随机试验 E 在相同条件下重复进行了 n 次,随机事件 A 在这 n 次试验中发生的次数记为 n_A,则称 n_A 为事件 A 发生的**频数**,并称比值 n_A/n 为事件 A 发生的**频率**,记作 $f_n(A)$。

2. 频率的性质

由定义易知事件的频率有如下性质:

(1) **非负性**:对于任一事件 A,$f_n(A) \geqslant 0$;

(2) 规范性：$f_n(S)=1$；

(3) 可加性：若事件 A 和事件 B 互不相容，则 $f_n(A \cup B)=f_n(A)+f_n(B)$。

证明

(1) 因为 $n_A \geqslant 0$，所以 $f_n(A)=n_A/n \geqslant 0$。

(2) 因为 S 为必然事件，所以 $n_A=n$，则 $f_n(S)=n/n=1$。

(3) 由条件知，事件 A 和事件 B 不能同时发生，则 $n_{A \cup B}=n_A+n_B$，所以
$$f_n(A \cup B)=n_{A \cup B}/n=n_A/n+n_B/n=f_n(A)+f_n(B)$$

性质(3)可以推广到 k 个两两互不相容的事件 $A_1,A_2,\cdots,A_k$ 的情形，即
$$f_n(A_1 \cup A_2 \cup \cdots \cup A_k)=f_n(A_1)+f_n(A_2)+\cdots+f_n(A_k)$$

频率的大小反映了事件发生的频繁程度，频率越大，事件 A 发生的越频繁，表明事件 A 在一次试验中发生的可能性就越大；反之亦然。

频率有随机波动性，即对于同样的试验次数 n，所得的事件 A 的频率 $f_n(A)$ 是不同的。

【**例 1.2.1**】 将一枚硬币掷 5 次、50 次、500 次，各做 7 遍，观察正面出现的次数及频率，结果如表 1-1 所示。

表 1-1

试验序号	$n=5$		$n=50$		$n=500$	
	$n_{正}$	f	$n_{正}$	f	$n_{正}$	f
1	2	0.4	22	0.44	251	0.502
2	3	0.6	25	0.50	249	0.498
3	1	0.2	21	0.42	256	0.512
4	5	1.0	25	0.50	247	0.494
5	1	0.2	24	0.48	251	0.502
6	2	0.4	18	0.36	262	0.524
7	4	0.8	27	0.54	258	0.516

表 1-1 的结果表明，$n=5$ 时，频率 f 在 0.5 附近波动较大；$n=50$ 时，频率 f 在 0.5 附近波动较小；$n=500$ 时，频率 f 在 0.5 附近波动最小。说明事件 A 的频率 $f_n(A)$ 是不断变化的，但随着试验次数 n 的增加，事件 A 的频率 $f_n(A)$ 呈现出稳定性，逐渐稳定于某个常数。历史上许多数学家做过大量掷硬币的随机试验（见表 1-2），进一步证明了事件频率的稳定性。

表 1-2

试 验 者	掷币次数	正面出现次数	频 率
德·摩根	2048	1061	0.5181
蒲丰	4040	2048	0.5069
皮尔逊	12000	6019	0.5016
	24000	12012	0.5005

这种"频率稳定性"就是通常所说的统计规律性。如果让试验重复的次数充分大，计算频率 $f_n(A)$，则以它来表征事件 A 发生可能性的大小是合适的。

但在实际中，我们不可能对每一个事件都做大量的试验，然后求得频率，用以表征事件发生可能性的大小。为了理论研究的需要，苏联数学家安德雷·柯尔莫哥洛夫从频率的稳定性和频率的性质得到启发，给出了概率的公理化定义，用概率表征随机事件发生可能性的大小。

1.2.2 概率及其性质

1. 概率的定义

定义 1.2.2 设 S 是随机试验 E 的样本空间。对于任意的事件 A,即试验 E 的任意一个结果,赋予一个确定的实数,记作 $P(A)$。如果 $P(\cdot)$ 满足:

(1) **非负性**:对于任一事件 A,$P(A) \geqslant 0$;

(2) **规范性**:对于必然事件 S,有 $P(S)=1$;

(3) **可列可加性**:对于任意可列个两两互不相容的事件 $A_1, A_2, \cdots, A_k, \cdots$,均有

$$P\left(\bigcup_{k=1}^{\infty} A_k\right) = \sum_{k=1}^{\infty} P(A_k),$$

则称实数 $P(A)$ 为事件 A 的**概率**。

事件的概率是用来表征在一次试验中事件发生的可能性大小的量。

2. 概率的性质

由概率的公理化定义可以推得概率的一些重要性质。

性质 1.2.1 不可能事件的概率为零,即 $P(\varnothing)=0$。

证明 $S = S \cup \varnothing \cup \varnothing \cup \cdots$,则由可列可加性得

$$P(S) = P(S) + P(\varnothing) + P(\varnothing) + \cdots$$

由规范性知

$$1 = 1 + P(\varnothing) + P(\varnothing) + \cdots$$

消去 1,得

$$0 = P(\varnothing) + P(\varnothing) + \cdots$$

再由非负性得

$$P(\varnothing) = 0$$

性质 1.2.2(有限可加性) 设有 n 个两两互不相容的事件 $A_1, A_2, \cdots, A_n$,则有

$$P(A_1 \cup A_2 \cup \cdots \cup A_n) = P(A_1) + P(A_2) + \cdots + P(A_n)$$

证明 令 $A_{n+k} = \varnothing, k=1,2,3,\cdots$,由可列可加性

$$P(A_1 \cup A_2 \cup \cdots \cup A_n) = P(A_1 \cup A_2 \cup \cdots \cup A_n \cup \varnothing \cup \varnothing \cup \cdots)$$
$$= P(A_1) + P(A_2) + \cdots + P(A_n) + P(\varnothing) + P(\varnothing) + \cdots$$

由性质 1.2.1,有

$$P(\varnothing) = 0$$

故有

$$P(A_1 \cup A_2 \cup \cdots \cup A_n) = P(A_1) + P(A_2) + \cdots + P(A_n)$$

性质 1.2.3 对于任意的事件 A,有

$$P(A) = 1 - P(\overline{A})$$

证明 $S = A \cup \overline{A}$,由性质 1.2.2(有限可加性),有

$$P(S) = P(A) + P(\overline{A})$$

再由规范性 $P(S)=1$,故有 $P(A)=1-P(\overline{A})$。

性质 1.2.4 若事件 A 与事件 B 满足 $A \subset B$,则有

$$P(B-A) = P(B) - P(A), \quad P(A) \leqslant P(B)$$

证明 因为 $A \subset B$,故 $B = A \cup (B-A)$,由性质 1.2.2(有限可加性),有

$$P(B)=P(A)+P(B-A)$$

故
$$P(B-A)=P(B)-P(A)$$

再由非负性
$$P(B-A)\geqslant 0$$

故有
$$P(B)\geqslant P(A)$$

性质 1.2.5 对任意的事件 A 与事件 B，有

$$P(A)\leqslant 1,\quad P(B-A)=P(B)-P(AB)$$

证明 因为 $A\subset S$，由性质 1.2.4 和概率的规范性，有

$$P(A)\leqslant P(S)=1$$

又因为 $B-A=B-AB$，且 $AB\subset B$，由性质 1.2.4 有

$$P(B-A)=P(B-AB)=P(B)-P(AB)$$

性质 1.2.6（加法公式） 对任意的事件 A 与事件 B，有

$$P(A\cup B)=P(A)+P(B)-P(AB)$$

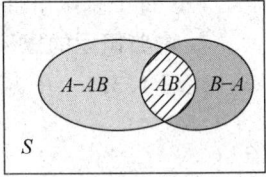

证明 因为 $A\cup B=(A-AB)\cup(B-AB)\cup AB$（见图 1-7），由性质 1.2.2（有限可加性）得

$$P(A\cup B)=P(B-AB)+P(A-AB)+P(AB)$$

图 1-7 加法公式

再由性质 1.2.5 得

$$P(B-AB)=P(B)-P(AB)$$
$$P(A-AB)=P(A)-P(AB)$$

故有

$$\begin{aligned}P(A\cup B)&=P(B)-P(AB)+P(A)-P(AB)+P(AB)\\&=P(A)+P(B)-P(AB)\end{aligned}$$

【例 1.2.2】 设 A,B 为两个随机事件，$P(A)=\frac{1}{2}$，$P(B)=\frac{1}{3}$。如果 A 和 B 互不相容，求 $P(A\cup B)$。

解 已知 A 和 B 互不相容，则 $AB=\varnothing$，由加法公式 $P(A\cup B)=P(A)+P(B)-P(AB)$，可得

$$P(A\cup B)=P(A)+P(B)=\frac{1}{2}+\frac{1}{3}=\frac{5}{6}$$

习题 1.2

1. 设 A,B,C 为 3 个随机事件，已知 $P(A)=P(B)=\frac{1}{4}$，$P(C)=\frac{1}{3}$，$P(AB)=P(BC)=0$，$P(AC)=1/12$，求 A,B,C 至少有一个发生的概率。

2. 已知两个事件 A,B 互不相容，且 $P(A)=0.5$，$P(B)=0.3$，求 $P(\bar{A}\bar{B})$。

3. 设 A,B 为任意两个事件，有 $P(A)=0.8$，$P(A-B)=0.6$，求 $P(\bar{A}\cup\bar{B})$。

4. 设事件 A,B 和 $A\cup B$ 的概率分别为 p,q,r，试用 p,q,r 表示如下概率：

(1) $P(AB)$ (2) $P(A-B)$ (3) $P(\bar{A}\bar{B})$ (4) $P(\bar{A}\cup\bar{B})$

5. 从 1,2,…,9 这 9 个数字中任取 3 个不同的数字，事件 $A=$“三个数字中不含 3 或不含 5 或不含 7”，求 $P(A)$。

1.3 古典概型

1.3.1 古典概型的简介

古典概型是概率论发展初期研究的主要对象,一般只运用初等数学计算概率,故称为古典概型,其主要特征是"有限等可能"。

1. 古典概型的定义

具有如下两个特征的随机试验称为**古典概型**,也称为等可能概型:

(1) 试验的样本空间所含样本点个数是有限的;

(2) 每个基本事件的概率相同。

2. 古典概型的概率计算

定理 1.3.1 在古典概型中,事件 A 的概率为

$$P(A) = \frac{A \text{ 中所含样本点个数}}{\text{样本空间中所含样本点个数}} = \frac{m}{n}$$

证明 由古典概型的特征(1),可设样本空间为 $S = \{e_1, e_2, \cdots, e_n\}$。由古典概型的特征(2)得

$$P\{e_1\} = P\{e_2\} = \cdots = P\{e_n\} = p$$

再由概率的有限可加性得

$$1 = P(S) = P\{e_1\} + P\{e_2\} + \cdots + P\{e_n\} = np$$

故

$$P\{e_1\} = P\{e_2\} = \cdots = P\{e_n\} = p = \frac{1}{n}$$

设事件 A 所含样本点为 $A = \{e_{i_1}, e_{i_2}, \cdots, e_{i_m}\}$,则

$$P(A) = P\{e_{i_1}\} + P\{e_{i_2}\} + \cdots + P\{e_{i_m}\} = mp = \frac{m}{n}$$

【**例 1.3.1**】 同时掷两枚均匀的硬币,求出现"一枚正面朝上,一枚反面朝上"的概率。

解 样本空间包含的样本点为{(正正),(正反),(反正),(反反)},所求事件包含的样本点为 $A = \{(正反),(反正)\}$。所以,所求事件的概率为 $P(A) = \frac{2}{4} = \frac{1}{2}$。

1.3.2 基本计数方法

上述讨论表明,古典概型中事件概率的求解问题转化为样本空间和随机事件所含样本点个数的求解问题。一般地,可用加法原理、乘法原理及排列组合的知识来计算样本点个数,这里带领大家简单回顾一下。

1. 加法原理

完成一件事有 n 类方法。在第 1 类方法中有 m_1 种不同的方法,在第 2 类方法中有 m_2 种不同的方法,……,在第 n 类方法中有 m_n 种不同的方法,如此完成这件事共有 $m_1 + m_2 + \cdots + m_n$ 种不同的方法。

2. 乘法原理

完成一件事需要分成 n 个步骤。做第 1 步有 m_1 种不同的方法,做第 2 步有 m_2 种不同

的方法,……,做第 n 步有 m_n 种不同的方法,如此完成这件事共有 $m_1 \times m_2 \times \cdots \times m_n$ 种不同的方法。

3. 排列与组合

一般地,从 n 个不同的元素中任取 $m(m \leqslant n)$ 个元素,按照一定顺序排成一列,称为从 n 个不同元素中取出 m 个元素的一个排列。从 n 个不同的元素中任取 $m(m \leqslant n)$ 个元素能够得到不同的排列总数记作 A_n^m,$A_n^m = \dfrac{n!}{(n-m)!}$。

从 n 个不同的元素中任取 $m(m \leqslant n)$ 个元素并成一组,称为从 n 个不同元素中取出 m 个元素的一个组合。从 n 个不同的元素中任取 $m(m \leqslant n)$ 个元素能够得到不同的组合总数记作 C_n^m,其中 $C_n^m = \dfrac{n!}{m!(n-m)!}$。

1.3.3 古典概型的基本模型

1. 袋中摸球模型

1) 无放回摸球

【**例 1.3.2**】 设袋中有 4 只白球和 2 只黑球,现从袋中无放回地摸球 2 次,每次只摸出 1 只,求这 2 只球都是白球的概率。

解 设 $A = \{$取得的 2 只球都是白球$\}$。样本空间所含样本点总数为 6×5,事件 A 所含样本点数为 4×3,故事件 A 的概率为 $P(A) = \dfrac{4 \times 3}{6 \times 5} = 0.4$。

2) 有放回摸球

【**例 1.3.3**】 设袋中有 4 只红球和 6 只黑球,现从袋中有放回地摸球 3 次,每次摸出一只,求前 2 次摸到黑球、第 3 次摸到红球的概率。

解 设 $A = \{$前 2 次摸到黑球,第 3 次模到红球$\}$。样本空间所含样本点总数为
$$10 \times 10 \times 10 = 10^3$$
事件 A 所含样本点数为 $6 \times 6 \times 4$,故事件 A 的概率为
$$P(A) = \dfrac{6 \times 6 \times 4}{10^3} = 0.144$$

2. 放球入杯模型

1) 杯子容量无限

【**例 1.3.4**】 把 4 个球放到 3 个杯子中,假设每个杯子可放任意多个球,求第 1、2 个杯子中各有两个球的概率。

解 设 $A = \{$第 1、2 个杯子各有两个球$\}$,样本空间所含样本点总数为
$$3 \times 3 \times 3 \times 3 = 3^4$$
事件 A 所含样本点数为
$$C_4^2 \times C_2^2$$
故事件 A 的概率为
$$P(A) = \dfrac{C_4^2 \times C_2^2}{3^4} = 0.074$$

2) 杯子容量有限

【**例 1.3.5**】 把 4 个球放到 10 个杯子中,每个杯子只能放一个球,求第 1~4 个杯子各

放一个球的概率。

解 第1～4个杯子各放一个球的概率为

$$P(A)=\frac{1}{C_{10}^4}\left(\text{或}\frac{A_4^4}{A_{10}^4}\right)=\frac{1}{210}$$

1.3.4 典型例题

【**例1.3.6**】 设有 N 件产品，其中有 D 件次品。现从中任取 n 件，问其中恰有 $k(k\leqslant D)$ 件次品的概率是多少？

分析 本题属于基本模型中"无放回摸球，杯子容量有限"问题。

解 在 N 件产品中抽取 n 件所有可能的取法共有 C_N^n 种。在 N 件产品中抽取 n 件，恰有 k 件次品的取法种数共有 $C_D^k C_{N-D}^{n-k}$。于是所求事件的概率为

$$p=\frac{C_D^k C_{N-D}^{n-k}}{C_N^n}$$

【**例1.3.7**】 将15名新生随机地平均分配到三个班级中，这15名新生中有3名是优秀生。问：

(1) 每一个班级各分配到一名优秀生的概率是多少？

(2) 3名优秀生分配在同一个班级的概率是多少？

分析 本题属于基本模型中"放球入杯，杯子容量有限"问题。

解 15名新生平均分配到3个班级中的分法总数为

$$C_{15}^5 \times C_{10}^5 \times C_5^5$$

(1) 每一个班级各分配到一名优秀生的分法总数为

$$3!\times C_{12}^4 \times C_8^4 \times C_4^4$$

因此所求概率为

$$p_1=\frac{3!\times C_{12}^4 \times C_8^4 \times C_4^4}{C_{15}^5 \times C_{10}^5 \times C_5^5}=\frac{25}{91}$$

(2) 先分优秀生，3个班级中取一个放优秀生，共 C_3^1 种情况；再分普通生，共 $C_{12}^2 \times C_{10}^5 \times C_5^5$ 种情况。由乘法原理知，3名优秀生分配在同一个班级的分法总数为 $C_3^1 \times C_{12}^2 \times C_{10}^5 \times C_5^5$。因此，所求事件概率为

$$p_2=\frac{C_3^1 \times C_{12}^2 \times C_{10}^5 \times C_5^5}{C_{15}^5 \times C_{10}^5 \times C_5^5}=\frac{6}{91}$$

【**例1.3.8**】 某接待站在某一周曾接待过12次来访，已知所有这12次接待都是在周二和周四进行的，是否可以推断接待时间是有规定的？

分析 如果接待时间无规定，则属于基本模型中"放球入杯，杯子容量无限"问题。

解 假设接待站的接待时间没有规定，且各来访者在一周的任一天中去接待站是等可能的。故一周内接待12次来访共有 7^{12} 种情况，12次接待都是在周二和周四进行的共有 2^{12} 种情况。故12次接待都是在周二和周四进行的概率为

$$p=\frac{2^{12}}{7^{12}}=0.0000003$$

人们在长期的实践中总结得到"小概率事件在一次试验中实际上几乎是不发生的"(称

为**实际推断原理**)。而在假定"接待时间没有规定"下,小概率事件竟然发生了,因此有理由怀疑原假设的正确性,从而推断接待站的接待时间是有规定的。

1.3.5 几何概型

古典概型的特征是"有限等可能",当"有限"条件不满足时,可以建立几何概型。

如果随机试验的样本空间是一个区域(如直线上的区间、平面或空间中的区域),且样本空间中每个试验结果的出现具有等可能性,那么事件 A 的概率为

$$P(A) = \frac{\text{事件 } A \text{ 的长度(或面积、体积)}}{\text{样本空间的长度(或面积、体积)}}$$

【**例 1.3.9**】 假如你订了一份牛奶,送奶人可能在早上 6:30—7:30 把牛奶送到你的宿舍,你离开宿舍去上课的时间在早上 7:00—8:00,请问你离开宿舍前能喝到牛奶(设为事件 A)的概率是多少?

解 以横坐标 x 表示牛奶送达的时间,以纵坐标 y 表示你离开宿舍的时间,建立平面直角坐标系(见图 1-8)。假设试验结果落在方形区域内任何一点是等可能的,所以符合几何概型条件。依题意,只要点落在阴影部分,就表示你在离开宿舍前能喝到牛奶,即事件 A 发生,所以

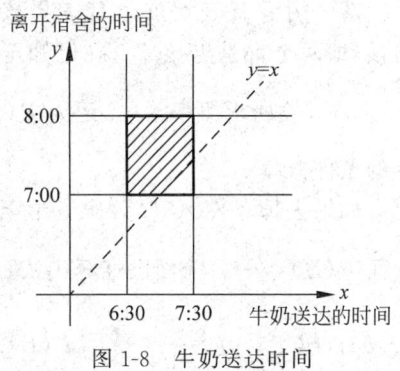

图 1-8 牛奶送达时间

$$P(A) = \frac{60^2 - 30^2/2}{60^2} = 0.875$$

习题 1.3

1. 设袋中有 9 个球,其中 6 个红球,3 个白球,从中任取 4 个球,求取出的 4 个球中红球多于白球的概率。

2. 将张三、李四、王五 3 人等可能地分配到 3 个房间中,求每个房间恰有 1 人的概率。

3. 把 4 个优秀生分到 10 个班级中,每个班级最多分一个优秀生,求第 1 至第 4 个班级各分到一个优秀生的概率。

4. 从数字 1,2,3,4,5 中任取两个不同的数字构成一个两位数,求这个两位数大于 40 的概率。

5. 对于某种传染病,目前没有特效治疗方法,只能严格落实常态化防控要求,落实隔离防控措施,全力做好传染病防控工作。已知甲通过病毒检测确诊为"阳性",经过追踪发现甲有乙、丙、丁、戊四位密切接触者,现把这 4 个人平均分成 2 组,分别送到两个医院进行隔离观察,求乙、丙两人被分到同一个医院的概率。

6. 在新一轮的高考改革中,一名高二学生在确定选修地理的情况下想从历史、政治、化学、生物、物理中再选择两科进行学习,求所选的两科中一定有生物的概率。

7. 生物试验室有 5 只兔子,其中只有 3 只测量过某项指标,若从这 5 只兔子中随机取出 3 只,求恰有 2 只测量过该指标的概率。

8. 已知甲、乙两船将在同一天的 0 点到 24 点之间随机到达码头,且该码头只有一个泊位。如果甲先到,则它需停靠 6h 后才能离开码头;如果乙先到,则它需停靠 8h 后才能离开

码头。求甲、乙两船中需等候码头泊位空出的概率。

1.4 条件概率

1.4.1 条件概率与乘法公式

我们常常碰到这样的问题,就是在已知一事件发生的条件下,求另一事件发生的概率。

【例 1.4.1】 设某家庭有两个孩子,已知其中一个是男孩,求另一个也是男孩的概率(假设男、女孩出生概率相同)。

解 用 g 代表女孩,b 代表男孩,设 $A=$ "该家庭中至少有一个男孩",$B=$ "另一个也是男孩(即两个都是男孩)"。在已知至少有一个男孩的条件下,样本空间为 $A=\{gb,bg,bb\}$。$B=\{bb\}$,故所求概率为 $\frac{1}{3}$,记为 $P(B|A)=\frac{1}{3}$,称此概率为在事件 A 发生条件下事件 B 发生的条件概率。

如果去掉条件 $A=$ "该家庭中至少有一个男孩",此时样本空间为 $S=\{gg,gb,bg,bb\}$,从而 $P(B)=\frac{1}{4}$。前面已经算出 $P(B|A)=\frac{1}{3}$,显然 $P(B|A)\neq P(B)$。又因为 $A=\{gb,bg,bb\}$,故 $P(A)=\frac{3}{4}$。易得 $P(B|A)=\frac{P(AB)}{P(A)}$。

这个结果具有一般性,启发我们给出条件概率的定义如下。

1. 条件概率定义

定义 1.4.1 设有两事件 A 和 B,若 $P(A)>0$,则称

$$P(B\mid A)=\frac{P(AB)}{P(A)} \tag{1.4.1}$$

为在事件 A 发生条件下事件 B 发生的**条件概率**。

类似地,当 $P(B)>0$ 时,定义在事件 B 发生条件下事件 A 发生的条件概率为

$$P(A\mid B)=\frac{P(AB)}{P(B)} \tag{1.4.2}$$

注 条件概率是两个无条件概率之商。一个事件的条件概率 $P(B|A)$ 与无条件概率 $P(B)$ 没有必然的关系。

事实上,当 $B\subset A$ 时,有 $P(B|A)=\frac{P(AB)}{P(A)}=\frac{P(B)}{P(A)}\geqslant P(B)$;当 $AB=\varnothing$ 时,有 $P(B|A)=0\leqslant P(B)$。一般地,

$$0\leqslant P(B\mid A)=\frac{P(AB)}{P(A)}\leqslant \frac{P(A)}{P(A)}=1$$

不难验证,条件概率满足概率定义中的 3 条公理化条件:

(1) **非负性**:对于任一事件 B,有 $P(B|A)\geqslant 0$;

(2) **规范性**:对于必然事件 S,有 $P(S|A)=1$;

(3) **可列可加性**:对于任意可列个两两互不相容的事件 $B_1,B_2,\cdots,B_k,\cdots$,均有

$$P\left(\bigcup_{k=1}^{\infty} B_k \mid A\right)=\sum_{k=1}^{\infty} P(B_k\mid A)$$

所以，条件概率 $P(B|A)$ 也满足概率的其他所有性质。

【例 1.4.2】 某种灯泡用 5000h 未坏的概率为 $\frac{3}{4}$，用 10000h 未坏的概率为 $\frac{1}{2}$，现有一只这种灯泡已用了 5000h 未坏，它能用到 10000h 未坏的概率是多少？

解 设 $B=$"灯泡用到 5000h"，$A=$"灯泡用到 10000h"，则 $P(B)=\frac{3}{4}$，$P(A)=\frac{1}{2}$。我们知道用到 10000h 的灯泡一定用了 5000h，即 $A \subset B$，故 $AB=A$。由条件概率定义可知

$$P(A|B) = \frac{P(AB)}{P(B)} = \frac{P(A)}{P(B)} = \frac{\frac{1}{2}}{\frac{3}{4}} = \frac{2}{3}$$

2. 乘法公式

由条件概率定义可直接得到**乘法公式**。设 A 与 B 是任意两个事件，如果 $P(A)>0$，则

$$P(AB) = P(B|A)P(A) \tag{1.4.3}$$

如果 $P(B)>0$，则

$$P(AB) = P(A|B)P(B) \tag{1.4.4}$$

乘法公式容易推广到多个事件的积事件情况。设 A,B,C 为任意 3 个事件，且 $P(AB)>0$，则有 $P(ABC)=P(C|AB)P(B|A)P(A)$。

一般地，设 $A_1,A_2,\cdots,A_n$ 为 n 个随机事件 $(n \geqslant 2)$，且 $P(A_1 A_2 \cdots A_{n-1})>0$，则有

$$P(A_1 A_2 \cdots A_n) = P(A_n | A_1 A_2 \cdots A_{n-1}) P(A_{n-1} | A_1 A_2 \cdots A_{n-2}) \cdots P(A_2 | A_1) P(A_1) \tag{1.4.5}$$

【例 1.4.3】 一场精彩的足球赛将要举行，5 个球迷好不容易找到一张入场券。大家都想去，只好用抽签的方法解决。5 张同样的卡片，只有一张上写有"入场券"，其余的什么也没写。将它们放在一起，洗匀，让 5 个人依次抽取。问：后抽比先抽的确实吃亏吗？

解 设 $A_i=$"第 $i(i=1,2,3,4,5)$ 个人抽中"。显然 $p_1=P(A_1)=\frac{1}{5}$，$P(\overline{A}_1)=\frac{4}{5}$ 即第 1 个人抽到入场券的概率为 $\frac{1}{5}$。

若第 2 个人抽中，而第 1 个人没抽中，故第 2 个人抽中的概率为

$$p_2 = P(\overline{A}_1 A_2) = P(A_2 | \overline{A}_1) P(\overline{A}_1) = \frac{1}{4} \times \frac{4}{5}$$

类似地，可求出第 3、第 4、第 5 个人抽中的概率分别为

$$p_3 = P(\overline{A}_1 \overline{A}_2 A_3) = P(A_3 | \overline{A}_1 \overline{A}_2) P(\overline{A}_2 | \overline{A}_1) P(\overline{A}_1) = \frac{1}{3} \times \frac{3}{4} \times \frac{4}{5} = \frac{1}{5}$$

$$p_4 = P(\overline{A}_1 \overline{A}_2 \overline{A}_3 A_4) = P(A_4 | \overline{A}_1 \overline{A}_2 \overline{A}_3) P(\overline{A}_3 | \overline{A}_1 \overline{A}_2) P(\overline{A}_2 | \overline{A}_1) P(\overline{A}_1)$$
$$= \frac{1}{2} \times \frac{2}{3} \times \frac{3}{4} \times \frac{4}{5} = \frac{1}{5}$$

$$p_5 = P(\overline{A}_1 \overline{A}_2 \overline{A}_3 \overline{A}_4 A_5) = P(A_5 | \overline{A}_1 \overline{A}_2 \overline{A}_3 \overline{A}_4) \cdots P(\overline{A}_2 | \overline{A}_1) P(\overline{A}_1)$$
$$= 1 \times \frac{1}{2} \times \frac{2}{3} \times \frac{3}{4} \times \frac{4}{5} = \frac{1}{5}$$

可见，每个人抽到入场券的概率是相等的，都是 $\frac{1}{5}$，抽中概率与抽签顺序无关，因此不必

争先恐后。

【例 1.4.4】 某同学忘记了自己支付宝支付密码的最后一位,已知最后一位密码是数字,因此他随意地尝试输入,如果连续三次输错密码则支付宝账户会被锁定。求该同学支付宝账号不被锁定的概率。若已知最后一位数字是奇数,那么此概率又是多少?

解 设 A_i="第 $i(i=1,2,3)$ 次密码输入正确",B="账号不被锁定(即尝试不超过 3 次输入正确密码)"。则事件 B 可表示为 $B=A_1\cup\overline{A}_1A_2\cup\overline{A}_1\overline{A}_2A_3$。利用概率的加法公式和乘法公式可得

$$P(B)=P(A_1)+P(\overline{A}_1A_2)+P(\overline{A}_1\overline{A}_2A_3)$$
$$=P(A_1)+P(A_2|\overline{A}_1)P(\overline{A}_1)+P(A_3|\overline{A}_1\overline{A}_2)P(\overline{A}_2|\overline{A}_1)P(\overline{A}_1)$$
$$=\frac{1}{10}+\frac{1}{9}\times\frac{9}{10}+\frac{1}{8}\times\frac{8}{9}\times\frac{9}{10}$$
$$=\frac{3}{10}$$

若已知最后一位数字是奇数,则

$$P(B)=P(A_1)+P(A_2|\overline{A}_1)P(\overline{A}_1)+P(A_3|\overline{A}_1\overline{A}_2)P(\overline{A}_2|\overline{A}_1)P(\overline{A}_1)$$
$$=\frac{1}{5}+\frac{1}{4}\times\frac{4}{5}+\frac{1}{3}\times\frac{3}{4}\times\frac{4}{5}$$
$$=\frac{3}{5}$$

1.4.2 全概率公式与贝叶斯公式

引例 根据某航空大学以往的统计数据,平时努力的学生考研成功的概率是 90%,不努力的学生考研成功的概率是 10%,调查显示考研的学生中有 80% 是努力的。问:

(1) 随机抽一名学生,其考研成功的概率有多大?

(2) 已知某位学生考研成功,其有多大可能是努力的学生?

分析

(1) 即求解事件 A="考研成功"的概率。先找出导致 A 发生的所有可能的原因/条件,即"学习努力"和"学习不努力",分别用 $B,\overline{B}$ 表示。依题意 $P(B)=0.8,P(\overline{B})=0.2$,$P(A|B)=0.9,P(A|\overline{B})=0.1$,则事件 A 可以分解为两个互不相容的部分:$A=(AB)\cup(A\overline{B})$。因此所求概率为

$$P(A)=P(AB)+P(A\overline{B})$$

由条件概率和乘法公式

$$P(A)=P(AB)+P(A\overline{B})=P(A|B)\times P(B)+P(A|\overline{B})\times P(\overline{B})$$
$$=0.9\times 0.8+0.1\times 0.2=0.74$$

(2) 实际上是问题(1)的反面,即根据考研结果倒推产生结果的原因(是努力的结果,还是没努力凭运气)。运用条件概率公式和乘法公式,有

$$P(B|A)=\frac{P(AB)}{P(A)}=\frac{P(A|B)\times P(B)}{P(A|B)\times P(B)+P(A|\overline{B})\times P(\overline{B})}=\frac{0.9\times 0.8}{0.74}=0.973$$

说明考研成功归因于努力的可能性比较大,有 97.3%。

1. 样本空间的划分

引例中事件 B 和事件 $\bar{B}$ 具有两个特点：一是"不漏"，$B,\bar{B}$ 是导致结果 $A=$"考研成功"发生的所有可能的原因，不会再有其他原因，即 $B\cup\bar{B}=S$；二是"不重"，即 $B\bar{B}=\varnothing$，某一位学生不可能既是"学习努力"，又是"学习不努力"的。具有这两个特征的一组事件称为**样本空间的一个划分**。

定义 1.4.2 设 S 为试验 E 的样本空间，$B_1,B_2,\cdots,B_n$ 为 E 的一组事件，若

(1) $B_iB_j=\varnothing(i\neq j$ 且 $i,j=1,2,\cdots,n)$；

(2) $B_1\cup B_2\cup\cdots\cup B_n=S$；

则称 $B_1,B_2,\cdots,B_n$ 为**样本空间 S 的一个划分**（见图1-9）。

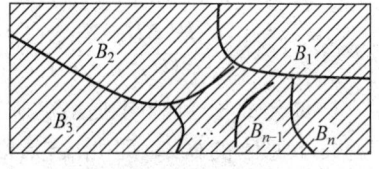

图1-9 样本空间的划分

2. 全概率公式

定理 1.4.1 设 S 为试验 E 的样本空间，A 为 E 的事件，$B_1,B_2,\cdots,B_n$ 为 S 的一个划分，$P(B_i)>0(i=1,2,\cdots,n)$，则

$$P(A)=P(A|B_1)P(B_1)+P(A|B_2)P(B_2)+\cdots+P(A|B_n)P(B_n) \quad (1.4.6)$$

式(1.4.6)称为**全概率公式**。

证明 $A=AS=A\cap(B_1\cup B_2\cup\cdots\cup B_n)=AB_1\cup AB_2\cup\cdots\cup AB_n$

由 $B_iB_j=\varnothing\Rightarrow(AB_i)(AB_j)=\varnothing$。由概率的有限可加性和乘法公式得

$$P(A)=P(AB_1)+P(AB_2)+\cdots+P(AB_n)$$
$$=P(A|B_1)P(B_1)+P(A|B_2)P(B_2)+\cdots+P(A|B_n)P(B_n)$$

全概率公式的主要功能在于它可以将一个复杂事件的概率计算问题分解为若干个简单事件的概率计算问题，最后应用概率的可加性求出最终结果。我们还可以从另一个角度去理解全概率公式：某一事件 A 的发生有各种可能的原因，如果事件 A 由原因 $B_i(i=1,2,\cdots,n)$ 引起，则事件 A 发生的概率 $P(AB_i)=P(A|B_i)P(B_i)$。每一原因都可能导致事件 A 发生，故事件 A 发生的概率是各原因引起事件 A 发生的概率总和，即全概率公式。由此可以形象地把全概率公式看作"由原因推结果"，即结果发生的可能性与各种原因的"作用"大小有关，全概率公式表达了它们之间的关系，即 B_i 是原因，A 是结果。

【例1.4.5】（产品质量检测问题） 有一批产品，已知由一厂、二厂、三厂生产的产品各占 15%、80%、5%，这3个厂家的次品率分别为 2%、1%、3%。现从中任取一件，求其是次品的概率。

解 设 $A=$"抽出产品为次品"，B_1,B_2,B_3 分别表示抽出的产品来自一厂、二厂、三厂。B_1,B_2,B_3 则构成样本空间的一个划分。由已知条件可知

$$P(B_1)=0.15, \quad P(B_2)=0.8, \quad P(B_3)=0.05$$
$$P(A|B_1)=0.02, \quad P(A|B_2)=0.01, \quad P(A|B_3)=0.03$$

由全概率公式可知

$$P(A)=P(A|B_1)P(B_1)+P(A|B_2)P(B_2)+P(A|B_3)P(B_3)$$
$$=0.02\times 0.15+0.01\times 0.8+0.03\times 0.05$$
$$=0.0125$$

3. 贝叶斯公式

定理 1.4.2 设 S 为试验 E 的样本空间，A 为 E 的事件，$B_1,B_2,\cdots,B_n$ 为 S 的一个划

分,$P(B_i)>0(i=1,2,\cdots,n)$,则

$$P(B_k|A)=\frac{P(A|B_k)P(B_k)}{P(A|B_1)P(B_1)+P(A|B_2)P(B_2)+\cdots+P(A|B_n)P(B_n)}$$
(1.4.7)

式(1.4.7)称为**贝叶斯公式**。

证明 根据条件概率的定义、乘法公式和全概率公式,对于$k=1,2,\cdots,n$,有

$$P(B_k|A)=\frac{P(AB_k)}{P(A)}=\frac{P(A|B_k)P(B_k)}{P(A|B_1)P(B_1)+P(A|B_2)P(B_2)+\cdots+P(A|B_n)P(B_n)}$$

该公式于1763年提出。它是在观察到事件A已发生的条件下,寻找导致事件A发生的每个原因的概率,即"由结果推原因",体现了逆向思维和创新思维。例如,一种传染病已经出现,如何寻找传染源;机械发生了故障,如何寻找故障源等。贝叶斯公式是贝叶斯统计的理论核心,以此为基础发展起来的贝叶斯估计、贝叶斯网络、贝叶斯分析、贝叶斯学习等理论在人工智能、数据挖掘、经济预测、医学诊断、质量监控等领域发挥着越来越重要的作用。

【**例1.4.6**】 对于例1.4.5中的产品质量检测问题,如果已知抽出的产品是次品,该次品由哪个厂生产的可能性最大?

解 设$A=$"抽出产品为次品",B_1,B_2,B_3分别表示抽出的产品来自一厂、二厂、三厂。由已知,得

$$P(B_1)=0.15,\quad P(B_2)=0.8,\quad P(B_3)=0.05$$

$$P(A|B_1)=0.02,\quad P(A|B_2)=0.01,\quad P(A|B_3)=0.03$$

由贝叶斯公式可知,该次品来自一厂的可能性为

$$P(B_1|A)=\frac{P(A|B_1)P(B_2)}{P(A|B_1)P(B_1)+P(A|B_2)P(B_2)+P(A|B_3)P(B_3)}$$

$$=\frac{0.02\times0.15}{0.02\times0.15+0.01\times0.8+0.03\times0.05}=0.24$$

同理,可求出次品来自二厂、三厂的概率分别为

$$P(B_2|A)=0.64,\quad P(B_3|A)=0.12$$

故该次品来自二厂的可能性最大。

【**例1.4.7**】(病毒检测假阳性问题) 假设某地区某种传染性病毒的重点人群感染率为0.0001。现对该地区居民进行该病毒检测,检测的准确率为99%,误诊率为0.1%。现抽查一人,检测结果呈阳性,问此人真正感染该病毒的概率有多大?

解 设$A=$"检测结果呈阳性",$B=$"此人是病毒感染者",则$B,\bar{B}$构成样本空间的一个划分。由已知条件,$P(B)=0.0001,P(\bar{B})=0.9999$;检测的准确率,即感染者检测呈阳性(真阳性)的概率为$P(A|B)=0.99$;误诊率即健康人(非感染者)检测呈阳性(假阳性)的概率为$P(A|\bar{B})=0.001$。由贝叶斯公式知

$$P(B|A)=\frac{P(A|B)P(B)}{P(A|B)P(B)+P(A|\bar{B})P(\bar{B})}=\frac{0.99\times0.0001}{0.99\times0.0001+0.001\times0.9999}=0.09$$

即检测呈阳性的人群真正感染的概率仅有9%。

这里,概率$P(B)=0.0001$是由以往的经验或数据得到,称为**先验概率**;经过进一步的调查或试验(这里指核酸检测)得到新的信息(检测呈阳性),对感染率重新认识,得到修正后的概率$P(B|A)=0.09$,称为**后验概率**。这正是贝叶斯认知理论的核心思想:过去的经验+

新的证据＝修正后的认知。

例 1.4.7 的结果表明,仅仅根据一次病毒检测结果就断定是否感染该病毒并不科学,往往需要进一步检验,以便获得更多信息帮助诊断。易得,第二次检测也是阳性的前提下此人感染该病毒的概率为

$$P(B|A) = \frac{P(A|B)P(B)}{P(A|B)P(B)+P(A|\bar{B})P(\bar{B})} = \frac{0.99 \times 0.09}{0.99 \times 0.09 + 0.001 \times 0.91} = 0.98989$$

注意第二次检验的对象是第一次检验呈阳性的人群,这类人群感染该病毒的先验概率不再是 0.0001,而是调整为 0.09。结果表明连续两次检测呈阳性,真正感染的概率为 0.98989,这大大增加了诊断的准确率。同样可以算出连续三次检测呈阳性的概率,此人感染的概率为

$$P(B|A) = \frac{P(A|B)P(B)}{P(A|B)P(B)+P(A|\bar{B})P(\bar{B})} = \frac{0.99 \times 0.98989}{0.99 \times 0.98989 + 0.001 \times 0.01011}$$
$$= 0.99998968 \approx 1$$

即连续三次检测呈阳性,几乎百分之百感染,基本可以确诊此人感染了此病毒。仅凭一次病毒检测结果进行疾病诊断并不科学,需要经过两次、三次的检测,获得更多的信息,从而提高医疗诊断的准确率。可见人们是通过实践对事物形成动态认知,进而逐步接近事物的真相的,正所谓"实践是检验真理的唯一标准",贝叶斯公式生动地体现了科学认识事物的渐进过程。

习题 1.4

1. 设 A,B 为任意两个事件,有 $P(A)=P(B)=\frac{1}{3}$,$P(A|B)=\frac{1}{6}$,求 $P(\bar{A}|\bar{B})$。

2. 已知 $P(A)=0.5$,$P(B)=0.4$,$P(AB)=0.1$,求:
(1) $P(A|B)$ (2) $P(A \cup B)$ (3) $P(A|\bar{B})$

3. 南昌市某天下雪的概率为 0.3,下雨的概率为 0.5,既下雪又下雨的概率为 0.1,求:(1)在下雨条件下,下雪的概率;(2)某天下雨或下雪的概率。

4. 某航空集团甲、乙、丙三条生产线同时生产某种飞机零配件,它们的产量分别占 25%、35%、40%。已知甲、乙、丙三条生产线的次品率分别为 5%、4%、2%。现在从该厂产品中任取一只,求:(1)该产品是次品的概率;(2)若已知抽取的产品是次品,此次品来自丙生产线的概率。

5. 货车运送防疫物资,车上装有 10 个纸箱,其中 5 箱口罩、2 箱防护服、3 箱消毒用品。到达目的地时发现丢失 1 箱,但不知丢的是哪一箱。现从剩下 9 箱中任取 2 箱,发现都是口罩。求丢失的一箱也是口罩的概率。

6. 以往数据分析表明,当机器调整良好时,产品的合格率为 98%,而当机器发生故障时,其合格率为 55%。每天早上机器开动时,机器调整良好的概率为 95%。试求:已知某日早上第一件产品是合格品时,机器调整良好的概率是多少?

1.5 随机事件的独立性

1.5.1 两个事件的独立性

1. 两个事件独立的定义

我们知道条件概率与无条件概率一般不相等,但在一些特殊情况下它们相等。

引例 盒中有5个球(3绿2红),每次取出1个,有放回地取2次。记 $A=$ "第一次取到绿球", $B=$ "第二次取到绿球",则有 $P(B|A)=P(B)$,它表示 A 的发生不影响 B 的发生的可能性大小。由条件概率定义可推得,若

$$P(A)>0, \quad P(B|A)=P(B) \Leftrightarrow P(AB)=P(A)P(B)$$

定义 1.5.1 设 A,B 是任意两个事件,如果满足等式

$$P(AB)=P(A)P(B)$$

则称事件 A,B **相互独立**,简称 A,B **独立**。

事件 A,B 相互独立是指事件 A 发生的概率与事件 B 是否发生无关。由定义易得:

(1) 必然事件与任何事件独立;

(2) 不可能事件也与任何事件独立;

(3) 若 $P(A)=0$,则事件 A 与任何事件也独立;

(4) 若 $P(A)>0$, $P(B|A)=P(B) \Leftrightarrow P(AB)=P(A)P(B)$。

2. 两个事件独立的定理

定理 1.5.1 如果事件 A,B 相互独立,则下列各对事件也相互独立:

$$A \text{ 与 } \bar{B}, \quad \bar{A} \text{ 与 } B, \quad \bar{A} \text{ 与 } \bar{B}$$

证明 先证 A,B 相互独立 $\Rightarrow A$ 与 $\bar{B}$ 独立。因为 $A=AB \cup A\bar{B}$ 且 $(AB)(A\bar{B})=\varnothing$,所以 $P(A)=P(AB)+P(A\bar{B})$,即 $P(A\bar{B})=P(A)-P(AB)$。又因为 A,B 相互独立,所以有 $P(AB)=P(A)P(B)$。因此 $P(A\bar{B})=P(A)-P(A)P(B)=P(A)[1-P(B)]=P(A)P(\bar{B})$。从而 A 与 $\bar{B}$ 相互独立。

由上可推出: $\bar{B}$ 与 A 相互独立 $\Rightarrow \bar{B}$ 与 $\bar{A}$ 独立,即 $\bar{A}$ 与 $\bar{B}$ 相互独立。同样地,由上可推出: $\bar{A}$ 与 B 相互独立 $\Rightarrow \bar{A}$ 与 $\bar{B}$ 独立。由于 $\bar{\bar{B}}=B$,所以 $\bar{A}$ 与 B 相互独立。

1.5.2 多个事件的独立性

1. 多个事件独立性的定义

定义 1.5.2 设 $A_1,A_2,\cdots,A_n$ 是 n 个事件,如果满足条件:

$$P(A_{i_1}A_{i_2}\cdots A_{i_k})=P(A_{i_1})P(A_{i_2})\cdots P(A_{i_k}), \quad 1 \leqslant i_1 < i_2 < \cdots < i_k \leqslant n$$

则称这 n 个事件 $A_1,A_2,\cdots,A_n$ **相互独立**。上式包含 $C_n^2+C_n^3+\cdots+C_n^n=2^n-n-1$ 个等式。如果 $n=3$ 时,包含等式:

$$\begin{cases} P(AB)=P(A)P(B) \\ P(BC)=P(B)P(C) \\ P(AC)=P(A)P(C) \\ P(ABC)=P(A)P(B)P(C) \end{cases}$$

如果对于任意的 $1 \leqslant i < j \leqslant n$, $P(A_iA_j)=P(A_i)P(A_j)$,则称这 n 个事件 $A_1,A_2,\cdots,A_n$ **两两独立**。

由定义易知, n 个事件 $A_1,A_2,\cdots,A_n$ 相互独立则两两独立,反之则不成立。

【例 1.5.1】(伯恩斯坦反例) 设有一均匀的正四面体,其第一面染红色,第二面染白色,第三面染黑色,第四面染红、白、黑三种颜色。现记 $A=$ "抛一次四面体,朝下的一面出现红色", $B=$ "抛一次四面体,朝下的一面出现白色", $C=$ "抛一次四面体,朝下的一面出现黑色",证明: A,B,C 两两独立,但不相互独立。

证明 由题意知
$$P(A) = P(B) = P(C) = \frac{1}{2}$$
$$P(AB) = P(BC) = P(AC) = P(ABC) = \frac{1}{4}$$

因此
$$P(AB) = P(A)P(B) = \frac{1}{4}, \quad P(BC) = P(B)P(C) = \frac{1}{4}, \quad P(AC) = P(A)P(C) = \frac{1}{4}$$

故事件 A, B, C 两两独立。

又因为
$$\frac{1}{4} = P(ABC) \neq P(A)P(B)P(C) = \frac{1}{8}$$

故事件 A, B, C 不是相互独立的。

由多个事件独立性的定义可以得到以下两个结论：

(1) 若事件 $A_1, A_2, \cdots, A_n (n \geq 2)$ 相互独立，则其中任意 $k(2 \leq k \leq n)$ 个事件也是相互独立的；

(2) 若事件 $A_1, A_2, \cdots, A_n (n \geq 2)$ 相互独立，则将 $A_1, A_2, \cdots, A_n (n \geq 2)$ 中任意多个事件替换成它们各自的对立事件，所得的 n 个事件仍相互独立。

2. 独立性在概率计算中的应用

(1) 运用独立性，乘法公式可以转化为
$$P(A_1 A_2 \cdots A_n) = P(A_n \mid A_1 A_2 \cdots A_{n-1}) P(A_{n-1} \mid A_1 A_2 \cdots A_{n-2}) \cdots P(A_2 \mid A_1) P(A_1)$$
$$= P(A_1) P(A_2) \cdots P(A_{n-1}) P(A_n)$$

可以避免复杂的条件概率的计算。

(2) 运用独立性，加法公式可以转化为
$$P(A_1 \cup A_2 \cup \cdots \cup A_n) = 1 - P(\overline{A}_1 \cap \overline{A}_2 \cap \cdots \cap \overline{A}_n) = 1 - P(\overline{A}_1) P(\overline{A}_2) \cdots P(\overline{A}_n)$$

从而避免了加法公式的展开导致项数过多的问题。

在实际应用中，对于事件的独立性，我们往往不是根据定义来判断的，而是根据实际意义来加以判断的。具体地说，题目一般把独立性作为条件告诉我们，要求直接应用定义中的公式进行计算。

【例 1.5.2】(保险赔付) 设有 n 个人向保险公司购买人身意外保险(保险期为 1 年)，假定投保人在一年内发生意外的概率为 0.01。求：(1)保险公司赔付的概率；(2)当 n 为多大时，以上赔付的概率超过 $\frac{1}{2}$。

解

(1) 设 $A_i =$ "第 $i(i=1,2,\cdots,n)$ 个参保人发生意外"，$A =$ "保险公司赔付"。由实际问题可知 $A_1, A_2, \cdots, A_n$ 相互独立，且 $A = A_1 \cup A_2 \cup \cdots \cup A_n$。因此，
$$P(A) = P(A_1 \cup A_2 \cup \cdots \cup A_n)$$
$$= 1 - P(\overline{A}_1 \cap \overline{A}_2 \cap \cdots \cap \overline{A}_n)$$
$$= 1 - P(\overline{A}_1) P(\overline{A}_2) \cdots P(\overline{A}_n)$$
$$= 1 - 0.99^n$$

(2) $P(A) \geqslant 0.5 \Leftrightarrow 0.99^n \leqslant 0.5 \Leftrightarrow n \geqslant \dfrac{\lg 2}{2-\lg 99} \approx 684.16$,即当 $n \geqslant 685$ 时,保险公司有大于一半的赔付概率。

【例 1.5.3】(电路可靠性) 图 1-10 是一个串并联电路示意图。A,B,C,D,E,F,G,H 都是电路中的元件,它们各自独立工作。它们下方的数是它们各自正常工作的概率。求电路正常工作的概率。

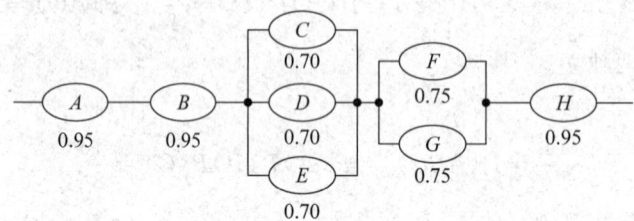

图 1-10 串并联电路示意图

解 设 W="电路正常工作"。由于各元件独立工作,则有
$$P(W) = P[A \cap B \cap (C \cup D \cup E) \cap (F \cup G) \cap H]$$
$$= P(A)P(B)P(C \cup D \cup E)P(F \cup G)P(H)$$

其中,
$$P(C \cup D \cup E) = 1 - P(\bar{C})P(\bar{D})P(\bar{E}) = 0.973$$
$$P(F \cup G) = 1 - P(\bar{F})P(\bar{G}) = 0.9375$$

代入得
$$P(W) \approx 0.782$$

【例 1.5.4】(赛制设定) 甲、乙两个学院进行篮球友谊赛,每局甲胜的概率为 0.7。问:对甲而言,采用三局两胜制有利,还是采用五局三胜制有利?设各局胜负相互独立。

解

(1) 采用三局两胜制,算出甲学院获胜的概率。若甲获胜,则各局胜负情况只有三种:"甲甲乙""甲乙甲""乙甲甲"。而且这三种情况互不相容,由独立性可得甲最终获胜的概率为
$$p_1 = 0.7^2 + 2 \times 0.7^2 \times (1-0.7) = 0.784$$

(2) 采用五局三胜制,算出甲学院获胜的概率。若甲获胜,则至少比三局。比三局时,各局胜负情况只有 1 种:"甲甲甲";比四局,则最后一局必须甲胜,其余三局甲胜两局,各局胜负共有 C_3^2 种情况:"乙甲甲甲""甲乙甲甲""甲甲乙甲";比五局时,最后一局必须甲胜,其余四局甲胜两局,各局胜负共有 C_4^2 种情况,且各局互不相容。由独立性可知,五局三胜制情况下甲学院胜的概率为
$$p_2 = 0.7^3 + C_3^2 \times 0.7^3 \times (1-0.7) + C_4^2 \times 0.7^3 \times (1-0.7)^2 = 0.837$$

显然 $p_2 > p_1$,因此采用五局三胜制对甲更有利。

习题 1.5

1. 设 A,B 为任意两个相互独立事件,$P(A)=0.3, P(B)=0.6$,求:(1) $P(A|B)$;

(2) $P(A \cup B)$;(3) $P(\bar{A}|B)$;(4) $P(\bar{B}|A)$.

2. 设 3 个事件 A,B,C 相互独立。试证：3 个事件 $A \cup B, AB, A-B$ 也都与事件 C 相互独立。

3. 设甲、乙同时向一敌机开炮，已知甲击中的概率为 0.6，乙击中的概率为 0.5，求敌机被击中的概率。

4. 设一袋中有 3 个红球、7 个白球。从袋中任取一球，有放回地取 5 次，问其中 4 次取到红球的概率。

5. 从一副不含大小王的扑克牌中任取一张，$A=$"抽到 K"，$B=$"抽到的牌是黑色花色"。问：事件 A,B 是否相互独立？

实 际 案 例

银行信用评估问题 试用贝叶斯公式解释银行是如何根据客户的还款记录进行信用评估的？

分析 用数学语言描述实际问题。有两个关键点：一是如何描述"还款记录"；二是如何描述"信用评估"。根据客户还款记录对信用进行评估，可以把事件 A"按时还款"作为结果，即新的情报信息(证据)；"信用"可以用事件"客户守信"的概率表示，用事件 B 表示事件"客户守信"，则信用评估即求事件 B 的概率。"根据还款记录评估客户信用"可以用事件"客户按期还款的前提下守信"的概率表示，即 $P(B|A)$。银行信用评估问题是求解条件概率的问题，即"执果索因"的问题，可以用贝叶斯公式解释。

解 首先，设事件。设事件 $A=$"按时还款"，事件 $B=$"守信"，$\bar{B}=$"不守信"。

其次，定概率。找出各原因的先验概率和结果在各原因条件下发生的条件概率。假设银行职员对该客户毫无了解，则他守信和不守信的可能性是一样的，即设 $P(B)=P(\bar{B})=0.5$；设守信的人和不守信的人按时还款的概率分别为 0.9 和 0.5，即 $P(A|B)=0.9, P(A|\bar{B})=0.5$。而在实际问题中这些概率(参数)的设定要复杂得多，要设置合理的参数值往往需要综合考虑专业知识、以往的经验及其他的信息。

再次，画出统计因果链(见图 1-11)，以帮助我们运用公式。

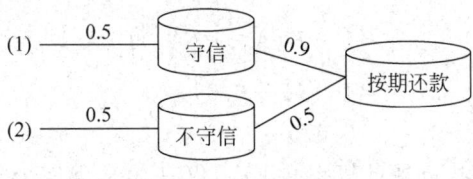

图 1-11 统计因果链

最后，根据贝叶斯公式求解：

$$P(B|A)=\frac{P(A|B)P(B)}{P(A|B)P(B)+P(A|\bar{B})P(\bar{B})}=\frac{0.9 \times 0.5}{0.9 \times 0.5+0.5 \times 0.5}=0.64$$

即一次按期还款后，此客户信用上升至 0.64。客户行为决定别人对他的认识，因此要诚实守信。

如果连续两次、三次、四次按期还款，其信用水平有什么变化？

借助 Excel 工作表依次计算出连续四次按期还款后客户守信的概率，可形象且直观地展示客户信用水平的变化过程(见图1-12)。

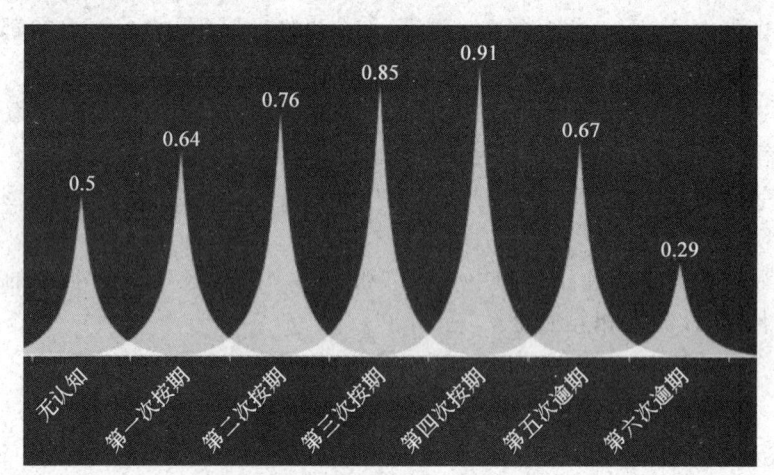

图1-12 客户信用水平的变化过程

图1-12进一步表明信守承诺会增加自己的信用度。如果前四次都按期还款,第五次、第六次逾期了,客户的信用水平又如何?

由图1-12可知:第五次逾期,客户的信用水平立即从0.91降至0.67;连续两次逾期,客户的信用水平降至0.29。

这个问题可以说明:①要诚实守信。连续四次按期还款,信用从0.5上升为0.91;②要珍惜自己的信用,自我约束。一旦不信守承诺,信用会急剧下降,第五次、第六次两次逾期,信用降为0.29。

三个臭皮匠顶个诸葛亮问题　中国流传一句谚语,即"三个臭皮匠,顶个诸葛亮",下面用概率的知识解读这句谚语。

诸葛亮是聪明智慧的象征,其成功解决问题的概率应该比较高,设为0.9。三个臭皮匠解决问题的能力比诸葛亮要弱,不妨设其能成功解决问题的概率为 $P(A_1)=P(A_2)=P(A_3)=0.5$。假设三个臭皮匠各自独立地解决问题,则三个臭皮匠一起能成功解决问题的概率为

$$\begin{aligned}p_1 &= P(A_1 \cup A_2 \cup A_3) \\ &= 1 - P(\overline{A}_1 \cap \overline{A}_2 \cap \overline{A}_3) \\ &= 1 - P(\overline{A}_1)P(\overline{A}_2)P(\overline{A}_3) \\ &= 1 - (1-0.5)^3 \\ &= 0.875\end{aligned}$$

三个臭皮匠每个人独立解决问题的概率并不高,仅有0.5,但三个人联合起来解决问题的能力就大大增强了,成功解决问题的概率提升到0.875,接近一个诸葛亮。

现在假设其中一个臭皮匠解决问题的概率变为0.6,其他条件不变。用同样的方法再算一算,三个臭皮匠团结在一起能够成功解决该问题的概率:

$$\begin{aligned}p_2 &= P(A_1 \cup A_2 \cup A_3) \\ &= 1 - P(\overline{A}_1 \cap \overline{A}_2 \cap \overline{A}_3) \\ &= 1 - P(\overline{A}_1)P(\overline{A}_2)P(\overline{A}_3)\end{aligned}$$

$$= 1 - 0.4 \times 0.5 \times 0.5$$
$$= 0.9$$

没想到吧！这个时候"三个臭皮匠的智慧真正地顶了一个诸葛亮"！正所谓"三个臭皮匠，顶个诸葛亮"。

再假设三个臭皮匠各自独立解决问题的概率分别为 $0.45, 0.55, 0.60$，其他条件不变，用同样的方法再算一算三个臭皮匠能够解决问题的概率：

$$\begin{aligned} p_3 &= P(A_1 \cup A_2 \cup A_3) \\ &= 1 - P(\overline{A}_1 \cap \overline{A}_2 \cap \overline{A}_3) \\ &= 1 - P(\overline{A}_1) P(\overline{A}_2) P(\overline{A}_3) \\ &= 1 - 0.55 \times 0.45 \times 0.4 \\ &= 0.901 \end{aligned}$$

此时，这三个臭皮匠的智慧竟然已经超过了诸葛亮。

现在，依然让诸葛亮一个人一组，假设其成功解决的问题的概率为 0.99；n 个臭皮匠一组，每个臭皮匠解决问题的能力非常糟糕，仅有 $P(A_1) = P(A_2) = \cdots = P(A_n) = 0.01$，也可以说三个臭皮匠单独一个人的力量几乎不可能完成任务。但是 n 个臭皮匠联合起来能成功解决问题的概率为

$$\begin{aligned} p_4 &= P(A_1 \cup A_2 \cup \cdots \cup A_n) \\ &= 1 - P(\overline{A}_1 \cap \overline{A}_2 \cap \cdots \cap \overline{A}_n) \\ &= 1 - P(\overline{A}_1) P(\overline{A}_2) \cdots P(\overline{A}_n) \\ &= 1 - (1 - 0.01)^n \\ &= 1 - 0.99^n \end{aligned}$$

当 n 分别取 $10, 50, 100, 200, 300, 500, 1000, 1500, 2000$ 时，依次算得臭皮匠组成功解决问题的概率见表1-3。

表 1-3

n	概率
10	0.095617925
50	0.394993933
100	0.633967659
200	0.866020325
300	0.950959106
500	0.993429517
1000	0.999956829
1500	0.999999716
2000	0.999999998

由此可见，虽然单个人的力量很薄弱（一个臭皮匠成功解决问题的概率仅有 0.01），但只要人足够多，人多力量大，不可能也可以变为可能，所以集体的力量是强大的。

考研题精选

1. 设在一次试验中 A 发生的概率为 p,现进行 n 次独立试验,则 A 至少发生一次的概率为_____;而事件 A 至多发生一次的概率为_____。

2. 有三个箱子,第一个箱子中有 4 个黑球、1 个白球,第二个箱子中有 3 个黑球、3 个白球,第三个箱子中有 3 个黑球、5 个白球。现随机取一个箱子,再从这个箱子中取出 1 个球,这个球为白球的概率为_____。已知取出的球是白球,此球属于第二个箱子的概率为_____。

3. 在区间 $(0,1)$ 中随机地取两个数,则事件"两数之和小于 6/5"的概率为_____。

4. 随机地向半圆 $0<y<\sqrt{2ax-x^2}$(a 为正常数)内掷一点,点落在半圆内任何区域的概率与该区域的面积成正比。则原点与该点的连线与 x 轴的夹角小于 $\frac{\pi}{4}$ 的概率为_____。

5. 设 A,B 是两个随机事件,且 $0<P(A)<1,P(B)>0,P(B|A)=P(B|\bar{A})$,则必有( )。

    A. $P(A|B)=P(\bar{A}|B)$ B. $P(A|B)\neq P(\bar{A}|B)$
    C. $P(AB)=P(A)P(B)$ D. $P(AB)\neq P(A)P(B)$

6. 若两事件 A 和 B 同时出现的概率 $P(AB)=0$,则( )。

    A. A 和 B 不相容(互斥)   B. AB 是不可能事件
    C. AB 未必是不可能事件   D. $P(A)=0$ 或 $P(B)=0$

7. 设 A 和 B 是任意两个概率不为零的互不相容事件,则下列结论中肯定正确的是( )。

    A. $\bar{A}$ 与 $\bar{B}$ 不相容   B. $\bar{A}$ 与 $\bar{B}$ 相容
    C. $P(AB)=P(A)P(B)$ D. $P(A-B)=P(A)$

8. 以 A 表示事件"甲种产品畅销,乙种产品滞销",则其对立事件 $\bar{A}$ 为( )。

    A. "甲种产品滞销,乙种产品畅销"
    B. "甲、乙两种产品均畅销"
    C. "甲种产品滞销"
    D. "甲种产品滞销或乙种产品畅销"

9. 设 $0<P(A)<1,0<P(B)<1,P(A|B)+P(\bar{A}|\bar{B})=1$,则事件 A 和事件 B( )。

    A. 互不相容   B. 互相对立
    C. 不独立   D. 独立

10. 玻璃杯成箱出售,每箱 20 只,设各箱含 0,1,2 只残次品的概率分别为 0.8、0.1、0.1。一顾客欲购买一箱玻璃杯,由售货员任取一箱,而顾客开箱随机查看 4 只。若无残次品,则买下该箱玻璃杯;否则退回。试求:

    (1) 顾客购买此箱玻璃杯的概率;

    (2) 在顾客购买的此箱玻璃杯中,确实没有残次品的概率。

11. 某厂家生产的每台仪器,概率为 0.7 可以直接出厂,概率为 0.3 需进一步调试,经调试后概率为 0.8 可以出厂,概率为 0.2 定为不合格产品不能出厂。现该厂新生产了 $n(n \geqslant 2)$ 台仪器(假设各台仪器的生产过程相互独立),试求:

(1) 全部能出厂的概率;

(2) 恰有两台不能出厂的概率;

(3) 至少有两台不能出厂的概率。

12. 设有来自 3 个地区的各 10 名、15 名和 25 名考生的报名表,其中女生的报名表分别为 3 份、7 份和 5 份。随机取一个地区的报名表,从中先后抽出两份。要求:

(1) 计算先抽到的一份是女生报名表的概率;

(2) 已知后抽到的一份是男生报名表,计算先抽到的一份是女生报名表的概率。

13. 设有两箱同种零件:第一箱内装 50 件,其中 10 件一等品;第二箱内装 30 件,其中 18 件一等品。现从两箱中随机挑出一箱,然后从该箱中先后随机取出两个零件(取出的零件均不放回)。试求:

(1) 先取出的零件是一等品的概率;

(2) 若先取出的是一等品,则后取出的零件仍然是一等品的概率。

自 测 题

一、填空题(每空 3 分,共 21 分)

1. 设 $P(A)=0.4, P(A \cup B)=0.7$,若 A 和 B 互不相容,则 $P(B)=$ _____;若 A 和 B 相互独立,则 $P(B)=$ _____。

2. 甲、乙两人独立地对同一目标射击一次,其命中率分别为 0.6 和 0.5,现已知目标被命中,则它是甲射中的概率为_____。

3. 已知 A 和 B 两个事件满足条件 $P(AB)=P(\overline{A}\overline{B})$,且 $P(A)=p$,则 $P(B)$ _____。

4. 袋中有 50 个乒乓球,其中 20 个是黄球,30 个是白球。今有两人依次随机从袋中各取一球,取后不放回,则第 2 个人取得黄球的概率是_____。

5. 将 C,C,E,E,I,N,S 这 7 个字母随机地排成一行,则恰好排成 SCIENCE 的概率为_____。

6. 设 A 和 B 为随机事件,$P(A)=0.7, P(A-B)=0.3$,则 $P(\overline{AB})=$ _____。

二、选择题(每题 3 分,共 15 分)

1. 设 A,B 为随机事件,且 $P(B)>0, P(A|B)=1$,则必有( )。

   A. $P(A \cup B)>P(A)$ B. $P(A \cup B)>P(B)$

   C. $P(A \cup B)=P(A)$ D. $P(A \cup B)=P(B)$

2. 设 A,B 为两随机事件,且 $A \cup B=A$,则下列选项中正确的是( )。

   A. $P(A \cup B)=P(A)$ B. $P(AB)=P(A)$

   C. $P(B|A)=P(B)$ D. $P(B-A)=P(B)-P(A)$

3. 设 A,B 为任意两个事件,且 $A \subset B, P(B)>0$,则下列选项必然成立的是( )。

   A. $P(A)<P(A|B)$ B. $P(A) \leqslant P(A|B)$

   C. $P(A)>P(A|B)$ D. $P(A) \geqslant P(A|B)$

4. 对于任意两个事件 A 和 B，则以下选项必然成立的是（　　）。
   A. 若 $AB \neq \varnothing$，则 A,B 一定独立
   B. 若 $AB \neq \varnothing$，则 A,B 有可能独立
   C. 若 $AB = \varnothing$，则 A,B 一定独立
   D. 若 $AB = \varnothing$，则 A,B 一定不独立

5. 设事件 A 与事件 B 互不相容，则（　　）。
   A. $P(\overline{A}\overline{B})=0$
   B. $P(AB)=P(A)P(B)$
   C. $P(\overline{A})=1-P(B)$
   D. $P(\overline{A} \cup \overline{B})=1$

三、解答题（共 64 分）

1. （9 分）设 $A_1,A_2,\cdots,A_n$ 为 n 个相互独立的事件，且 $P(A_k)=p_k(1\leqslant k\leqslant n)$，求下列事件的概率：
   (1) n 个事件全不发生；
   (2) n 个事件至少有一个发生；
   (3) n 个事件恰好只有一个事件发生。

2. （8 分）假设四个人的身份证混在一起，现将其随机发给这四个人。求没有一个人领到自己身份证的概率。

3. （8 分）一批同型号的产品共 20 件，其中一等品 9 件，二等品 7 件，三等品 4 件。现从这批产品中随机抽取 3 件，求取出的 3 件产品中恰有两件等级相同的概率。

4. （8 分）一道选择题有 4 个选项供选择，假设某考生知道该题的正确答案的概率为 p，乱猜的概率为 $1-p$。如果已知他答对了，那么他确实知道正确答案的概率是多少？

5. （9 分）某工厂的车床、钻床、磨床、刨床的台数之比为 9∶3∶2∶1，它们在一定时间内需要修理的概率分别为 $\frac{1}{7},\frac{2}{7},\frac{3}{7},\frac{1}{7}$。当有一台机床需要修理时，这台机床是车床的概率是多少？

6. （10 分）一名工人照看 A,B,C 三台独立工作的机床，已知在 1 小时内三台机床各自不需要工人照看的概率分别为 $P(\overline{A})=0.9, P(\overline{B})=0.8, P(\overline{C})=0.7$。求 1 小时内三台机床至多有一台需要照看的概率。

7. （12 分）一个人的血型为 O,A,B,AB 型的概率分别为 0.46, 0.40, 0.11, 0.03，现任意挑选 5 人，求下列事件的概率：
   (1) 两个人为 O 型，其他 3 个人分别为另外的 3 种血型；
   (2) 3 个人为 O 型，其他两个人为 A 型；
   (3) 没有一个人为 AB 型。

第 2 章

随机变量及其分布

当计算机安装了《360杀毒软件》后,开机时往往会显示如"您这次开机用了33秒,击败了全国95%的用户"的提示界面。这个功能是怎么做出来的呢?是不是每次开机都要同步全国的计算机用户开机时间的数据?然而实际情况并不是这样的,因为这样做,数据量太大了,实现这个功能只需要搜集足够多的用户开机时间样本,得出该时间的分布情况,再通过概率分布函数即可求出计算机开机时间的排名。那么,如何定义随机变量的分布,如何建立数学模型,如何通过数学模型得到所需要的结果?这些问题都将在本章得到解答。

为了建立数学模型,需要将随机试验的结果数量化,为此引入随机变量的概念。引入随机变量的关键作用是可以利用它定义分布函数,使得概率论的研究由集合模型阶段上升到函数模型阶段。

随机变量主要分为两大类:离散型随机变量和连续型随机变量。分布函数是描述随机变量分布的重要工具,它可以刻画随机变量在任意区间内取值的概率。分布律反映了随机变量取哪些值以及以怎样的概率取这些值,是描述离散型随机变量分布规律的有效工具;概率密度是刻画连续型随机变量分布规律的有效工具。本章以分布律为工具介绍0-1分布、二项分布、泊松分布三种离散型分布;以概率密度为工具介绍均匀分布、正态分布、指数分布三种连续型随机变量分布。

随机变量的函数也是一个随机变量,本章还介绍随机变量的分布函数的求解方法。

本章学习要点:
- 离散型随机变量及其分布律;
- 随机变量的分布函数;
- 连续型随机变量及其概率密度;
- 随机变量的函数及其分布。

2.1 离散型随机变量及其分布律

2.1.1 随机变量

在第1章我们已看到,有些随机试验的结果可以用数来表示,此时样本空间中的元素就是一个数,而有些则不是。当样本空间中的元素不是一个数时,对样本空间的描述和研究都不方便。为此,2.1.1小节讨论如何引入一个法则,将随机试验的每一个结果 e 与实数 x 对应起来,即将随机试验的结果数量化。

定义 2.1.1 设随机试验的样本空间为 $S=\{e\}$,$X=X(e)$ 是定义在样本空间 S 上的实值单值函数,如果对于任意实数 x,集合 $\{e\mid X(e)\leqslant x\}$ 都有确定的概率,则称 $X=X(e)$ 为**随机变量**。

一般用大写字母 $X,Y,Z,\cdots$ 表示随机变量,用小写字母 $x,y,z,\cdots$ 表示随机变量的取值。

【例 2.1.1】 将一枚硬币投掷 3 次,观察正面(H)、反面(T)出现的情况,则样本空间为 $S=\{HHH,HHT,HTH,THH,HTT,THT,TTH,TTT\}$。以 X 表示 3 次投掷中正面出现的总次数,则其可能取值见表 2-1。

表 2-1

样本点 e	HHH	HHT	HTH	THH	HTT	THT	TTH	TTT
X 的取值	3	2	2	2	1	1	1	0

由定义知,随机变量 X 为样本空间 S 上定义的实值单值函数,其取值随随机试验结果的不同而不同,故 X 具有随机性;同时,由于各试验结果的出现具有一定的概率,则 X 在一定范围内的取值也有一定的概率,因而 X 还具有统计规律性。这两个特性正是随机变量函数与普通函数的本质区别。

引进随机变量的概念后,就可以用随机变量的取值来表示随机事件。如例 2.1.1 中,以 X 表示 3 次投掷中正面出现的总次数,则"3 次投掷中正面出现的总次数为 2"的随机事件就可以用 $\{X=2\}$ 表示;"3 次投掷中正面出现的总次数大于或等于 2"的随机事件就可以用 $\{X\geqslant 2\}$ 表示,等等。这样,通过随机变量的研究,就可以非常方便地研究随机现象的各种可能结果及其出现的概率。

2.1.2 离散型随机变量

有些随机变量的所有可能取值为有限个或可列无限多个,这种随机变量称为**离散型随机变量**。

定义 2.1.2 设离散型随机变量 X 的所有可能取值为 $x_1,x_2,\cdots,x_n\cdots$ 且 X 取每一个值的概率为

$$P(X=x_k)=p_k,\quad k=1,2,\cdots,n,\cdots \tag{2.1.1}$$

称式(2.1.1)为**离散型随机变量 X 的分布律**。

常用表 2-2 所示形式表示离散型随机变量 X 的分布律。

表 2-2

X	x_1	x_2	$\cdots$	x_n	$\cdots$
p_k	p_1	p_2	$\cdots$	p_n	$\cdots$

由概率的定义知,分布律具有如下两个性质。

性质 2.1.1 $p_k\geqslant 0(k=0,1,2,\cdots)$。

性质 2.1.2 $\sum_{k=1}^{\infty}p_k=1$。

反之,若数列 $\{p_k\}$ 满足上述两个性质,则必存在某离散型随机变量 X,使得 $\{p_k\}$ 成为对

应 X 取值的分布律。

【例 2.1.2】 确定常数 C,使 $p_k = C\dfrac{\lambda^k}{k!}(\lambda>0, k=1,2,\cdots)$ 为某个随机变量 X 的分布律。

解 要使 p_k 成为随机变量 X 的分布律,必须满足两个条件:一是 $p_k \geqslant 0$,二是 $\sum\limits_{k=1}^{\infty} p_k = 1$。故本题应有

$$C > 0 \quad \text{且} \quad \sum_{k=1}^{\infty} C \frac{\lambda^k}{k!} = 1$$

又因为 $\sum\limits_{k=1}^{\infty} \dfrac{\lambda^k}{k!} = \mathrm{e}^{\lambda} - 1$,从而有 $C(\mathrm{e}^{\lambda} - 1) = 1$,即 $C = \dfrac{1}{\mathrm{e}^{\lambda} - 1}$。

【例 2.1.3】 一汽车沿一街道行驶,需要通过三个设有红、绿信号灯的路口,每个信号灯为红或绿与其他信号灯为红或绿相互独立,且红、绿两种信号灯显示的时间相等。以 X 表示该汽车首次遇到红灯前通过的路口个数,求 X 的分布律。

解 随机变量 X 所有可能的取值为 $0,1,2,3$。设 $A_i(i=1,2,3)$ 表示"汽车在第 i 个路口首次遇到红灯",由题意知 A_1, A_2, A_3 相互独立,且

$$P(A_i) = P(\overline{A}_i) = \frac{1}{2}, \quad i = 1, 2, 3$$

于是有

$$P\{X=0\} = P(A_1) = \frac{1}{2}$$

$$P\{X=1\} = P(\overline{A}_1 A_2) = P(\overline{A}_1) P(A_2) = \frac{1}{4}$$

$$P\{X=2\} = P(\overline{A}_1 \overline{A}_2 A_3) = P(\overline{A}_1) P(\overline{A}_2) P(A_3) = \frac{1}{8}$$

$$P\{X=3\} = P(\overline{A}_1 \overline{A}_2 \overline{A}_3) = P(\overline{A}_1) P(\overline{A}_2) P(\overline{A}_3) = \frac{1}{8}$$

故随机变量 X 的分布律如表 2-3 所示。

表 2-3

X	0	1	2	3
$P\{X=k\}$	$\dfrac{1}{2}$	$\dfrac{1}{4}$	$\dfrac{1}{8}$	$\dfrac{1}{8}$

2.1.3 常见离散型随机变量的分布

1. 0-1 分布

如果离散型随机变量 X 只能取 0 和 1 两个值,它的分布律如表 2-4 所示。

表 2-4

X	0	1
$P\{X=x_k\}$	$1-p$	p

称 X 服从 **0-1 分布**或**两点分布**，记为：$X \sim (0\text{-}1)$ 分布。

只要一个随机试验的结果只有两个，例如抛硬币、新生儿的性别、检查产品的质量是否合格等，都可以用服从 0-1 分布的随机变量来描述。

2. 伯努利试验与二项分布

如果试验 E 只有两个可能结果："成功"（记作 A）或"失败"（记作 $\bar{A}$），且成功的概率 $P(A) = p(0 < p < 1)$，此时 $P(\bar{A}) = 1 - p$。将 E 独立重复地进行 n 次，则称这一串重复独立试验为 n **重伯努利（Bernoulli）试验**。这里的"重复"是指在每次试验中 $P(A) = p(0 < p < 1)$ 保持不变；"独立"是指各次试验的结果互不影响。例如，将一枚硬币重复抛 n 次，就是成功概率为 0.5 的 n 重伯努利试验。n 重伯努利试验具有广泛的应用，是研究最多的概率模型之一。

在 n 重伯努利试验中，以 X 表示事件 A 发生的次数，X 的可能取值为 $0, 1, 2, \cdots, n$。注意到试验的独立性，事件 A 在指定的 $k(0 \leqslant k \leqslant n)$ 次试验中发生，而其余 $n-k$ 次不发生的概率为 $p^k(1-p)^{n-k}$，由于指定的方式共有 C_n^k 种，且它们两两互不相容，故在 n 重伯努利试验中 A 发生 k 次的概率为 $C_n^k p^k (1-p)^{n-k}$。记 $q = 1 - p$，有

$$P\{X = k\} = C_n^k p^k q^{n-k}, \quad k = 0, 1, 2, \cdots, n$$

显然

$$P\{X = k\} \geqslant 0$$

$$\sum_{k=0}^{n} P\{X = k\} = \sum_{k=0}^{n} C_n^k p^k q^{n-k} = (p + q)^n = 1$$

即 $P\{X = k\}$ 满足分布律的性质 2.1.1 和性质 2.1.2。

因 $C_n^k p^k q^{n-k}$ 是 $(p+q)^n$ 的二项展开式的一般项，故称 X 服从参数为 (n, p) 的**二项分布**，记为 $X \sim B(n, p)$。

特别地，当 $n = 1$ 时，二项分布退化为

$$P\{X = k\} = p^k q^{1-k}, \quad k = 0, 1$$

此时，随机变量 X 服从 0-1 分布。

【例 2.1.4】 某车间有 5 台车床，由于种种原因（如装、卸工件或检修等）时常需要停车。设各车床的停车或开车是相互独立的。若车床在任一时刻处于停车状态的概率是 $\dfrac{1}{3}$，在任一时刻车间处于停车状态的车床数记为 X，试求随机变量 X 的分布律。

解 根据题意知，$X \sim B\left(5, \dfrac{1}{3}\right)$，且

$$P\{X = 0\} = C_5^0 \left(\dfrac{1}{3}\right)^0 \left(\dfrac{2}{3}\right)^{5-0} = 0.1317, \quad P\{X = 1\} = C_5^1 \left(\dfrac{1}{3}\right)^1 \left(\dfrac{2}{3}\right)^{5-1} = 0.3292$$

$$P\{X = 2\} = C_5^2 \left(\dfrac{1}{3}\right)^2 \left(\dfrac{2}{3}\right)^{5-2} = 0.3292, \quad P\{X = 3\} = C_5^3 \left(\dfrac{1}{3}\right)^3 \left(\dfrac{2}{3}\right)^{5-3} = 0.1646$$

$$P\{X = 4\} = C_5^4 \left(\dfrac{1}{3}\right)^4 \left(\dfrac{2}{3}\right)^{5-4} = 0.0412, \quad P\{X = 5\} = C_5^5 \left(\dfrac{1}{3}\right)^5 \left(\dfrac{2}{3}\right)^{5-5} = 0.0041$$

故 X 的分布律如表 2-5 所示。

表 2-5

X	0	1	2	3	4	5
$P\{X = k\}$	0.1317	0.3292	0.3292	0.1646	0.0412	0.0041

由上面的分布律可以发现,当 k 从 0 递增到 5 时,$P\{X=k\}$ 先单调增加,达到最大值后再单调减少。一般地,对固定的 n,p,二项分布 $B(n,p)$ 都具有这一性质。

事实上,记 $B(k;n,p)=C_n^k p^k q^{n-k}$,对固定的 n,p,考查比值

$$\frac{B(k;n,p)}{B(k-1;n,p)}=\frac{C_n^k p^k q^{n-k}}{C_n^{k-1} p^{k-1} q^{n-k+1}}=1+\frac{(n+1)p-k}{kq}\begin{cases}>1, & k<(n+1)p \\ =1, & k=(n+1)p \\ <1, & k>(n+1)p\end{cases}$$

取 $m=[(n+1)p]$,当 k 从 0 变到 m 时,$B(k;n,p)$ 单调增加;当 $k=m$ 时达到最大值,若 $m=[(n+1)p]$ 为整数,则有两个最大值 $B(m;n,p)=B(m-1;n,p)$;当 k 从 m 变到 n 时单调减少。m 称为**最可能出现次数**或**最可能成功次数**,而 $b(m;n,p)$ 称为**中心项**。

在例 2.1.4 中,因为 $X\sim B\left(5,\dfrac{1}{3}\right)$,$m=(n+1)p=2$ 为整数,所以有两个最大值为 1 和 2,即在任一时刻车间最有可能处于停车状态的车床数是 1 和 2。

【**例 2.1.5**】 设每颗子弹击中目标的概率是 0.01,问射击 400 发子弹时,总共击中目标的最大可能次数是多少?求该次数所对应的概率。

解 设 X 表示击中目标的次数,则随机变量 $X\sim B(400,0.01)$。因此,击中目标的最大可能次数为 $m=[(n+1)p]=[4.01]=4$(次)。击中 4 次的概率为

$$P\{X=4\}=C_{400}^4(0.01)^4(0.99)^{396}\approx 0.1964$$

3. 泊松(Poisson)分布

设随机变量 X 的所有可能取值为 $0,1,2,\cdots$,而取各个值的概率为

$$P\{x=k\}=\frac{\lambda^k}{k!}e^{-\lambda},\quad k=0,1,2,\cdots$$

其中 $\lambda>0$ 是常数,则称 X 服从参数为 λ 的**泊松分布**,记为 $X\sim \pi(\lambda)$。

显然 $P\{x=k\}>0,k=0,1,2,\cdots$,且有

$$\sum_{k=0}^{\infty}P\{x=k\}=\sum_{k=0}^{\infty}\frac{\lambda^k}{k!}e^{-\lambda}=e^{-\lambda}\sum_{k=0}^{\infty}\frac{\lambda^k}{k!}=e^{-\lambda}e^{\lambda}=1$$

泊松分布常出现在电话总机接到的呼叫次数、候车的旅客数、原子放射粒子数等问题的研究中。

【**例 2.1.6**】 某商店由以往的销售记录可知,某种商品每月的销售数量服从参数为 $\lambda=10$ 的泊松分布。为了以 95% 以上的把握保证不脱销。问:商店在月底至少应进该种商品多少件?

解 设该商店每月销售该种商品 X 件,月底的进货数为 a 件,则当 $\{X\leqslant a\}$ 时就不会脱销,由题意知

$$P\{X\leqslant a\}\geqslant 0.95$$

即

$$\sum_{k=0}^{a}\frac{10^k}{k!}e^{-10}\geqslant 0.95$$

查泊松分布表知

$$\sum_{k=0}^{14}\frac{10^k}{k!}e^{-10}\approx 0.9166<0.95$$

$$\sum_{k=0}^{15} \frac{10^k}{k!} e^{-10} \approx 0.9513 > 0.95$$

于是,该商店只要在月底进该种商品 15 件(假设上月底没有存货),就可以 95% 以上的把握保证该种商品在下个月不会脱销。

下面介绍一个用泊松分布逼近二项分布的定理。

泊松定理 设 $\lambda > 0$ 是一个常数,$\lim_{n \to \infty} np_n = \lambda$,则有

$$\lim_{n \to \infty} B(k; n, p_n) = \lim_{n \to \infty} C_n^k p_n^k (1-p_n)^{n-k} = \frac{\lambda^k}{k!} e^{-\lambda}, \quad k = 0, 1, 2, \cdots$$

定理的条件 $\lim_{n \to \infty} np_n = \lambda$(常数)意味着当 n 很大时,p_n 必定很小。因此,上述定理表明当 n 很大、p 很小且 $np = \lambda$ 时,有近似式

$$C_n^k p^k (1-p)^{n-k} \approx \frac{\lambda^k}{k!} e^{-\lambda}, \quad \lambda = np$$

实际表明,在一般情况下,当 $n \geq 10, p \leq 0.1$ 时,这种近似效果非常好。

【例 2.1.7】(伦敦飞弹问题) 第二次世界大战期间德国曾隔英吉利海峡与多佛海峡向伦敦发射大量 V 型飞弹。如何判断德国的飞弹是有明确目标的袭击还是乱炸一通呢?

有人将伦敦面积平均分成 $N = 576$ 个小块,每个小块约 0.25km^2。总共发现飞弹 537 枚,其中发现 k 枚飞弹的小块数为 N_k,如表 2-6 所示。

表 2-6

飞弹数 k	0	1	2	3	4	≥ 5
实际发现 k 枚飞弹的小块数 N_k	229	211	93	35	7	1
理论有 k 枚飞弹的小块数	226.7	211.4	98.6	31.6	7.1	1.6

若无明确目标,则每小块的中弹数应服从二项分布。利用表 2-1 中的数据来估计参数 λ 的值,λ 的估计值应等于每一小块区域的平均中弹数。设 X 为一小块区域中飞弹的个数,则

$$\lambda = \frac{1}{576} \sum_{k=0}^{5} k N_k = 0.9323$$

$$X \sim B\left(537, \frac{1}{576}\right) \stackrel{\text{近似}}{\sim} \pi\left(\frac{537}{576}\right) = \pi(0.9323)$$

从而

$$P\{X = k\} \approx \frac{0.9323^k}{k!} e^{-0.9323}, \quad k = 0, 1, 2, \cdots$$

计算结果如表 2-6 所示。从表 2-6 中可以看出,计算所得中 k 枚飞弹的小块数与实际值十分吻合,这表明德国的飞弹并没有明确的轰炸目标。

习题 2.1

1. 盒中装有大小相同的球 10 个,编号为 $0, 1, 2, \cdots, 9$,从中任取 1 个,观察号码小于 5、等于 5 和大于 5 的情况,试定义一个随机变量表达上述随机试验结果,并写出该随机变量取每一个特定值的概率。

2. 设离散型随机变量 X 的所有可能取值是 $1,2,3,4,5$，且 $P\{|X-2.8|>0.5\}=0.8$，求 $P\{X=3\}$。

3. 设随机变量 X 的分布律是 $P\{X=k\}=\dfrac{ck}{30}(k=1,2,3,4,5)$。求：(1) c 的值；(2) $P\{X=1 \text{ 或 } X=3\}$；(3) $P\left\{\dfrac{1}{2}<X\leqslant 2\right\}$。

4. 若每次射击中靶的概率为 0.7，若射击 10 次，求：(1) 命中 3 次的概率；(2) 至少命中 3 次的概率；(3) 最可能命中几次？

5. 某汽车站有大量汽车通过，设每辆汽车在一天中某段时间内发生事故的概率为 0.0001。若在某天的该段时间内有 1000 辆汽车通过，问：发生事故的次数不小于 2 次的概率是多少？

6. 设随机变量 $X\sim B(2,p)$，$Y\sim B(3,p)$，若 $P\{X\geqslant 1\}=\dfrac{5}{9}$，求 $P\{Y\geqslant 1\}$。

7. 假设大学英语四级考试包括听力、语法、阅读理解、写作等，满分 100 分。除写作占 15 分外，其余 85 分均为单项选择题，每道题有 A，B，C，D 四个选项，每题 1 分。假定某同学写作得分为 9 分，按及格为 60 分计算(即得分大于或等于 60 分通过四级)，问：该同学靠运气能通过英语四级考试的概率是多少？

2.2 随机变量的分布函数

对于非离散型随机变量，由于其可能取的值不能一一列举出来，因而不能像离散型随机变量那样可以用分布律来描述。在实际问题中，我们经常需要考虑随机变量落在区间 $a<X\leqslant b$ 内的概率 $P\{a<X\leqslant b\}$ 的大小。由于 $P\{a<X\leqslant b\}=P\{X\leqslant b\}-P\{X\leqslant a\}$，所以只需研究如何计算 $P\{X\leqslant a\}$ 和 $P\{X\leqslant b\}$ 就可以。一般地，对于给定的任意实数 x，需要研究计算 $P\{X\leqslant x\}$ 的概率的方法。为此，我们给出分布函数的概念。

定义 2.2.1 对随机变量 X 和任意实数 x，称函数
$$F(x)=P\{X\leqslant x\}, \quad -\infty<x<+\infty$$
为随机变量 X 的**分布函数**，记为 $X\sim F(x)$。

如果将 X 看成数轴上的随机点的坐标，那么，分布函数 $F(x)$ 在点 x 处的函数值就表示随机变量 X 的取值落在 $(-\infty,x]$ 区间的概率。

对于任意实数 a 和 $b(a<b)$，按随机事件的概率性质以及分布函数的定义可知
$$P\{a<X\leqslant b\}=P\{X\leqslant b\}-P\{X\leqslant a\}=F(b)-F(a)$$

因此，如果知道随机变量 X 的分布函数，就能计算 X 落在任一区间 $(a,b]$ 内的概率，从这个意义上说，分布函数完整地描述了随机变量的统计规律。通过它，可以利用高等数学中的方法来全面研究随机变量。

分布函数 $F(x)$ 具有下列**基本性质**。

性质 2.2.1 单调性：$F(x)$ 为 x 的单调不减函数，即对任意 $x_1<x_2$，有 $F(x_1)\leqslant F(x_2)$。

性质 2.2.2 有界性：对任意 x，有 $0\leqslant F(x)\leqslant 1$，且

$$F(-\infty) = \lim_{x \to -\infty} F(x) = 0, \quad F(+\infty) = \lim_{x \to +\infty} F(x) = 1$$

性质 2.2.3 右连续性：$F(x)$ 为 x 的右连续函数，即对任意实数 x_0，有

$$F(x_0 + 0) = \lim_{x \to x_0^+} F(x) = F(x_0)$$

反之，若有一函数 $F(x)$ 具有上述三个性质，则该 $F(x)$ 必为某个随机变量的分布函数。

【**例 2.2.1**】 设随机变量 X 的分布函数为

$$F(x) = \begin{cases} \dfrac{A}{2} e^x, & x \leqslant 0 \\ \dfrac{1}{2}, & 0 < x \leqslant 1 \\ B + C e^{-(x-1)}, & x > 1 \end{cases}$$

求 A, B, C 的值。

解 由分布函数的右连续性知

$$F(0+0) = \lim_{x \to 0^+} F(x) = F(0), \quad F(1+0) = \lim_{x \to 1^+} F(x) = F(1)$$

即

$$\frac{1}{2} = \frac{A}{2}, \quad B + C = \frac{1}{2}$$

又因为 $\lim\limits_{x \to +\infty} F(x) = 1$，所以 $B = 1$。从而 $A = 1, B = 1, C = -\dfrac{1}{2}$。

【**例 2.2.2**】 一袋中装有 5 只球，编号为 1, 2, 3, 4, 5。从袋中同时取出 3 只球，以 X 表示取出的 3 只球中最大的号码，求 X 的分布函数，并计算 $P\{3 < X \leqslant 4\}$。

解 随机变量 X 的所有可能取值为 3, 4, 5。又

$$P\{X = 3\} = \frac{C_2^2}{C_5^3} = \frac{1}{10}$$

$$P\{X = 4\} = \frac{C_3^2}{C_5^3} = \frac{3}{10}$$

$$P\{X = 5\} = \frac{C_4^2}{C_5^3} = \frac{6}{10}$$

故 X 的分布率如表 2-7 所示。

表 2-7

X	3	4	5
$P\{X=k\}$	$\dfrac{1}{10}$	$\dfrac{3}{10}$	$\dfrac{6}{10}$

随机变量 X 仅在 $x = 3, 4, 5$ 三点处概率不为零，故求 $F(x)$ 时，可根据这三个点分段讨论：

当 $x < 3$ 时，$F(x) = P\{X \leqslant x\} = 0$；

当 $3 \leqslant x < 4$ 时，$F(x) = P\{X \leqslant x\} = P\{X = 3\} = \dfrac{1}{10}$；

当 $4 \leqslant x < 5$ 时,$F(x) = P\{X \leqslant x\} = P\{X=3\} + P\{X=4\} = \dfrac{4}{10}$;

当 $x \geqslant 5$ 时,$F(x) = P\{X \leqslant x\} = P\{X=3\} + P\{X=4\} + P\{X=5\} = 1$。

所以其分布函数为

$$F(x) = \begin{cases} 0, & x < 3 \\ \dfrac{1}{10}, & 3 \leqslant x < 4 \\ \dfrac{4}{10}, & 4 \leqslant x < 5 \\ 1, & x \geqslant 5 \end{cases}$$

且

$$P\{3 < X \leqslant 4\} = F(4) - F(3) = \dfrac{4}{10} - \dfrac{1}{10} = \dfrac{3}{10}$$

【例 2.2.3】 设随机变量 X 的分布律如表 2-8 所示。

表 2-8

X	0	1	2	3
$P\{X=x_i\}$	$\dfrac{1}{2}$	$\dfrac{1}{4}$	$\dfrac{1}{8}$	$\dfrac{1}{8}$

求 X 的分布函数 $F(x)$,并计算 $P\{X \leqslant 0\}$,$P\{0 < X \leqslant 2\}$ 与 $P\{X > 1\}$。

解 随机变量 X 仅在 $x=0,1,2,3$ 四点处概率不为零,所以求 $F(x)$ 时,可根据这四个点分段讨论:

当 $x < 0$ 时,$F(x) = P\{X \leqslant x\} = 0$;

当 $0 \leqslant x < 1$ 时,$F(x) = P\{X \leqslant x\} = P\{X=0\} = \dfrac{1}{2}$;

当 $1 \leqslant x < 2$ 时,$F(x) = P\{X \leqslant x\} = P\{X=0\} + P\{X=1\} = \dfrac{3}{4}$;

当 $2 \leqslant x < 3$ 时,$F(x) = P\{X \leqslant x\} = P\{X=0\} + P\{X=1\} + P\{X=2\} = \dfrac{7}{8}$;

当 $x \geqslant 3$ 时,$F(x) = P\{X \leqslant x\} = P\{X=0\} + P\{X=1\} + P\{X=2\} + P\{X=3\} = 1$。

故 X 的分布函数为

$$F(x) = \begin{cases} 0, & x < 0 \\ \dfrac{1}{2}, & 0 \leqslant x < 1 \\ \dfrac{3}{4}, & 1 \leqslant x < 2 \\ \dfrac{7}{8}, & 2 \leqslant x < 3 \\ 1, & x \geqslant 3 \end{cases}$$

于是有

$$P\{X \leqslant 0\} = F(0) = \frac{1}{2}$$

$$P\{0 < X \leqslant 2\} = F(2) - F(0) = \frac{7}{8} - \frac{1}{2} = \frac{3}{8}$$

$$P\{X > 1\} = 1 - F(1) = 1 - \frac{3}{4} = \frac{1}{4}$$

如图 2-1 所示，$F(x)$ 的图形为一条介于 0 和 1 的阶梯形上升曲线，且分别在 $x=0,1,2,3$ 有跳跃，其跳跃度恰好为随机变量 X 在 $x=0,1,2,3$ 处的概率 $\frac{1}{2},\frac{1}{4},\frac{1}{8},\frac{1}{8}$。

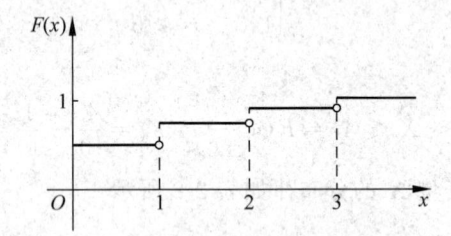

图 2-1　随机变量 X 的分布函数 $F(x)$

一般地，如果离散型随机变量 X 的分布律为

$$P\{X = x_k\} = p_k, \quad k = 1, 2, \cdots$$

则由分布律可求得其分布函数

$$F(x) = P\{X \leqslant x\} = \sum_{x_k \leqslant x} P\{X = x_k\} = \sum_{x_k \leqslant x} p_k$$

这里式 $\sum\limits_{x_k \leqslant x}$ 是对所有满足 $x_k \leqslant x$ 的 p_k 求和，$F(x)$ 是一个取值位于 $[0,1]$ 区间的单调不减阶梯函数，在 X 的每个取值点 x_k 处有跳跃，其跳跃值恰为 $P\{X = x_k\} = p_k$。

反之，由 X 的分布函数 $F(x)$ 也可求得其分布律，即

$$P\{X = x_k\} = P\{X \leqslant x_k\} - P\{X < x_k\} = F(x_k) - F(x_k - 0), \quad k = 1, 2, \cdots$$

【例 2.2.4】设随机变量 X 的分布函数为

$$F(x) = \begin{cases} 0, & x < -1 \\ 0.4, & -1 \leqslant x < 1 \\ 0.8, & 1 \leqslant x < 3 \\ 1, & x \geqslant 3 \end{cases}$$

求 X 的分布律。

解　$P\{X = -1\} = P\{X \leqslant -1\} - P\{X < -1\} = F(-1) - F(-1-0) = 0.4$
　　　　$P\{X = 1\} = P\{X \leqslant 1\} - P\{X < 1\} = F(1) - F(1-0) = 0.8 - 0.4 = 0.4$
　　　　$P\{X = 3\} = P\{X \leqslant 3\} - P\{X < 3\} = F(3) - F(3-0) = 1 - 0.8 = 0.2$

故 X 的分布律如表 2-9 所示。

表 2-9

X	-1	1	3
$P\{X = x_i\}$	0.4	0.4	0.2

这样，分布律和分布函数都可以表示离散型随机变量的概率分布，但分布函数侧重区间概率大小的描述，分布律侧重单点上概率大小的描述，通常用分布律较为简单明了。

习题 2.2

1. 有一批产品共 10 个，其中 3 个是次品，若不放回地从这批产品中随机抽取 3 个，求这 3 个产品中的次品数 X 的分布律。

2. 设 $F(x)=\begin{cases} 0, & x<0, \\ \dfrac{x}{2}, & 0\leqslant x<1, \\ 1, & x\geqslant 1 \end{cases}$，问 $F(x)$ 是否为某随机变量的分布函数，并说明理由。

3. 等可能地在数轴上的有界区间 $[a,b]$ 上投点，记 X 为落点的位置（数轴上的坐标），求随机变量 X 的分布函数。

4. 设随机变量 X 的分布律如表 2-10 所示。

表 2-10

X	0	1	2	3
$P\{X=i\}$	$\dfrac{1}{2}$	$\dfrac{1}{4}$	$\dfrac{1}{8}$	$\dfrac{1}{8}$

求 X 的分布函数，并计算 $P\left\{X\leqslant\dfrac{1}{2}\right\}$，$P\left\{\dfrac{3}{2}<X\leqslant\dfrac{5}{2}\right\}$ 与 $P\{2\leqslant X\leqslant 3\}$。

2.3 连续型随机变量及其概率密度

2.3.1 连续型随机变量的概率密度

在 2.2 节中，我们已经对离散型随机变量进行了研究。下面将研究另一类十分重要且常见的随机变量，它与离散型随机变量不同，其随机变量能取到某区间内的一切值，如测量误差、分子运动速度、电灯泡的寿命等，这种类型的随机变量就是连续型随机变量。

定义 2.3.1 如果对随机变量 X 的分布函数 $F(x)$ 存在非负可积函数 $f(x)$，使对任意的实数 x，有

$$F(x)=P\{X\leqslant x\}=\int_{-\infty}^{x}f(x)\mathrm{d}x \qquad (2.3.1)$$

则称 X 为**连续型随机变量**，并称 $f(x)$ 为 X 的**概率密度函数**，简称**概率密度**。

由定义 2.3.1 知道，概率密度 $f(x)$ 具有以下性质。

性质 2.3.1 $f(x)\geqslant 0$。 $\qquad (2.3.2)$

性质 2.3.2 $\int_{-\infty}^{+\infty}f(x)\mathrm{d}x=1$。 $\qquad (2.3.3)$

性质 2.3.3 对于任意的 a 和 $b(a<b)$，有 $P\{a<X\leqslant b\}=F(b)-F(a)=\int_{a}^{b}f(x)\mathrm{d}x$；

$\qquad (2.3.4)$

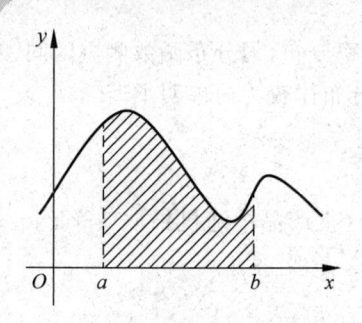

图 2-2 随机变量落在区间$(a,b]$上的概率

性质 2.3.4 若$f(x)$在点x处连续,则有$F'(x)=f(x)$。
(2.3.5)

由式(2.3.4)可知随机变量 X 落在区间$(a,b]$上的概率,恰好等于区间$(a,b]$上曲线$y=f(x)$之下的曲边梯形的面积(见图 2-2)。由式(2.3.3)可知介于曲线$y=f(x)$与Ox轴之间的面积等于 1。由于

$$P\{X=a\}=\lim_{\Delta x \to 0^+} P\{a-\Delta x < X \leqslant a\}$$
$$=\lim_{\Delta x \to 0^+}\int_{a-\Delta x}^{a} f(x)dx = 0$$

则在计算连续型随机变量落在某一区间的概率时,可以不必区分该区间是开区间或闭区间或半闭区间。例如

$$P\{a<X<b\}=P\{a\leqslant X \leqslant b\}=P\{a<X\leqslant b\}=P\{a\leqslant X<b\}$$

则事件$\{X=a\}$并不一定是不可能事件,但却有$P\{X=a\}=0$。

【例 2.3.1】 设随机变量 X 的概率密度为 $f(x)=Ae^{-|x|}$,$-\infty < x < +\infty$。求:
(1)常数 A;(2)X 的分布函数 $F(x)$;(3)$P\{0<X<1\}$。

解

(1) 由于函数 $f(x)$ 为随机变量 X 的概率密度,故

$$f(x) \geqslant 0$$
$$\int_{-\infty}^{+\infty} f(x)dx = \int_{-\infty}^{+\infty} Ae^{-|x|}dx = 1$$

即$A\geqslant 0$,且$2\int_{0}^{+\infty}Ae^{-x}dx=1$,解得$A=\dfrac{1}{2}$。

(2) 由分布函数的定义知,$F(x)=\int_{-\infty}^{x}\dfrac{1}{2}e^{-|t|}dt$。

当$x<0$时,$F(x)=\dfrac{1}{2}\int_{-\infty}^{x}e^{t}dt=\dfrac{1}{2}e^{x}$。

当$x\geqslant 0$时,$F(x)=\dfrac{1}{2}\int_{-\infty}^{0}e^{t}dt+\dfrac{1}{2}\int_{0}^{x}e^{-t}dt=1-\dfrac{1}{2}e^{-x}$。

故

$$F(x)=\begin{cases}\dfrac{1}{2}e^{x}, & x<0 \\ 1-\dfrac{1}{2}e^{-x}, & x\geqslant 0\end{cases}$$

(3) $P\{0<X<1\}=F(1)-F(0)=\dfrac{1}{2}(1-e^{-1})$。

2.3.2 常见连续型随机变量的分布

1. 均匀分布

若连续型随机变量 X 具有概率密度

$$f(x)\begin{cases}\dfrac{1}{b-a}, & a<x<b \\ 0, & 其他\end{cases}$$

则称 X 在区间 (a,b) 上服从**均匀分布**,记为 $X \sim U(a,b)$。

易知 $f(x) \geqslant 0$,$\int_{-\infty}^{+\infty} f(x) \mathrm{d}x = 1$,则均匀分布的分布函数为

$$F(x) = \begin{cases} 0, & x < a \\ \dfrac{x-a}{b-a}, & a \leqslant x < b \\ 1, & x \geqslant b \end{cases}$$

均匀分布的概率密度 $f(x)$ 及分布函数 $F(x)$ 的图形如图 2-3 所示。

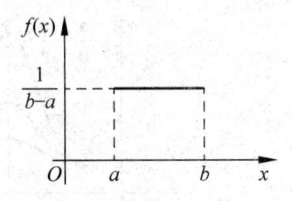

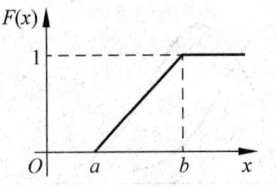

图 2-3 均匀分布的概率密度 $f(x)$ 及分布函数 $F(x)$

【例 2.3.2】 若随机变量 X 在 $(1,6)$ 上服从均匀分布,问:方程 $x^2 + Xx + 1 = 0$ 有实根的概率是多少?

解 X 的概率密度为

$$f(x) = \begin{cases} \dfrac{1}{5}, & 1 < x < 6 \\ 0, & 其他 \end{cases}$$

方程 $x^2 + Xx + 1 = 0$ 有实根的条件是

$$\Delta = X^2 - 4 \geqslant 0$$

即

$$|X| \geqslant 2$$

由于方程有实根可表示为事件 $\{|X| \geqslant 2\}$,故

$$P\{X \geqslant 2\} = P\{\{X \leqslant -2\} \cup \{X \geqslant 2\}\} = \int_2^6 \frac{1}{5} \mathrm{d}x = \frac{4}{5}$$

2. 指数分布

若连续型随机变量 X 的概率密度为

$$f(x) = \begin{cases} \lambda \mathrm{e}^{-\lambda x}, & x > 0 \\ 0, & x \leqslant 0 \end{cases}$$

其中 $\lambda > 0$ 为常数,则称 X 服从参数为 λ 的**指数分布**,记为 $X \sim E(\lambda)$。

已知 $f(x) \geqslant 0$,且 $\int_{-\infty}^{+\infty} f(x) \mathrm{d}x = 1$,则指数分布的分布函数为

$$F(x) = \begin{cases} 1 - \mathrm{e}^{-\lambda x}, & x > 0 \\ 0, & x \leqslant 0 \end{cases}$$

指数分布具有十分重要的应用,通常用来近似描述各种"寿命"分布,例如电子元件的寿命、动物的寿命、电话问题中的通话时间、随机服务系统中的服务时间等。

3. 正态分布

若随机变量 X 的概率密度为

$$f(x)=\frac{1}{\sqrt{2\pi}\sigma}e^{-\frac{(x-\mu)^2}{2\sigma^2}}, \quad -\infty<x<+\infty \tag{2.3.6}$$

其中 $\mu,\sigma(\sigma>0)$ 为常数，则称 X 服从参数为 μ,σ 的**正态分布**或**高斯分布**，记为 $X\sim N(\mu,\sigma^2)$。

正态分布的概率密度 $f(x)$ 的图形如图 2-4 和图 2-5 所示，它具有以下性质。

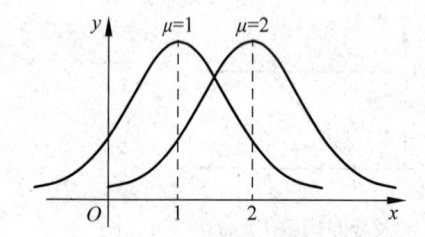

图 2-4 $f(x)$ 关于参数 μ 的变化图

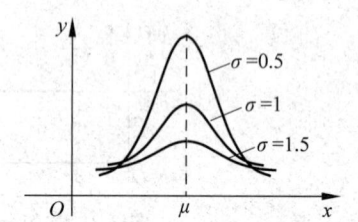

图 2-5 $f(x)$ 关于参数 σ 的变化图

性质 2.3.5 曲线关于 $x=\mu$ 对称，表明对于任意 $h>0$ 有 $P\{\mu-h<X\leqslant\mu\}=P\{\mu<X\leqslant\mu+h\}$。

性质 2.3.6 当 $x=\mu$ 时取到最大值 $f(\mu)=\dfrac{1}{\sqrt{2\pi}\sigma}$。

x 离 μ 越远，$f(x)$ 的值越小。这表明对于同样长度的区间，当区间离 μ 越远，X 落在这个区间上的概率越小。

在 $x=\mu\pm\sigma$ 处曲线有拐点，曲线以 x 轴为渐近线。

另外，如果固定 σ，改变 μ 的值，则图形沿 x 轴平移，而不改变其形状（见图 2-4），可见正态分布的概率密度曲线 $y=f(x)$ 的位置完全由参数 μ 确定，μ 称为位置参数。

如果固定 μ，改变 σ，由于最大值 $f(\mu)=\dfrac{1}{\sqrt{2\pi}\sigma}$，可知当 σ 越小时图形变得越尖（见图 2-5），因而 X 落在 μ 附近的概率越大。

由式（2.3.6）得 X 的分布函数为（见图 2-6）

$$F(x)=\frac{1}{\sqrt{2\pi}\sigma}\int_{-\infty}^{x}e^{-\frac{(t-\mu)^2}{2\sigma^2}}dt, \quad -\infty<x<+\infty \tag{2.3.7}$$

特别地，当 $\mu=0,\sigma=1$ 时，称随机变量 X 服从**标准正态分布**，记为 $X\sim N(0,1)$。其概率密度及分布函数分别用 $\varphi(x)$ 及 $\Phi(x)$ 表示，即

$$\varphi(x)=\frac{1}{\sqrt{2\pi}}e^{-\frac{x^2}{2}}, \quad -\infty<x<+\infty \tag{2.3.8}$$

$$\Phi(x)=\frac{1}{\sqrt{2\pi}}\int_{-\infty}^{x}e^{-\frac{t^2}{2}}dt, \quad -\infty<x<+\infty \tag{2.3.9}$$

由于 $\varphi(x)$ 为偶函数，故

$$\Phi(-x)=\int_{-\infty}^{-x}\varphi(x)dx=\int_{x}^{+\infty}\varphi(x)dx=\int_{-\infty}^{+\infty}\varphi(x)dx-\int_{-\infty}^{x}\varphi(x)dx$$

从而有
$$\Phi(-x) = 1 - \Phi(x) \tag{2.3.10}$$
如图 2-7 所示。

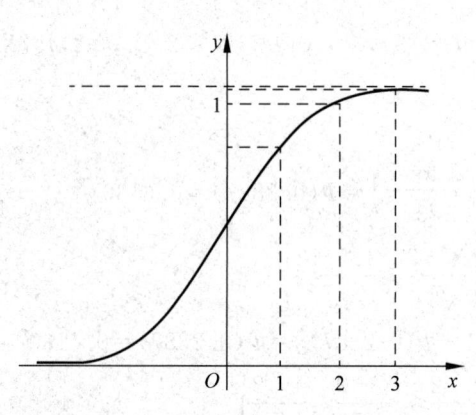

图 2-6 正态分布的分布函数 $F(x)$

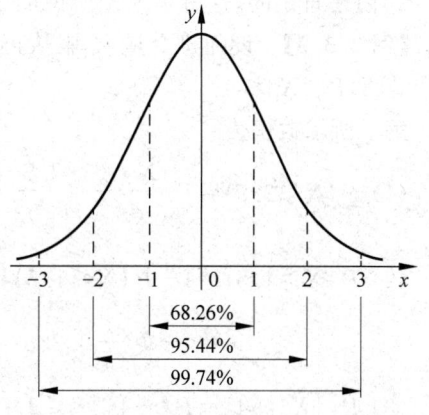

图 2-7 标准正态分布的分布函数 $\Phi(x)$

人们已编制了 $\Phi(x)$ 的函数表可供查用。一般地，若 $X \sim N(\mu, \sigma^2)$，则只要通过一个线性变换就能将它转换成标准正态分布。

引理 若 $X \sim N(\mu, \sigma^2)$，则 $Z = \dfrac{X-\mu}{\sigma} \sim N(0,1)$。

证明 $Z = \dfrac{X-\mu}{\sigma}$ 的分布函数为
$$P\{Z \leqslant x\} = P\left\{\dfrac{X-\mu}{\sigma} \leqslant x\right\} = P\{X \leqslant \mu + \sigma x\}$$
$$= \dfrac{1}{\sqrt{2\pi}\sigma} \int_{-\infty}^{\mu+\sigma x} e^{-\frac{(t-\mu)^2}{2\sigma^2}} dt$$

令 $\dfrac{t-\mu}{\sigma} = u$，得
$$P\{Z \leqslant x\} = \dfrac{1}{\sqrt{2\pi}} \int_{-\infty}^{x} e^{-\frac{u^2}{2}} du = \Phi(x)$$

由此知 $Z = \dfrac{X-\mu}{\sigma} \sim N(0,1)$。

于是，若 $X \sim N(\mu, \sigma^2)$，则它的分布函数 $F(x)$ 可写成
$$F(x) = P\{X \leqslant x\} = P\left\{\dfrac{X-\mu}{\sigma} \leqslant \dfrac{x-\mu}{\sigma}\right\} = \Phi\left(\dfrac{x-\mu}{\sigma}\right) \tag{2.3.11}$$

对于任意区间 (a,b)，有
$$P\{a < X < b\} = P\left\{\dfrac{a-\mu}{\sigma} < \dfrac{X-\mu}{\sigma} < \dfrac{b-\mu}{\sigma}\right\} = \Phi\left(\dfrac{b-\mu}{\sigma}\right) - \Phi\left(\dfrac{a-\mu}{\sigma}\right) \tag{2.3.12}$$

设 $X \sim N(\mu, \sigma^2)$，由 $\Phi(x)$ 的函数表还能得到（见图 2-7）
$$P\{\mu - \sigma < X < \mu + \sigma\} = \Phi(1) - \Phi(-1)$$
$$= 2\Phi(1) - 1 = 68.26\%$$

$$P\{\mu-2\sigma<X<\mu+2\sigma\}=\Phi(2)-\Phi(-2)=95.44\%$$
$$P\{\mu-3\sigma<X<\mu+3\sigma\}=\Phi(3)-\Phi(-3)=99.74\%$$

可以看到，尽管正态分布变量的取值范围是$(-\infty,+\infty)$，但它的值落在$(\mu-3\sigma<X<\mu+3\sigma)$内是肯定的，这就是人们所说的 **$3\sigma$ 法则**。

【例 2.3.3】 设随机变量 X 服从正态分布 $N(2,3)$，求：(1) $P\{X<2.5\}$；(2) $P\{X>1.5\}$；(3) $P\{|X|\leqslant 4\}$。

解 所求概率为

(1) $P\{X<2.5\}=P\left\{\dfrac{X-2}{\sqrt{3}}<\dfrac{2.5-2}{\sqrt{3}}\right\}=\Phi\left(\dfrac{2.5-2}{\sqrt{3}}\right)=\Phi(0.2887)=0.6130$

(2) $P\{X>1.5\}=1-P\{X\leqslant 1.5\}=1-P\left\{\dfrac{X-2}{\sqrt{3}}\leqslant\dfrac{1.5-2}{\sqrt{3}}\right\}$

$\qquad=1-\Phi(-0.2887)=1-[1-\Phi(0.2887)]=\Phi(0.2887)=0.6130$

(3) $P\{|X|\leqslant 4\}=P\{-4\leqslant X\leqslant 4\}=P\left\{\dfrac{-4-2}{\sqrt{3}}\leqslant\dfrac{X-2}{\sqrt{3}}\leqslant\dfrac{4-2}{\sqrt{3}}\right\}$

$\qquad=\Phi(1.155)-\Phi(-2.309)=\Phi(1.155)+\Phi(2.309)-1=0.8655$

【例 2.3.4】 设某批电子元件的寿命（单位：千小时）服从正态分布 $N(\mu,\sigma^2)$。设 $\mu=160$，欲使电子元件寿命在 120～200 内的概率至少为 80%，问：满足条件的 σ 最大取值为多少？

解 由于 $X\sim N(160,\sigma^2)$，故

$$P\{120\leqslant X\leqslant 200\}=\Phi\left(\dfrac{200-160}{\sigma}\right)-\Phi\left(\dfrac{120-160}{\sigma}\right)=2\Phi\left(\dfrac{40}{\sigma}\right)-1\geqslant 0.8$$

即 $\Phi\left(\dfrac{40}{\sigma}\right)\geqslant 0.9$，查附表 1 得 $\dfrac{40}{\sigma}\geqslant 1.28$，即 $\sigma\leqslant 31.25$，故允许 σ 的最大取值为 31.25。

现在再回到本章开篇提到的"计算机开机时间排名"问题：如果你的计算机安装了《360 杀毒软件》，那么无论计算机是否连接网络，都会显示如"您这次开机共用了 33 秒，击败了全国 95% 的用户"的界面。这个是怎么设计的呢？

事实上，实现这个功能并不需要每次将你的计算机开机耗时跟其他所有用户的同步数据作比较，而只需要搜集尽量多的用户开机时间，得出该时间的分布情况，再通过计算即可得出计算机开机时间的排名。

据统计，在《360 杀毒软件》的所有用户中，开机时间 X 近似服从正态分布 $N(51.15,11.04^2)$。假如你的计算机开机时间为 43 秒，则

$$P\{X>43\}=1-\Phi\left(\dfrac{43-51.15}{11.04}\right)=0.77$$

即你的计算机开机时间击败了全国 77% 的用户。又如你的计算机开机时间为 33 秒，则

$$P\{X>33\}=1-\Phi\left(\dfrac{33-51.15}{11.04}\right)=0.95$$

即你的计算机开机时间击败了全国 95% 的用户。

正态分布是概率论中最重要的一种分布。一方面，正态分布是自然界中最常见的一种分布，例如测量的误差、炮弹落点的分布、人的身高和体重、农作物的收获量、工业产品的尺

寸等都近似服从正态分布。一般来说,若影响某一数量指标的随机因素很多,而每个因素所起的作用不太大,则这个指标服从正态分布。另一方面,正态分布具有许多良好的性质,许多分布可用正态分布来近似,另外一些分布又可通过正态分布来导出。在概率论与数理统计的理论研究和实际应用中,正态随机变量都起着特别重要的作用。

习题 2.3

1. 设随机变量 X 具有概率密度 $f(x)=\begin{cases} kx, & 0 \leqslant x < 3 \\ 2-\dfrac{x}{2}, & 3 \leqslant x \leqslant 4 \\ 0, & \text{其他} \end{cases}$,求:(1)常数 k;(2)X 的分布函数 $F(x)$;(3)$P\left\{1 < X \leqslant \dfrac{7}{2}\right\}$。

2. 设随机变量 X 的分布函数为 $F(x)=\begin{cases} 0, & x \leqslant 0 \\ x^2, & 0 < x \leqslant 1 \\ 1, & x > 1 \end{cases}$,求:(1)$P\{0.3 < X < 0.7\}$;(2)$X$ 的概率密度 $f(x)$。

3. 设随机变量 X 服从 $N(10.8,16)$,求:(1)$P\{8.2 < X < 12.4\}$;(2)$P\{|X| < 9.1\}$;(3)$P\{X < 8.9\}$。

4. 设某项竞赛成绩 $X \sim N(65,100)$,若按参赛人数的 10% 发奖,问:获奖分数线应定为多少?

5. 设测量误差 $X \sim N(0,10^2)$,现进行 100 次独立测量,求其误差的绝对值超过 19.6 的次数不小于 3 的概率。

2.4 随机变量的函数及其分布

在许多实际问题中需要研究随机变量的函数及其分布规律。例如,在一些试验中,所关心的随机变量往往不能直接测量得到,而它却是某个能直接测量的随机变量的函数。比如我们能测量圆轴截面的直径 d,而关心的却是截面面积 $A=\dfrac{1}{4}\pi d^2$。这里,随机变量 A 是随机变量 d 的函数。本节将讨论如何由已知的随机变量 X 的概率分布,去求它的函数 $Y=g(X)$($g(x)$ 是已知的连续函数)的概率分布。这个问题无论是在理论上还是在实际应用中都有重要的作用。

【例 2.4.1】 设 X 的分布律如表 2-11 所示。求 $Y=(X-1)^2$ 的分布律。

表 2-11

X	0	1	2	3
$P\{X=k\}$	$\dfrac{1}{2}$	$\dfrac{1}{4}$	$\dfrac{1}{8}$	$\dfrac{1}{8}$

解 Y 的所有可能取值是 $0,1,4$,其概率分别为

$$P\{Y=0\}=P\{(X-1)^2=0\}=P\{X=1\}=\frac{1}{4}$$

$$P\{Y=1\}=P\{(X-1)^2=1\}=P\{X=0\}+P\{X=2\}=\frac{1}{2}+\frac{1}{8}=\frac{5}{8}$$

$$P\{Y=4\}=P\{(X-1)^2=4\}=P\{X=3\}=\frac{1}{8}$$

所以 Y 的分布律如表 2-12 所示。

表 2-12

Y	0	1	4
$P\{Y=k\}$	$\frac{1}{4}$	$\frac{5}{8}$	$\frac{1}{8}$

【例 2.4.2】 设随机变量 X 具有概率密度 $f_X(x)=\begin{cases}\dfrac{x}{8}, & 0<x<4\\ 0, & \text{其他}\end{cases}$。求随机变量 $Y=2X+8$ 的概率密度。

解 分别记 X 和 Y 的分布函数为 $F_X(x)$ 和 $F_Y(y)$,下面先来求 $F_Y(y)$。

$$F_Y(y)=P\{Y\leqslant y\}=P\{2X+8\leqslant y\}=P\left\{X\leqslant\frac{Y-8}{2}\right\}=F_X\left(\frac{Y-8}{2}\right)$$

对 $F_Y(y)$ 关于 y 求导数,得 $Y=2X+8$ 的概率密度为

$$f_Y(y)=f_X\left(\frac{y-8}{2}\right)\left(\frac{y-8}{2}\right)'=\begin{cases}\dfrac{1}{8}\times\left(\dfrac{y-8}{2}\right)\times\dfrac{1}{2}, & 0<\dfrac{y-8}{2}<4\\ 0, & \text{其他}\end{cases}$$

$$=\begin{cases}\dfrac{y-8}{32}, & 8<y<16\\ 0, & \text{其他}\end{cases}$$

一般地,如果随机变量 Y 是随机变量 X 的函数 $Y=g(X)$,则

$$P\{Y\leqslant y\}=P\{g(X)\leqslant y\}=P\{X\in S\}$$

其中 S 是由所有能使 $g(x)<y$ 的 x 值组成的集合,即可由 X 的分布来求出 Y 的分布。

【例 2.4.3】 设随机变量 X 具有概率密度 $f(x)$,求线性函数 $Y=kX+b(k>0)$ 的概率密度。

解 由分布函数的定义有

$$F_Y(y)=P(Y\leqslant y)=P\{kX+b\leqslant y\}=P\left\{X\leqslant\frac{y-b}{k}\right\}=\int_{-\infty}^{\frac{y-b}{k}}f(x)\mathrm{d}x$$

由于 $f_Y(y)=F_Y'(y)$,于是 Y 的概率密度为

$$f_Y(y)=\frac{1}{k}f\left(\frac{y-b}{k}\right) \tag{2.4.1}$$

特别地,若随机变量 $X\sim N(\mu,\sigma^2)$,则按式 (2.4.1) 得到线性函数

$$Y=kX+b\sim N(k\mu+b,k^2\sigma^2)$$

若取 $k=\dfrac{1}{\sigma}, b=-\dfrac{\mu}{\sigma}$ 得

$$Y=\dfrac{X-\mu}{\sigma}\sim N(0,1)$$

这就是 2.3 节引理的结果。

【例 2.4.4】 若 $X\sim N(0,1)$，计算 $Y=X^2$ 的概率密度。

解 当 $y<0$ 时，
$$F_Y(y)=P\{Y\leqslant y\}=P\{X^2\leqslant y\}=0$$

当 $y\geqslant 0$ 时，
$$F_Y(y)=P\{Y\leqslant y\}=P\{X^2\leqslant y\}=P\{-\sqrt{y}\leqslant X\leqslant\sqrt{y}\}$$
$$=\int_{-\sqrt{y}}^{\sqrt{y}}\dfrac{1}{\sqrt{2\pi}}e^{-\frac{t^2}{2}}dt=\dfrac{2}{\sqrt{2\pi}}\int_0^{\sqrt{y}}e^{-\frac{t^2}{2}}dt$$
$$=\dfrac{2}{\sqrt{2\pi}}\int_0^y e^{-\frac{u}{2}}\dfrac{du}{2\sqrt{u}}=\dfrac{1}{\sqrt{2\pi}}\int_0^y e^{-\frac{u}{2}}u^{-\frac{1}{2}}du$$

因此，$Y=X^2$ 的分布函数为

$$F_Y(y)=\begin{cases}0, & y<0\\ \displaystyle\int_0^y\dfrac{1}{\sqrt{2\pi}}e^{-\frac{u}{2}}u^{-\frac{1}{2}}du, & y\geqslant 0\end{cases}$$

从而，$Y=X^2$ 的概率密度为

$$f_Y(y)=F_Y'(y)=\begin{cases}0, & y<0\\ \dfrac{1}{\sqrt{2\pi}}y^{-\frac{1}{2}}e^{-\frac{y}{2}}, & y\geqslant 0\end{cases}$$

此时，我们称 Y 服从自由度为 1 的 χ^2 分布，并记为 $Y\sim\chi^2(1)$，χ^2 分布是数理统计中最重要的分布之一。

习题 2.4

1. 设随机变量 X 的分布律如表 2-13 所示。

表 2-13

X	-1	0	1	2
$P\{X=x_i\}$	0.2	0.3	0.1	0.4

求 $Y=X^2$ 的分布律。

2. 设 $X\sim f_X(x)=\begin{cases}4x^3, & 0\leqslant x<1\\ 0, & \text{其他}\end{cases}$，求 $Y=X^3$ 的概率密度。

3. 设随机变量 X 服从 $(0,1)$ 上的均匀分布，求随机变量 $Y=-\dfrac{\ln(1-X)}{2}$ 服从参数为 2 的指数分布。

4. 设随机变量 X 的概率密度为 $F_X(x)=\begin{cases}1-|x|, & -1<x<1\\ 0, & \text{其他}\end{cases}$，求随机变量 $Y=X^2+1$

的分布函数和概率密度。

5. 设随机变量 $X \sim N(0,1)$，求 $Y = 2X^2 + 1$ 的概率密度。

实际案例

医院护士配备问题 为保证病人在输液过程中不出现意外，南昌市某医院要配备流动护士及时处理突发情况。假设每位病人在输液过程中发生意外是相互独立的，其概率为 1‰，且每位病人发生意外时需且仅需一名护士来处理。在配备护士时，既要保证病人在输液过程中因出现意外而无护士处理的概率尽可能小，又要考虑节省人力。医院现有 500 位输液病人，有以下三种方案。

方案一：由 25 名护士分组管理，每名护士负责 20 位病人。

方案二：由 15 名护士分组管理，每 3 名护士负责 100 位病人。

方案三：由 10 名护士共同管理，负责全部 500 位病人。

问：按哪种方案，护士的配备最科学合理？

分析 方案一：将 500 位病人分成 25 组，每名护士负责其中一组。用 $X_i(i=1,2,\cdots,25)$ 表示第 i 组在同一时刻病人输液过程中发生意外的人数，则 $X_i \sim B(20, 0.01)$。这时，"第 i 组在同一时刻不超过 1 位病人发生意外"的概率为

$$P(X_i \leqslant 1) = \sum_{k=0}^{1} C_{20}^k 0.01^k 0.99^{20-k}$$

根据泊松定理，$\lambda_1 = n_1 p = 20 \times 0.01 = 0.2$。因此

$$P\{X_i \leqslant 1\} \approx \sum_{k=0}^{1} \frac{0.2^k}{k!} e^{-0.2} = 0.9825$$

记 $A_i = \{X_i \leqslant 1\}$，则方案一中 500 位病人因发生意外而不能及时处理的事件为 $A = \bigcup_{i=1}^{25} \overline{A_i}$。由于 $A_i(i=1,2,\cdots,25)$ 相互独立，故

$$P(A) = P\left(\bigcup_{i=1}^{25} \overline{A_i}\right) = 1 - P\left(\bigcap_{i=1}^{25} A_i\right) = 1 - \prod_{i=1}^{25} P(A_i) = 1 - 0.9825^{25} = 0.3568$$

方案二：将 500 位病人分成 5 组，每 3 名护士负责其中一组。用 $Y_i(i=1,2,3,4,5)$ 表示第 i 组在同一时刻病人输液过程中发生意外的人数，则 $Y_i \sim B(100, 0.01)$。这时，"第 i 组在同一时刻不超过 3 位病人发生意外"的概率为

$$P\{Y_i \leqslant 3\} = \sum_{k=0}^{3} C_{100}^k 0.01^k 0.99^{100-k}$$

该情形下，$\lambda_2 = n_2 p = 100 \times 0.01 = 1$。因此

$$P\{Y_i \leqslant 3\} \approx \sum_{k=0}^{3} \frac{1^k}{k!} e^{-1} = 0.9810$$

记 $B_i = \{Y_i \leqslant 3\}$，则方案二中 500 位病人因发生意外而不能及时处理的事件为 $B = \bigcup_{i=1}^{5} \overline{B_i}$。由于 $B_i(i=1,2,3,4,5)$ 相互独立，故

$$P(B) = P\left(\bigcup_{i=1}^{5}\overline{B}_i\right) = 1 - P\left(\bigcap_{i=1}^{5}\overline{B}_i\right) = 1 - \prod_{i=1}^{5}P(\overline{B}_i) = 1 - 0.9810^5 = 0.0914$$

方案三：将 500 位病人由 10 名护士统一负责。令 Z 表示 500 位病人输液过程中在同一时刻发生意外的人数，则 $Z \sim B(500, 0.01)$。这时，"在同一时刻不超过 10 位病人发生意外"的概率为

$$P\{Z \leqslant 10\} = \sum_{k=0}^{10} C_{500}^{k} 0.01^k 0.99^{500-k}$$

该情形下，$\lambda = np = 500 \times 0.01 = 5$。因此

$$P\{Z \leqslant 10\} \approx \sum_{k=0}^{10} \frac{5^k}{k!} e^{-5} = 0.9860$$

方案三中 500 位病人因发生意外而不能及时处理的事件为 $C = \{Z > 10\}$。其概率为

$$P(C) = 1 - P\{Z \leqslant 10\} = 1 - 0.9860 = 0.0140$$

可以看出，方案三不仅所需护士最少，而且病人因发生意外而不能得到及时处理的概率也最小，故方案三最合理。

由本案例可以看出，概率方法在管理科学中非常有用。

考研题精选

1. 设随机变量 X 的概率密度为 $f_X(x) = \frac{1}{2} e^{-|x|}$，$-\infty < x < +\infty$，则 X 的分布函数 $F(x) = $ _____。

2. 设随机变量 X 服从正态分布 $N(\mu, \sigma^2)(\sigma > 0)$，且二次方程 $y^2 + 4y + X = 0$ 无实根的概率为 $\frac{1}{2}$，则 $\mu = $ _____。

3. 设随机变量 X 的概率密度为 $f(x) = \begin{cases} 2x, & 0 < x < 1 \\ 0, & 其他 \end{cases}$，以 Y 表示对 X 的三次独立重复事件 $\left\{X \leqslant \frac{1}{2}\right\}$ 出现的次数，则 $P\{Y = 2\} = $ _____。

4. 设随机变量 X 服从正态分布 $N(\mu, \sigma^2)$，则随着 σ 的增加，概率 $P\{|X - \mu| < \sigma\}$ （　　）。

   A. 单调增加　　　　B. 单调减少　　　　C. 保持不变　　　　D. 增减不定

5. 设随机变量 X 的概率密度 $f(x)$ 是偶函数，$F(x)$ 是 X 的分布函数，则对任意实数 a，有（　　）。

   A. $F(-a) = 1 - \int_0^a f(x)dx$　　　　B. $F(-a) = \frac{1}{2} - \int_0^a f(x)dx$

   C. $F(-a) = F(a)$　　　　D. $F(-a) = 2F(a) - 1$

6. 设随机变量 X 服从指数分布，则随机变量 $Y = \min\{X, 2\}$ 的分布函数（　　）。

   A. 是连续函数　　　　B. 至少有两个间断点

   C. 是阶梯函数　　　　D. 恰好有一个间断点

7. 设 G 为曲线 $y = 2x - x^2$ 与 x 轴所围成的区域，在 G 中任取一点，该点到 y 轴的距

离用 X 表示,求 X 的分布函数与概率密度。

8. 设 $\Phi(x)$ 为正态分布 $N(0,1)$ 的分布函数,证明当 $x \to +\infty$ 时,对于任意 $a>0$,有
$$\frac{1-\Phi\left(x+\dfrac{a}{x}\right)}{1-\Phi(x)} \to e^{-a}。$$

9. 假设一大型设备在任何长为 t 的时间内发生故障的次数 $N(t)$ 服从参数为 λt 的泊松分布。试求:

(1) 相继两次故障之间时间间隔 T 的分布函数;

(2) 在设备无故障工作 8 小时的情形下,再无故障运行 8 小时的概率。

10. 设有三条直线,其中有两条长度依次为 1,2,而第三条直线的长度 X 是随机变量,其概率密度是 $f(x)=\begin{cases} \dfrac{Ax}{(1+x)^4}, & x>0 \\ 0, & x\leqslant 0 \end{cases}$,试求:

(1) 系数 A 的值;

(2) 这三条直线段能构成三角形的概率。

自 测 题

一、填空题(每题 5 分,共 20 分)

1. 已知随机变量 X 与 $-X$ 具有相同的概率密度,记 X 的分布函数为 $F(X)$,则 $F(X)+F(-X)=$ _____。

2. 设 $f_1(x)$ 为标准正态分布的概率密度,$f_2(x)$ 为 $(-1,3)$ 上均匀分布的概率密度,若 $f(x)=\begin{cases} af_1(x), & x\leqslant 0 \\ bf_2(x), & x>0 \end{cases}, a,b>0$ 为概率密度,则 a,b 应满足 _____。

3. 设随机变量 X 服从 $(0,2)$ 上的均匀分布,则随机变量 $Y=X^2$ 在 $(0,4)$ 内的概率密度 $f_Y(y)=$ _____。

4. 设 $X \sim N(2,\sigma^2)$,且 $P\{2<X<4\}=0.3$,则 $P\{X<0\}=$ _____。

二、解答题(第 1~4 题各 10 分,第 5 和 6 题各 20 分,共 80 分)

1. 设随机变量 X 的分布函数为
$$F(x)=\begin{cases} a+\dfrac{b}{(1+x)^2}, & x>0 \\ c, & x\leqslant 0 \end{cases}$$
求常数 a,b,c 的值。

2. 设随机变量 $X \sim U(2,5)$,现对 X 进行三次独立观察。试求至少有两次观测值大于 3 的概率。

3. 设 $X \sim U(a,b)(a>0)$,且 $P\{0<X<3\}=\dfrac{1}{4}$,$P\{X>4\}=\dfrac{1}{2}$。试求:

(1) X 的概率密度;

(2) $P\{1<X<5\}$。

4. 设随机变量 X 服从参数为 $\lambda(\lambda>0)$ 的指数分布,且 $P\{X\leqslant 1\}=\dfrac{1}{2}$。试求：

(1) 参数 λ 的值；

(2) $P\{X>2|X>1\}$。

5. 设随机变量 X 的概率密度为
$$f(x)=\begin{cases} |x|, & -1<x<1 \\ 0, & \text{其他} \end{cases}$$

令 $Y=X^2+1$，试求：

(1) Y 的概率密度 $f_Y(y)$；

(2) $P\left\{-1<Y<\dfrac{3}{2}\right\}$。

6. 设随机变量 X 服从参数为 2 的指数分布,证明：随机变量 $Y=1-\mathrm{e}^{-2X}$ 服从 $U(0,1)$。

第 3 章

多维随机变量及其分布

我们把大四学生和毕业设计指导老师见面、助理和主管见面等问题,简称"**会见问题**",那么,等候的时间如何估计呢? 这个疑问,可以利用本章中二维随机变量及其分布很好地解决。

本章将一维随机变量的相关概念和理论推广到多维随机变量的情形,重点讨论二维随机变量的分布(分布函数、分布律、概率密度等概念),以及几种常见的二维分布(二维均匀分布、二维正态分布)。此外,还讨论了二维随机变量独有的新内容:边缘分布、条件分布、随机变量的独立性等。最后还将讨论在(X,Y)的分布已知的条件下,求其函数如$Z=X+Y$, $M=\max\{X,Y\}, N=\min\{X,Y\}, Z=\dfrac{Y}{X}, Z=XY$ 等的分布。

本章在进行各种问题的积分计算时,尤其要注意二重积分或固定二元函数其中一个变量对另一个变量的积分,此时可借助积分区域图来帮助确定积分上下限。另外,分布函数、边缘概率密度、条件概率密度往往是分段函数的形式。因此,正确写出分段函数的表达式也是极其关键的。

本章学习要点:

- 二维随机变量及其分布;
- 边缘分布;
- 条件分布;
- 随机变量的独立性;
- 两个随机变量函数的分布。

3.1 二维随机变量及其分布

3.1.1 二维随机变量及其分布函数

定义 3.1.1 设 E 是一个随机试验,其样本空间为 $S=\{e\}$,设 $X(e)$ 与 $Y(e)$ 是定义在 S 上的两个随机变量,称$(X(e), Y(e))$ 为 S 上的**二维随机变量**或**二维随机向量**,简记为(X,Y)。

第 2 章讨论的随机变量也称一维随机变量。

定义 3.1.2 设(X,Y)是二维随机变量,对于任意实数 x 和 y,称二元函数

$$F(x,y)=P\{(X\leqslant x)\cap(Y\leqslant y)\}, \quad P\{X\leqslant x, Y\leqslant y\} \tag{3.1.1}$$

为二维随机变量(X,Y)的**分布函数**,或称为随机变量 X 和 Y 的**联合分布函数**。

分布函数的几何意义:若把(X,Y)看作平面上的随机点的坐标,那么分布函数 $F(x,$

y)在(x,y)处的函数值就是随机点(X,Y)落在以点(x,y)为顶点,位于该点左下方的无穷"矩形"内的概率,如图 3-1 所示。

由分布函数的几何意义,并由图 3-2,有
$$P\{x_1<X\leqslant x_2,y_1<Y\leqslant y_2\}=F(x_2,y_2)-F(x_2,y_1)-F(x_1,y_2)+F(x_1,y_1)$$
(3.1.2)

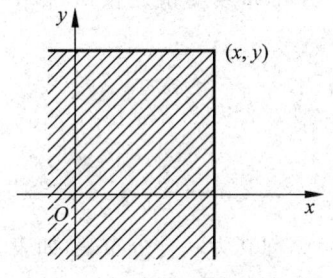

图 3-1 分布函数示意图

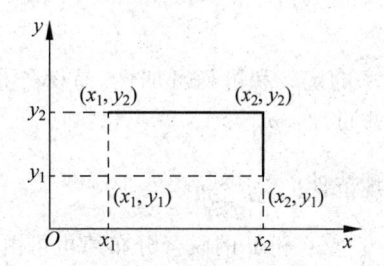

图 3-2 分布函数性质探究

分布函数 $F(x,y)$ 具有以下基本性质。

性质 3.1.1 $0\leqslant F(x,y)\leqslant 1$。

性质 3.1.2 $F(+\infty,+\infty)=1, F(-\infty,y)=F(x,-\infty)=F(-\infty,-\infty)=0$。

性质 3.1.3 $F(x,y)$是变量 x 和 y 的不减函数,即对任意固定的 x,当 $y_2>y_1$ 时,$F(x,y_2)\geqslant F(x,y_1)$;对任意固定的 y,当 $x_2>x_1$ 时,$F(x_2,y)\geqslant F(x_1,y)$。

性质 3.1.4 $F(x,y)$关于 x,y 右连续,即
$$F(x+0,y)=F(x,y),\quad F(x,y+0)=F(x,y)$$

性质 3.1.5 对任意的$(x_1,y_1),(x_2,y_2),x_1<x_2,y_1<y_2$,下述不等式成立:
$$F(x_2,y_2)-F(x_2,y_1)-F(x_1,y_2)+F(x_1,y_2)\geqslant 0$$

性质 3.1.1 可以利用概率的非负性得到;性质 3.1.2 可以利用几何意义加以说明。例如,在图 3-1 中将无穷矩形的右面边界向左无限平移(即 $x\to-\infty$),则"随机点(X,Y)落在这个矩形内"这一事件趋于不可能事件,故其概率趋于 0,即有 $F(-\infty,y)=0$;又如,当 $x\to+\infty, y\to+\infty$时,图 3-1 中的无穷矩形扩展到全平面,"随机点落在其中"这一事件趋于必然事件,故其概率趋于 1,即 $F(+\infty,+\infty)=1$;性质 3.1.3~性质 3.1.5 可由式(3.1.2)及概率的非负性得到。

说明 若二元实值函数 $F(x,y)$满足性质 3.1.3~性质 3.1.5 的条件,则 $F(x,y)$一定是某个二维随机变量(X,Y)的分布函数。

【例 3.1.1】 判断二元函数 $F(x,y)=\begin{cases}0, & x+y<0\\ 1, & x+y\geqslant 0\end{cases}$,是某二维随机变量的分布函数。

解 作为二维随机变量的分布函数 $F(x,y)$,对任意的 $x_1<x_2,y_1<y_2$ 应有
$$F(x_2,y_2)-F(x_2,y_1)-F(x_1,y_2)+F(x_1,y_1)\geqslant 0$$
而本题中若取 $x_1=-1,x_2=1,y_1=-1,y_2=1$,则有
$$F(x_2,y_2)-F(x_2,y_1)-F(x_1,y_2)+F(x_1,y_1)=1-1-1+0<0$$
故函数 $F(x,y)$不能作为某二维随机变量的分布函数。

与一维随机变量一样,我们只讨论两种类型的二维随机变量:离散型和连续型。

3.1.2 二维离散型随机变量

定义 3.1.3 若二维随机变量(X,Y)的所有可能取值是有限对或可列无限多对,则称(X,Y)为**二维离散型随机变量**。

定义 3.1.4 设二维离散型随机变量(X,Y)的一切可能取值为(x_i,y_j),$i,j=1,2,\cdots$,记$P\{X=x_i,Y=y_j\}=p_{ij}$,$i,j=1,2,\cdots$,称为(X,Y)的**分布律**或随机变量X和Y的**联合分布律**。

由概率的定义和可列可加性,易得分布律的性质:

(1) 非负性:$p_{ij}\geqslant 0$,$i,j=1,2,\cdots$;

(2) 规范性:$\sum_{i=1}^{\infty}\sum_{j=1}^{\infty}p_{ij}=1$。

随机变量X和Y的联合分布律也可由表格形式表示,称其为联合分布表,如表3-1所示。

表 3-1

X	Y				
	y_1	y_2	$\cdots$	y_j	$\cdots$
x_1	p_{11}	p_{12}	$\cdots$	p_{1j}	$\cdots$
x_2	p_{21}	p_{22}	$\cdots$	p_{2j}	$\cdots$
$\vdots$	$\vdots$	$\vdots$		$\vdots$	
x_i	p_{i1}	p_{i2}	$\cdots$	p_{ij}	$\cdots$
$\vdots$	$\vdots$	$\vdots$		$\vdots$	

【例 3.1.2】 现有 1,2,3 三个整数,X 表示从这三个整数中随机抽取的一个整数,Y 表示从 1 至 X 中随机抽取的一个整数。求:(1)(X,Y)的分布律;(2)概率 $P\{X\geqslant 2,Y\leqslant 3\}$。

解

(1) 利用乘法公式,可得$\{X=i,Y=j\}$的取值:$i=1,2,3$,j 取不大于 i 的正整数,则

$$P\{X=i,Y=j\}=P\{Y=j\mid X=i\}P\{X=i\}=\frac{1}{i}\times\frac{1}{3},\quad i=1,2,3,j\leqslant i$$

于是(X,Y)的分布律如表3-2所示。

表 3-2

X	Y		
	1	2	3
1	$\frac{1}{3}$	0	0
2	$\frac{1}{6}$	$\frac{1}{6}$	0
3	$\frac{1}{9}$	$\frac{1}{9}$	$\frac{1}{9}$

(2) $P\{X\geqslant 2,Y\leqslant 3\}=1-P\{x<2\}=1-P\{x=1,y=1\}=1-\frac{1}{3}=\frac{2}{3}$

由此可见,求二维离散型随机变量(X,Y)的分布律,一般先确定(X,Y)的取值即$\{X=$

$x_i, Y=y_j\}$,然后利用乘法公式求出 $P\{X=x_i, Y=y_i\}$ 的值。因此,随机事件$\{(X,Y) \in D\}$的概率为

$$P\{(X,Y) \in D\} = \sum_{(x_i,y_j) \in D} p_{ij}$$

其中和式是对一切满足$(x_i, y_j) \in D$的i, j求和。

由前述的几何解释,若(X,Y)为二维离散型随机变量,则其**分布函数**为

$$F(x,y) = \sum_{x_i \leqslant x} \sum_{y_j \leqslant y} p_{ij} \qquad (3.1.3)$$

其中和式是对一切满足$x_i \leqslant x, y_j \leqslant y$的$i, j$求和。

【例 3.1.3】 设二维离散型随机变量(X,Y)的分布律如表 3-3 所示,求:(1)a;(2)(X,Y)的分布函数$F(x,y)$。

表 3-3

X	Y	
	0	1
0	a	$\frac{3}{10}$
1	$\frac{3}{10}$	$3a$

解

(1) 由规范性可知

$$a + \frac{3}{10} + \frac{3}{10} + 3a = 1 \Rightarrow a = \frac{1}{10}$$

(2) 当$x<0$或$y<0$时,$F(x,y)=0$。

当$0 \leqslant x < 1, 0 \leqslant y < 1$时,$F(x,y) = P\{X \leqslant x, Y \leqslant y\} = P\{X=0, Y=0\} = \frac{1}{10}$。

当$0 \leqslant x < 1, 1 \leqslant y$时,$F(x,y) = P\{X=0, Y=0\} + P\{X=0, Y=1\} = \frac{1}{10} + \frac{3}{10} = \frac{2}{5}$。

当$0 \leqslant y < 1, 1 \leqslant x$时,$F(x,y) = P\{X=0, Y=0\} + P\{X=1, Y=0\} = \frac{1}{10} + \frac{3}{10} = \frac{2}{5}$。

当$x>1, y>1$时,$F(x,y) = P\{X=0, Y=0\} + P\{X=1, Y=0\} + P\{X=1, Y=0\} + P\{X=1, Y=1\} = 1$,所以

$$F(x,y) = P\{X \leqslant x, Y \leqslant y\} = \begin{cases} 0, & x<0 \text{ 或 } y<0 \\ \frac{1}{10}, & 0 \leqslant x < 1, 0 \leqslant y < 1 \\ \frac{2}{5}, & 0 \leqslant x < 1, y \geqslant 1 \\ \frac{2}{5}, & x \geqslant 1, 0 \leqslant y < 1 \\ 1, & x>1, y>1 \end{cases}$$

3.1.3 二维连续型随机变量

定义 3.1.5 设二维随机变量 (X,Y) 的分布函数为 $F(x,y)$，如果存在一个非负可积函数 $f(x,y)$，对于任意 x,y，有

$$F(x,y)=\int_{-\infty}^{y}\int_{-\infty}^{x}f(u,v)\mathrm{d}u\mathrm{d}v \tag{3.1.4}$$

则 (X,Y) 是二维连续型随机变量，称 $f(x,y)$ 为 (X,Y) 的**概率密度**，或称 $f(x,y)$ 为随机变量 X 和 Y 的**联合概率密度**。

按定义，概率密度 $f(x,y)$ 具有以下性质：

(1) $f(x,y) \geqslant 0$；

(2) $\int_{-\infty}^{+\infty}\int_{-\infty}^{+\infty}f(x,y)\mathrm{d}x\mathrm{d}y = F(+\infty,+\infty) = 1$；

(3) 设 D 是平面上的区域，点 (X,Y) 落在 D 内的概率为

$$P\{(X,Y) \in D\} = \iint_{D} f(x,y)\mathrm{d}x\mathrm{d}y \tag{3.1.5}$$

(4) 若 $f(x,y)$ 在点 (x,y) 连续，则有

$$\frac{\partial^2 F(x,y)}{\partial x \partial y} = f(x,y)$$

性质(3)说明二维随机变量落在平面上任一区域 D 内的概率等于概率密度函数 $f(x,y)$ 在 D 上的积分，这样就把概率的计算转化为一个二重积分的计算。由此，可以利用微积分中的二重积分的几何意义来解释事件 $\{(X,Y) \in D\}$ 的概率，即在数值上等于以曲面 $z=f(x,y)$ 为顶，以平面区域 D 为底的曲顶柱体的体积，给出了二维随机变量的分布函数的几何意义。性质(2)说明以整个二维平面为底的曲顶柱体的体积是一个单位，即"落在整个二维平面上的事件"是一个必然事件。

【例 3.1.4】 设二维随机变量 (X,Y) 的概率密度为

$$f(x,y) = \begin{cases} kxy, & x^2 \leqslant y \leqslant 1, 0 \leqslant x \leqslant 1 \\ 0, & \text{其他} \end{cases}$$

试确定 k，并求 $P\{(X,Y) \in D\}$，其中 $D: x^2 \leqslant y \leqslant x, 0 \leqslant x \leqslant 1$。

解 由概率密度的性质有

$$\int_{-\infty}^{+\infty}\int_{-\infty}^{+\infty}f(x,y)\mathrm{d}x\mathrm{d}y = 1$$

$$\int_{0}^{1}\mathrm{d}x\int_{x^2}^{1}kxy\mathrm{d}y = 1$$

即 $k = 6$。所以

$$P\{(X,Y) \in D\} = \iint_{D} 6xy\mathrm{d}x\mathrm{d}y = \int_{0}^{1}\mathrm{d}x\int_{x^2}^{x}6xy\mathrm{d}y = \frac{1}{4}$$

【例 3.1.5】 设二维随机变量 (X,Y) 的分布函数为

$$F(x,y) = A\left(B + \arctan x\right)\left(C + \arctan \frac{y}{3}\right), \quad -\infty < x < +\infty, -\infty < y < +\infty$$

求：(1)系数 A,B,C；(2) (X,Y) 的概率密度。

解

(1) 由分布函数的性质可知

$$F(+\infty,+\infty) = A\left(B+\frac{\pi}{2}\right)\left(C+\frac{\pi}{2}\right) = 1$$

$$F(-\infty,y) = A\left(B-\frac{\pi}{2}\right)\left(C+\arctan\frac{y}{3}\right) = 0$$

$$F(x,-\infty) = A(B+\arctan x)\left(C-\frac{\pi}{2}\right) = 0$$

于是可得

$$A = \frac{1}{\pi^2}, \quad B = C = \frac{\pi}{2}$$

所以

$$F(x,y) = \frac{1}{\pi^2}\left(\frac{\pi}{2}+\arctan x\right)\left(\frac{\pi}{2}+\arctan\frac{y}{3}\right)$$

(2)

$$f(x,y) = \frac{\partial^2 F(x,y)}{\partial x \partial y} = \frac{3}{\pi^2(1+x^2)(9+y^2)}$$

【例 3.1.6】 设二维随机变量 (X,Y) 的概率密度为

$$f(x,y) = \begin{cases} e^{-(x+y)}, & x>0, y>0 \\ 0, & \text{其他} \end{cases}$$

求：(1) (X,Y) 的分布函数 $F(x,y)$；(2) 概率 $P\left\{Y \geqslant \dfrac{X}{2}\right\}$。

解

(1) 由分布函数的定义可知

$$F(x,y) = \int_{-\infty}^{y}\int_{-\infty}^{x} f(u,v)\,du\,dv$$

当 $x>0, y>0$ 时，

$$F(x,y) = \int_0^y\int_0^x e^{-(x+y)}\,du\,dv = \int_0^x e^{-x}\,du\int_0^y e^{-v}\,dv = (1-e^{-x})(1-e^{-y})$$

当 $x \leqslant 0$ 或 $y \leqslant 0$ 时，$F(x,y) = 0$，从而

$$F(x,y) = \begin{cases} (1-e^{-x})(1-e^{-y}), & x>0, y>0 \\ 0, & \text{其他} \end{cases}$$

(2) 将 (X,Y) 看作平面上随机点的坐标，即有 $\left\{Y \geqslant \dfrac{X}{2}\right\} = \{(X,Y) \in D\}$，其中 D 为 xOy 平面上直线 $y = \dfrac{1}{2}x$ 及其上方的部分，如图 3-3 所示。于是

$$P\left\{Y \geqslant \frac{X}{2}\right\} = P\{(X,Y) \in D\} = \iint_D f(x,y)\,dx\,dy$$

$$= \int_0^{+\infty}\int_{\frac{x}{2}}^{+\infty} e^{-(x+y)}\,dx\,dy = \int_0^{+\infty} e^{-x}\left(\int_{\frac{x}{2}}^{+\infty} e^{-y}\,dy\right)dx$$

$$= \int_0^{+\infty} e^{-\frac{3}{2}x}\,dx = \frac{2}{3}$$

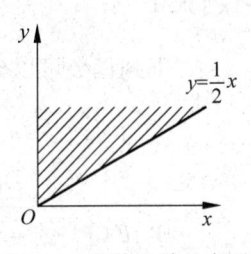

图 3-3 积分区域示意图

与一维随机变量类似，我们给出两种重要的二维连续型随机变量的分布：**二维均匀分布**与**二维正态分布**。

(1) 二维均匀分布。设 D 是 xOy 平面上的有界区域,其面积为 A,若二维随机变量 (X,Y) 具有概率密度

$$f(x,y) = \begin{cases} \dfrac{1}{A}, & (x,y) \in D \\ 0, & \text{其他} \end{cases}$$

则称 (X,Y) 在 D 上服从**均匀分布**,记 $(X,Y) \sim U(D)$。

(2) 二维正态分布。设二维随机变量 (X,Y) 的概率密度为

$$f(x,y) = \frac{1}{2\pi\sigma_1\sigma_2\sqrt{1-\rho^2}} \exp\left\{-\frac{1}{2(1-\rho^2)}\left[\frac{(x-\mu_1)^2}{\sigma_1^2} - 2\rho\frac{(x-\mu_1)(y-\mu_2)}{\sigma_1\sigma_2} + \frac{(y-\mu_2)^2}{\sigma_2^2}\right]\right\},$$

$-\infty < x < +\infty, -\infty < y < +\infty$

其中 $\sigma_1 > 0, \sigma_2 > 0, \mu_1, \mu_2$ 均为常数,且 $-1 < \rho < 1$,称 (X,Y) 服从参数为 $\mu_1, \mu_2, \sigma_1, \sigma_2, \rho$ 的**二维正态分布**(这 5 个参数的意义将在第 4 章说明),记 $(X,Y) \sim N(\mu_1, \mu_2; \sigma_1^2, \sigma_2^2; \rho)$。二维正态分布的图形是图 3-4 所示的曲面。

以上关于二维随机变量的讨论,不难推广到 $n(n>2)$ 维随机变量的情况。

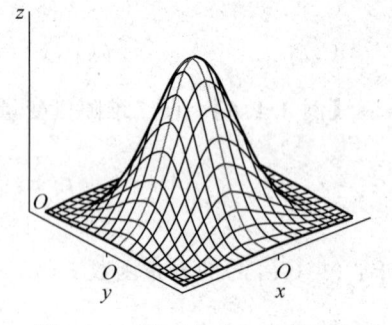

图 3-4 二维正态分布密度函数

3.1.4 n 维随机变量及其分布函数

定义 3.1.6 设 E 是一个随机试验,其样本空间为 $S\{e\}$,设 $X_1 = X_1(e), X_2 = X_2(e), \cdots, X_n = X_n(e)$ 是定义在 S 上的随机变量,由它们构成的一个 n 维向量 $(X_1, X_2, \cdots, X_n)$ 称为 **n 维随机变量**或 **n 维随机向量**。

定义 3.1.7 对于任意 n 个实数 $x_1, x_2, \cdots, x_n$,n 元函数

$$F(x_1, x_2, \cdots, x_n) = P\{X_1 \leqslant x_1, X_2 \leqslant x_2, \cdots, X_n \leqslant x_n\}$$

称为 n 维随机变量 $(X_1, X_2, \cdots, X_n)$ 的**分布函数**或随机变量 $X_1, X_2, \cdots, X_n$ 的**联合分布函数**。它具有类似于二维随机变量的分布函数的性质。

习题 3.1

1. 下列函数可以作为二维随机变量分布函数的是( )。

A. $F(x,y) = \begin{cases} 0, & x+y > 0.8 \\ 1, & \text{其他} \end{cases}$

B. $F(x,y) = \begin{cases} \int_0^y \int_0^x e^{-s-t} \, ds \, dt, & x > 0, y > 0 \\ 0, & \text{其他} \end{cases}$

C. $F(x,y) = \int_{-\infty}^y \int_{-\infty}^x e^{-s-t} \, ds \, dt$

D. $F(x,y)=\begin{cases} e^{-x-y}, & x>0, y>0 \\ 0, & \text{其他} \end{cases}$

2. 设二维随机变量(X,Y)的分布律如表3-4所示。

表 3-4

X	Y	
	0	1
0	$1-p$	0
1	0	p

求(X,Y)的分布函数。

3. X表示随机地在2,3,4,5中任取一个数,Y表示在数2至数X中随机地取出一个数,求(X,Y)的分布律。

4. 设二维随机变量(X,Y)的分布函数为

$$F(x,y)=\begin{cases} 1-e^{-x}-e^{-y}+e^{-x-y}, & x>0, y>0 \\ 0, & \text{其他} \end{cases}$$

求(X,Y)的概率密度。

5. 设二维随机变量(X,Y)的概率密度为

$$f(x,y)=\begin{cases} k(6-x-y), & 0<x<2, 2<y<4 \\ 0, & \text{其他} \end{cases}$$

求:(1)常数k;(2)$P\{X<1,Y<3\}$,$P\{X+Y\leqslant 4\}$,$P\{X<1.5\}$。

6. 设二维随机变量(X,Y)在D上服从均匀分布,其中$D=\{(x,y)|0\leqslant y\leqslant x\leqslant 1\}$。求$P\{X+Y\leqslant 1\}$。

7. 设二维随机变量(X,Y)的概率密度为

$$f(x,y)=\begin{cases} ke^{-2x-y}, & x\geqslant 0, y\geqslant 0 \\ 0, & \text{其他} \end{cases}$$

求:(1)常数k;(2)(X,Y)的分布函数$F(x,y)$。

3.2 边缘分布

二维随机变量(X,Y)作为一个整体,我们利用分布函数$F(x,y)$来刻画X和Y相互作用的规律。而X和Y均为随机变量,它们也有各自的分布函数,若将它们分别记作$F_X(x)$和$F_Y(y)$,那么这三个分布函数之间有没有关系呢?能不能利用$F(x,y)$来确定$F_X(x)$和$F_Y(y)$呢?这就是本节要讨论的边缘分布。

3.2.1 边缘分布函数

定义 3.2.1 设二维随机变量(X,Y),X和Y的分布函数分别记为$F_X(x)$和$F_Y(y)$,则

称 $F_X(x)$ 为 (X,Y) 关于 X 的**边缘分布函数**，称 $F_Y(y)$ 为 (X,Y) 关于 Y 的**边缘分布函数**。

边缘分布函数可以由 X 和 Y 的联合分布函数确定。事实上，
$$F_X(x)=P\{X\leqslant x\}=P\{X\leqslant x,Y<+\infty\}=\lim_{y\to+\infty}P\{X\leqslant x,Y\leqslant y\}$$
$$=\lim_{y\to+\infty}F(x,y)=F(x,+\infty)$$

即
$$F_X(x)=F(x,+\infty) \tag{3.2.1}$$

同理
$$F_Y(y)=F(+\infty,y) \tag{3.2.2}$$

【例 3.2.1】 设二维随机变量 (X,Y) 的分布函数为
$$F(x,y)=\frac{1}{\pi^2}\left(\frac{\pi}{2}+\arctan x\right)\left(\frac{\pi}{2}+\arctan\frac{y}{3}\right),\quad -\infty<x<+\infty,-\infty<y<+\infty$$
求：(1) 边缘分布函数 $F_X(x)$ 和 $F_Y(y)$；(2) 概率 $P\{X>1\}$。

解

(1) $\quad F_X(x)=\lim\limits_{y\to+\infty}F(x,y)=\lim\limits_{y\to+\infty}\frac{1}{\pi^2}\left(\frac{\pi}{2}+\arctan x\right)\left(\frac{\pi}{2}+\arctan\frac{y}{3}\right)$

$\qquad\qquad =\frac{1}{\pi}\left(\frac{\pi}{2}+\arctan x\right),\quad -\infty<x<+\infty$

$\quad F_Y(y)=\lim\limits_{x\to+\infty}F(x,y)=\lim\limits_{x\to+\infty}\frac{1}{\pi^2}\left(\frac{\pi}{2}+\arctan x\right)\left(\frac{\pi}{2}+\arctan\frac{y}{3}\right)$

$\qquad\qquad =\frac{1}{\pi}\left(\frac{\pi}{2}+\arctan\frac{y}{3}\right),\quad -\infty<y<+\infty$

(2) $\quad P\{X>1\}=1-P\{X\leqslant 1\}=1-F_X(1)=1-\frac{1}{\pi}\left(\frac{\pi}{2}+\arctan 1\right)=\frac{1}{4}$

下面分别讨论二维离散型随机变量与二维连续型随机变量的边缘分布。

3.2.2 边缘分布律

定义 3.2.2 设 (X,Y) 为二维离散型随机变量，其分布律为
$$P\{X=x_i,Y=y_j\}=p_{ij},\quad i,j=1,2,\cdots$$
称 $P\{X=x_i\}=P\{X=x_i,Y<+\infty\},i=1,2,\cdots$ 为 (X,Y) 关于 X 的**边缘分布律**，记作 $p_i.$，即
$$P\{X=x_i\}=\sum_{j=1}^{\infty}p_{ij}=p_{i.},\quad i=1,2,\cdots$$

类似地，称 $P\{Y=y_j\}=P\{X<+\infty,Y=y_j\},j=1,2,\cdots$，为 (X,Y) 关于 Y 的**边缘分布律**，记作 $p_{.j}$ 即
$$P\{Y=y_j\}=\sum_{i=1}^{\infty}p_{ij}=p_{.j},\quad j=1,2,\cdots$$

【例 3.2.2】 求本章例 3.1.2 中 (X,Y) 关于 X 和 Y 的边缘分布律。

解 (X,Y) 的分布律如表 3-5 所示。

表 3-5

		Y			$P\{X=x_i\}=p_i.$
		1	2	3	
X	1	$\frac{1}{3}$	0	0	$\frac{1}{3}$
	2	$\frac{1}{6}$	$\frac{1}{6}$	0	$\frac{1}{3}$
	3	$\frac{1}{9}$	$\frac{1}{9}$	$\frac{1}{9}$	$\frac{1}{3}$
$P\{Y=y_j\}=p._j$		$\frac{11}{18}$	$\frac{5}{18}$	$\frac{1}{9}$	1

由表 3-5 即有边缘分布律,如表 3-6 和表 3-7 所示。

表 3-6

X	1	2	3
p_k	$\frac{1}{3}$	$\frac{1}{3}$	$\frac{1}{3}$

表 3-7

Y	1	2	3
p_k	$\frac{11}{18}$	$\frac{5}{18}$	$\frac{1}{9}$

注 (X,Y) 的分布律可以确定它的两个边缘分布律,但在一般情况下,(X,Y) 的两个边缘分布律是不能确定 (X,Y) 的分布律。

【**例 3.2.3**】 设购物车上有 5 袋酱鸭,其中 2 袋为微辣味,3 袋为麻辣味。从购物车上先后任取一袋,设每次各袋被取到的可能性相同,以 X 表示第一次取到麻辣味的袋数,以 Y 表示第二次取到麻辣味的袋数,求随机变量 (X,Y) 的分布律及边缘分布律。

解
(1) 考虑"有放回抽样"方式。
(X,Y) 的所有可能取值为 $(0,0),(0,1),(1,0),(1,1)$。根据有放回抽样的独立性及
$$P\{X=0\}=P\{Y=0\}=\frac{2}{5},\quad P\{X=1\}=P\{Y=1\}=\frac{3}{5}$$
易得 (X,Y) 的分布律及边缘分布律,具体计算结果如表 3-8 所示。

表 3-8

		Y		$P\{X=x_i\}=p_i.$
		0	1	
X	0	$\frac{4}{25}$	$\frac{6}{25}$	$\frac{10}{25}$
	1	$\frac{6}{25}$	$\frac{9}{25}$	$\frac{15}{25}$
$P\{Y=y_j\}=p._j$		$\frac{10}{25}$	$\frac{15}{25}$	1

(2) 考虑"无放回抽样"方式。
利用条件概率及乘法公式,易得相关概率,具体计算结果如表 3-9 所示。

表 3-9

		Y		$P\{X=x_i\}=p_i$
		0	1	
X	0	$\frac{2}{20}$	$\frac{6}{20}$	$\frac{8}{20}$
	1	$\frac{6}{20}$	$\frac{6}{20}$	$\frac{12}{20}$
$P\{Y=y_j\}=p_j$		$\frac{8}{20}$	$\frac{12}{20}$	1

(1)和(2)两种方式的边缘分布律相同,但(X,Y)的分布律不同。由(X,Y)的分布律可以确定边缘分布律,但不能从边缘分布律确定(X,Y)的分布律。

3.2.3 边缘概率密度

定义 3.2.3 设(X,Y)为二维连续型随机变量,其概率密度为$f(x,y)$,由X的边缘分布函数的定义有

$$F_X(x)=P\{X\leqslant x\}=P\{X\leqslant x,Y<+\infty\}=\int_{-\infty}^x\left[\int_{-\infty}^{+\infty}f(x,y)\mathrm{d}y\right]\mathrm{d}x$$

由第 2 章可知,X 是一个连续型随机变量,且其概率密度为

$$f_X(x)=\int_{-\infty}^{+\infty}f(x,y)\mathrm{d}y \tag{3.2.3}$$

类似地,Y 也是一个连续型随机变量,且其概率密度为

$$f_Y(y)=\int_{-\infty}^{+\infty}f(x,y)\mathrm{d}x \tag{3.2.4}$$

因此,分别称 $f_X(x)$ 和 $f_Y(y)$ 为(X,Y)关于 X 和 Y 的**边缘概率密度**。

【例 3.2.4】 设二维随机变量(X,Y)的概率密度为

$$f(x,y)=\begin{cases}\mathrm{e}^{-y}, & 0<x<y\\0, & 其他\end{cases}$$

求 X 与 Y 的边缘概率密度。

解 如图 3-5 所示,当 $x\leqslant 0$ 时,$f(x,y)=0$,$f_X(x)=0$。

当 $x>0$ 且 $y>x$ 时,$f(x,y)\neq 0$,此时有

$$f_X(x)=\int_{-\infty}^{+\infty}f(x,y)\mathrm{d}y=\int_x^{+\infty}\mathrm{e}^{-y}\mathrm{d}y=\mathrm{e}^{-x}$$

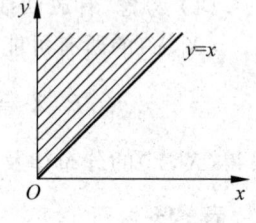

图 3-5 积分区域示意图

所以 X 的边缘概率密度为

$$f_X(x)=\begin{cases}\mathrm{e}^{-x}, & x>0\\0, & x\leqslant 0\end{cases}$$

当 $y\leqslant 0$ 时,$f(x,y)=0$,$f_Y(y)=0$。

当 $y>0$ 且 $0<x<y$ 时,$f(x,y)\neq 0$,此时有

$$f_Y(y)=\int_{-\infty}^{+\infty}f(x,y)\mathrm{d}x=\int_0^y\mathrm{e}^{-y}\mathrm{d}x=y\mathrm{e}^{-y}$$

所以 Y 的边缘概率密度为

$$f_Y(y) = \begin{cases} y\mathrm{e}^{-y}, & y > 0 \\ 0, & y \leqslant 0 \end{cases}$$

注 求边缘概率密度的难点是积分上、下限的确定,可通过画出(X,Y)的概率密度的定义区域图形,来帮助确定积分的上、下限。

【例 3.2.5】 设二维随机变量(X,Y)在圆域$x^2+y^2 \leqslant 1$上服从均匀分布,求X,Y的边缘概率密度。

解 因为(X,Y)的概率密度为

$$f(x,y) = \begin{cases} \dfrac{1}{\pi}, & x^2 + y^2 \leqslant 1 \\ 0, & 其他 \end{cases}$$

所以,当$x<-1$或者$x>1$时,$f(x,y)=0$,$f_X(x)=0$。

当$-1 \leqslant x \leqslant 1$且$-\sqrt{1-x^2} \leqslant y \leqslant \sqrt{1-x^2}$时,$f(x,y) \neq 0$,此时有

$$f_X(x) = \int_{-\infty}^{+\infty} f(x,y) \mathrm{d}y = \int_{-\sqrt{1-x^2}}^{\sqrt{1-x^2}} \frac{1}{\pi} \mathrm{d}y = \frac{2\sqrt{1-x^2}}{\pi}$$

所以X的边缘概率密度为

$$f_X(x) = \begin{cases} \dfrac{2\sqrt{1-x^2}}{\pi}, & 1 \leqslant x \leqslant 1 \\ 0, & 其他 \end{cases}$$

由X,Y的对称性可得Y的边缘概率密度为

$$f_Y(y) = \begin{cases} \dfrac{2\sqrt{1-y^2}}{\pi}, & -1 \leqslant y \leqslant 1 \\ 0, & 其他 \end{cases}$$

由此可知,单位圆域上的二维均匀分布,其边缘分布不再是一维均匀分布。

思考 矩形域$[a,b] \times [c,d]$上的均匀分布的边缘分布是否还是均匀分布?

【例 3.2.6】 设$(X,Y) \sim N(\mu_1, \mu_2; \sigma_1^2, \sigma_2^2; \rho)$,求$X,Y$的边缘概率密度。

解 由于$(X,Y) \sim N(\mu_1, \mu_2; \sigma_1^2, \sigma_2^2; \rho)$,所以

$$\begin{aligned} f_X(x) &= \int_{-\infty}^{+\infty} f(x,y) \mathrm{d}y \\ &= \int_{-\infty}^{+\infty} \frac{1}{2\pi \sigma_1 \sigma_2 \sqrt{1-\rho^2}} \exp\left\{-\frac{1}{2(1-\rho^2)}\left[\frac{(x-\mu_1)^2}{\sigma_1^2} - \right.\right. \\ &\quad \left.\left. 2\rho \frac{(x-\mu_1)(y-\mu_2)}{\sigma_1 \sigma_2} + \frac{(y-\mu_2)^2}{\sigma_2^2}\right]\right\} \mathrm{d}y \end{aligned}$$

通过配方可得

$$\frac{(x-\mu_1)^2}{\sigma_1^2} - 2\rho \frac{(x-\mu_1)(y-\mu_2)}{\sigma_1 \sigma_2} + \frac{(y-\mu_2)^2}{\sigma_2^2} = \left(\frac{y-\mu_2}{\sigma_2} - \rho \frac{x-\mu_1}{\sigma_1}\right)^2 + (1-\rho^2) \frac{(x-\mu_1)^2}{\sigma_1^2}$$

所以

$$f_X(x) = \frac{1}{2\pi\sigma_1\sigma_2\sqrt{1-\rho^2}} \int_{-\infty}^{+\infty} e^{-\frac{1}{2(1-\rho^2)}\left[\left(\frac{y-\mu_2}{\sigma_2} - \rho\frac{x-\mu_1}{\sigma_1}\right)^2 + (1-\rho^2)\frac{(x-\mu_1)^2}{\sigma_1^2}\right]} dy$$

$$= \frac{1}{2\pi\sigma_1\sigma_2\sqrt{1-\rho^2}} \int_{-\infty}^{+\infty} e^{-\frac{1}{2(1-\rho^2)}\left(\frac{y-\mu_2}{\sigma_2} - \rho\frac{x-\mu_1}{\sigma_1}\right)^2} e^{-\frac{(x-\mu_1)^2}{2\sigma_1^2}} dy$$

$$= \frac{1}{\sqrt{2\pi}\sigma_1} e^{-\frac{(x-\mu_1)^2}{2\sigma_1^2}} \int_{-\infty}^{+\infty} \frac{1}{\sqrt{2\pi}\sigma_2\sqrt{1-\rho^2}} e^{-\frac{1}{2(1-\rho^2)}\left(\frac{y-\mu_2}{\sigma_2} - \rho\frac{x-\mu_1}{\sigma_1}\right)^2} dy$$

令

$$t = \frac{1}{\sqrt{1-\rho^2}}\left(\frac{y-\mu_2}{\sigma_2} - \rho\frac{x-\mu_1}{\sigma_1}\right)$$

则有

$$f_X(x) = \frac{1}{\sqrt{2\pi}\sigma_1} e^{-\frac{(x-\mu_1)^2}{2\sigma_1^2}} \int_{-\infty}^{+\infty} \frac{1}{\sqrt{2\pi}} e^{-\frac{t^2}{2}} dt$$

因为 $\int_{-\infty}^{+\infty} \frac{1}{\sqrt{2\pi}} e^{-\frac{t^2}{2}} dt = 1$，因而 (X,Y) 关于 X 的边缘概率密度为

$$f_X(x) = \frac{1}{\sqrt{2\pi}\sigma_1} e^{-\frac{(x-\mu_1)^2}{2\sigma_1^2}}, \quad -\infty < x < +\infty$$

由对称性可知，(X,Y) 关于 Y 的边缘概率密度为

$$f_Y(y) = \frac{1}{\sqrt{2\pi}\sigma_2} e^{-\frac{(y-\mu_2)^2}{2\sigma_2^2}}, \quad -\infty < y < +\infty$$

可见，二维正态分布的两个边缘分布都是一维正态分布，且不依赖于参数 ρ，即对给定的 $\mu_1, \mu_2, \sigma_1, \sigma_2$，不同的 ρ 对应不同的二维正态分布，但它们的边缘分布却都是一样的，这也表明，边缘分布可由联合分布唯一确定，但仅由边缘分布一般不能确定联合分布。那么，具备怎样的条件才成立呢？这个问题将在 3.4 节讨论。

习题 3.2

1. 判断题。

(1) 由 (X,Y) 的分布可以确定 X 与 Y 的边缘分布。　　　　　　　　　　　(　　)

(2) 由 (X,Y) 的两个边缘分布可以确定 X 与 Y 的联合分布。　　　　　　　(　　)

(3) 二维均匀分布的边缘分布一定不是均匀分布。　　　　　　　　　　　　　(　　)

(4) 二维正态分布的边缘分布一定是正态分布。　　　　　　　　　　　　　　(　　)

2. 已知二维随机变量 (X,Y) 的分布律如表 3-10 所示。

表 3-10

X	Y		
	1	2	3
0	0.2	0.1	0.2
1	0.15	0.25	0.1

$P\{X<1\}=$ _____ ,$P\{Y<2\}=$ _____ ,$P\{Y<3\}=$ _____ ,$P\{X\leqslant 1,Y<2\}=$ _____ 。

3. 设购物车上有 10 包辣条,其中 3 包为微辣味,7 包为麻辣味。现抽取两次,每次随机取一包,以 X 表示第一次取到麻辣味的包数,以 Y 表示第二次取到麻辣味的包数。求两种抽样情况下,随机变量 (X,Y) 的分布律及边缘分布律。

4. 设二维随机变量 (X,Y) 的分布函数为

$$F(x,y)=\begin{cases}1-2^{-x}-2^{-y}+2^{-(x+y)}, & x\geqslant 0, y\geqslant 0\\ 0, & \text{其他}\end{cases}$$

求 X 和 Y 的边缘分布函数及边缘概率密度。

5. 设二维随机变量 (X,Y) 的概率密度为 $f(x,y)=\begin{cases}c, & x^2\leqslant y\leqslant x\\ 0, & \text{其他}\end{cases}$,求:(1)常数 c 的值;(2) X,Y 的边缘概率密度。

6. 设平面区域 D 由曲线 $y=\dfrac{1}{x}$ 及直线 $y=0, x=1, x=\mathrm{e}^2$ 围成,二维随机变量 (X,Y) 服从区域 D 上的均匀分布,求 (X,Y) 关于 X 的边缘概率密度。

7. 设二维随机变量 (X,Y) 的概率密度为

$$f(x,y)=a\mathrm{e}^{-\frac{1}{200}(x^2+y^2)}, \quad -\infty<x<+\infty, -\infty<y<+\infty$$

问:(X,Y) 服从哪种分布?

3.3 条件分布

可以由随机事件的条件概率引出随机变量的条件分布的概念。本节将分别讨论离散型和连续型随机变量的条件分布。

3.3.1 离散型随机变量的条件分布

设 (X,Y) 为二维离散型随机变量,其分布律为

$$P\{X=x_i, Y=y_j\}=p_{ij}, \quad i,j=1,2,\cdots$$

(X,Y) 关于 X 和 Y 的边缘分布律分别为

$$P\{X=x_i\}=\sum_{j=1}^{\infty}p_{ij}=p_{i\cdot}, \quad i=1,2,\cdots$$

$$P\{Y=y_j\}=\sum_{i=1}^{\infty}p_{ij}=p_{\cdot j}, \quad j=1,2,\cdots$$

如果 $p_{\cdot j}>0$,由条件概率公式可以引入以下定义。

定义 3.3.1 设 (X,Y) 为二维离散型随机变量,对于固定的 j,如果 $p_{\cdot j}>0$,则称

$$P\{X=x_i \mid Y=y_j\} = \frac{P\{X=x_i,Y=y_j\}}{P\{Y=y_j\}} = \frac{p_{ij}}{p_{\cdot j}}, \quad i=1,2,\cdots \tag{3.3.1}$$

为在 $Y=y_j$ 的条件下随机变量 **X** 的条件分布律。

同样,对于固定的 i,如果 $p_{i\cdot}>0$,则称

$$P\{Y=y_j \mid X=x_i\} = \frac{P\{X=x_i,Y=y_j\}}{P\{X=x_i\}} = \frac{p_{ij}}{p_{i\cdot}}, \quad j=1,2,\cdots \tag{3.3.2}$$

为在 $X=x_i$ 的条件下随机变量 **Y** 的条件分布律。

显然对不同的 j,在 $Y=y_j$ 的条件下随机变量 X 的条件分布律不同。当然,随机变量 Y 的条件分布律也随着条件 $X=x_i$ 中的 i 的不同而不同。

条件分布律也满足分布律的性质:

(1) $P\{X=x_i \mid Y=y_j\} \geqslant 0$;

(2) $\sum\limits_{i=1}^{+\infty} P\{X=x_i \mid Y=y_j\} = 1$。

事实上,

$$\sum_{i=1}^{+\infty} P\{X=x_i \mid Y=y_j\} = \sum_{i=1}^{+\infty} \frac{P\{X=x_i,Y=y_j\}}{P\{Y=y_j\}} = \frac{\sum\limits_{i=1}^{+\infty} p_{ij}}{p_{\cdot j}} = \frac{p_{\cdot j}}{p_{\cdot j}} = 1$$

在 $X=x_i$ 的条件下随机变量 Y 的条件分布律也具有类似的性质,此处不再赘述。

【例 3.3.1】 在某新能源汽车制造厂中,一辆汽车有两道工序是由机器人完成的。其一是紧固 3 只螺栓,其二是焊接 2 处焊点。以 X 表示由机器人紧固螺栓的不良的数目,以 Y 表示由机器人焊接的不良焊点的数目。据积累的资料知 (X,Y) 具有的分布律如表 3-11 所示。

表 3-11

		Y			$P\{X=x_i\}=p_{i\cdot}$
		0	1	2	
X	0	0.840	0.060	0.010	0.910
	1	0.030	0.010	0.005	0.045
	2	0.020	0.008	0.004	0.032
	3	0.010	0.002	0.001	0.013
$P\{Y=y_j\}=p_{\cdot j}$		0.900	0.080	0.020	1

求:(1) 在 $X=1$ 的条件下,Y 的条件分布律;(2) 在 $Y=0$ 的条件下,X 的条件分布律。

解

(1) 边缘分布律已经求出(列在表 3-11 中),在 $X=1$ 的条件下,根据随机事件的条件概率公式,有

$$P\{Y=0 \mid X=1\} = \frac{P\{X=1,Y=0\}}{P\{X=1\}} = \frac{0.030}{0.045} = \frac{6}{9}$$

$$P\{Y=1 \mid X=1\} = \frac{P\{X=1,Y=1\}}{P\{X=1\}} = \frac{0.010}{0.045} = \frac{2}{9}$$

$$P\{Y=2 \mid X=1\} = \frac{P\{X=1,Y=2\}}{P\{X=1\}} = \frac{0.005}{0.045} = \frac{1}{9}$$

因此,在 $X=1$ 的条件下,Y 的条件分布律如表 3-12 所示。

表 3-12

$Y=k$	0	1	2
$P\{Y=k \mid X=1\}$	$\frac{6}{9}$	$\frac{2}{9}$	$\frac{1}{9}$

(2) 同理,在 $Y=0$ 的条件下,X 的条件分布律如表 3-13 所示。

表 3-13

$X=k$	0	1	2	3
$P\{X=k \mid Y=0\}$	$\frac{84}{90}$	$\frac{3}{90}$	$\frac{2}{90}$	$\frac{1}{90}$

【例 3.3.2】 某陆军学院学员在进行射击训练,要求学员在进行射击时,以击中目标两次为止。假设每次击中目标的概率为 $p(0<p<1)$,设以 X 表示首次击中目标时所进行的射击次数,以 Y 表示总共进行的射击次数,试求 (X,Y) 的分布律及条件分布律。

解 显然,X 和 Y 均取正整数。由题意可知,$\{X=m, Y=n\}$ 表示总共进行了 n 次射击,且第 m 次及第 n 次射击击中目标,其余 $n-2$ 次均未击中目标,且 $1 \leqslant m < n$。由于各次射击目标击中与否相互独立,所以

$$P\{X=m, Y=n\} = \underbrace{q \cdots q}_{\text{共}n\text{个}} p \underbrace{q \cdots q}_{\text{共}n\text{个}} p q \cdots p q, \quad q = 1-p$$

于是 (X,Y) 的分布律为

$$P\{X=m, Y=n\} = p^2 q^{n-2}, \quad 1 \leqslant m < n$$

(X,Y) 关于 X 的边缘分布律为

$$P\{X=m\} = \sum_{n=m+1}^{+\infty} P\{X=m, Y=n\} = \sum_{n=m+1}^{+\infty} p^2 q^{n-2} = p^2 \sum_{n=m+1}^{+\infty} q^{n-2} = p^2 \frac{q^{m-1}}{1-q} = pq^{m-1},$$

$m = 1, 2, \cdots$

(X,Y) 关于 Y 的边缘分布律为

$$P\{Y=n\} = \sum_{m=1}^{n-1} P\{X=m, Y=n\} = \sum_{m=1}^{n-1} p^2 q^{n-2} = (n-1)p^2 q^{n-2}, \quad n = 2, 3, \cdots$$

于是由式(3.1.1)及式(3.1.2)可求得当 $X=m(m=1,2,\cdots)$ 时,Y 的条件分布律为

$$P\{Y=n \mid X=m\} = \frac{p^2 q^{n-2}}{pq^{m-1}} = pq^{n-m-1}, \quad n = m+1, m+2, \cdots$$

当 $Y=n(n=2,3,\cdots)$ 时,X 的条件分布律为

$$P\{X=m \mid Y=n\} = \frac{p^2 q^{n-2}}{(n-1)p^2 q^{n-2}} = \frac{1}{n-1}, \quad m = 1, 2, \cdots, n-1$$

例如，
$$P\{Y=n\mid X=3\}=pq^{n-4},\quad n=4,5,\cdots$$
$$P\{X=m\mid Y=3\}=\frac{1}{2},\quad m=1,2$$

【例 3.3.3】 假设某大学某段时间去图书馆的学生人数服从参数为 λ 的泊松分布，来图书馆的每个学生借一本《概率论与数理统计》的参考书的概率为 p，且他们之间是否借书是相互独立的，试求这段时间内图书馆借出 k 本《概率论与数理统计》的参考书的概率。

注：图书馆规定每人只能借一本《概率论与数理统计》的参考书。

解 设 X 表示图书馆借出的《概率论与数理统计》的参考书本数，Y 表示某段时间去图书馆的学生人数。

由于 $Y\sim\pi(\lambda)$，所以
$$P\{Y=m\}=\frac{\lambda^m}{m!}\mathrm{e}^{-\lambda},\quad m=0,1,2,\cdots$$

在 $Y=m$ 的条件下，X 的条件分布律为
$$P\{X=k\mid Y=m\}=\begin{cases}\mathrm{C}_m^k p^k(1-p)^{m-k},& m\geqslant k\\ 0,& m<k\end{cases},\quad k=0,1,2,\cdots,m$$

$$P\{X=k\}=P\left\{\bigcup_{m=k}^{+\infty}(X=k,Y=m)\right\}=\sum_{m=k}^{+\infty}P\{X=k\mid Y=m\}\cdot P\{Y=m\}$$

$$=\sum_{m=k}^{+\infty}\mathrm{C}_m^k p^k(1-p)^{m-k}\cdot\frac{\lambda^m}{m!}\mathrm{e}^{-\lambda}=\frac{p^k\lambda^k}{k!}\mathrm{e}^{-\lambda}\sum_{m=k}^{+\infty}\frac{1}{(m-k)!}[\lambda(1-p)]^{m-k}$$

$$=\frac{p^k\lambda^k}{k!}\mathrm{e}^{-\lambda}\cdot\mathrm{e}^{\lambda(1-p)}=\frac{(p\lambda)^k}{k!}\mathrm{e}^{-\lambda p},\quad k=0,1,2,\cdots,m$$

3.3.2 连续型随机变量的条件分布

设 (X,Y) 是二维连续型随机变量，由于对任意 x 和 y，有 $P\{X=x\}=0$，$P\{Y=y\}=0$，因此不能直接用条件概率公式引入"条件分布函数"。

设二维随机变量 (X,Y) 的概率密度为 $f(x,y)$，(X,Y) 关于 Y 的边缘概率密度为 $f_Y(y)$。给定 y，对于任意固定的 $\varepsilon>0$，对于任意的 x，考虑条件概率 $P\{X\leqslant x\mid y<Y\leqslant y+\varepsilon\}$。

设 $P\{y<Y\leqslant y+\varepsilon\}$，则有

$$P\{X\leqslant x\mid y<Y\leqslant y+\varepsilon\}=\frac{P\{X\leqslant x,y<Y\leqslant y+\varepsilon\}}{P\{y<Y\leqslant y+\varepsilon\}}=\frac{\int_{-\infty}^x\left[\int_y^{y+\varepsilon}f(x,y)\mathrm{d}y\right]\mathrm{d}x}{\int_y^{y+\varepsilon}f_Y(y)\mathrm{d}y}$$

在某些条件下，当 ε 很小时，$\int_y^{y+\varepsilon}f_Y(y)\mathrm{d}y\approx\varepsilon f_Y(y)$，故有

$$\int_{-\infty}^x\left[\int_y^{y+\varepsilon}f(x,y)\mathrm{d}y\right]\mathrm{d}x=\int_y^{y+\varepsilon}\left[\int_{-\infty}^x f(x,y)\mathrm{d}x\right]\mathrm{d}y\approx\varepsilon\int_{-\infty}^x f(x,y)\mathrm{d}x$$

于是当 ε 充分小时，有

$$P\{X\leqslant x\mid y<Y\leqslant y+\varepsilon\}\approx\frac{\varepsilon\cdot\int_{-\infty}^x f(x,y)\mathrm{d}x}{\varepsilon\cdot f_Y(y)}=\int_{-\infty}^x\frac{f(x,y)}{f_Y(y)}\mathrm{d}x \quad (3.3.3)$$

与一维随机变量概率密度的定义式即式(2.3.1)比较，我们给出以下的定义。

定义 3.3.2 设二维随机变量 (X,Y) 的概率密度为 $f(x,y)$，(X,Y) 关于 Y 的边缘概率密度为 $f_Y(y)$。若对于固定的 y，$f_Y(y)>0$，则称 $\dfrac{f(x,y)}{f_Y(y)}$ 为在 $Y=y$ 的条件下 X 的**条件概率密度**，记为

$$f_{X|Y}(x\mid y)=\frac{f(x,y)}{f_Y(y)} \tag{3.3.4}$$

称 $\displaystyle\int_{-\infty}^{x} f_{X|Y}(x\mid y)\mathrm{d}x = \int_{-\infty}^{x}\dfrac{f(x,y)}{f_Y(y)}\mathrm{d}x$ 为在 $Y=y$ 的条件下 X 的**条件分布函数**，记为 $P\{X\leqslant x\mid Y=y\}$ 或 $F_{X|Y}(x\mid y)$，即

$$F_{X|Y}(x\mid y)=P\{X\leqslant x\mid Y=y\}=\int_{-\infty}^{x}\frac{f(x,y)}{f_Y(y)}\mathrm{d}x \tag{3.3.5}$$

类似地，可以定义

$$f_{Y|X}(y\mid x)=\frac{f(x,y)}{f_X(y)} \tag{3.3.6}$$

$$F_{Y|X}(y\mid x)=\int_{-\infty}^{y}\frac{f(x,y)}{f_X(x)}\mathrm{d}y \tag{3.3.7}$$

显然，条件概率密度满足条件：

(1) $f_{X|Y}(x\mid y)=\dfrac{f(x,y)}{f_Y(y)}\geqslant 0$；

(2) $\displaystyle\int_{-\infty}^{+\infty}f_{X|Y}(x\mid y)\mathrm{d}x=\int_{-\infty}^{+\infty}\dfrac{f(x,y)}{f_Y(y)}\mathrm{d}x=\dfrac{1}{f_Y(y)}\int_{-\infty}^{+\infty}f(x,y)\mathrm{d}x=1$。

由式 (3.3.3) 可知，当 ε 很小时，有

$$P\{X\leqslant x\mid y<Y\leqslant y+\varepsilon\}\approx\int_{-\infty}^{x}\frac{f(x,y)}{f_Y(y)}\mathrm{d}x=F_{X|Y}(x\mid y)$$

上式说明了条件概率密度和条件分布函数的含义。

【**例 3.3.4**】 设二维随机变量 (X,Y) 服从圆域 $G:x^2+y^2\leqslant 1$ 上的均匀分布，求条件概率密度 $f_{X|Y}(x\mid y)$，并求 $f_{X|Y}(x\mid 0)$，$f_{X|Y}\left(x\mid\dfrac{1}{2}\right)$。

解 (X,Y) 的概率密度为

$$f(x,y)=\begin{cases}\dfrac{1}{\pi}, & x^2+y^2\leqslant 1\\ 0, & \text{其他}\end{cases}$$

则 (X,Y) 关于 Y 的边缘概率密度为

$$f_Y(y)=\int_{-\infty}^{+\infty}f(x,y)\mathrm{d}x=\begin{cases}\displaystyle\int_{-\sqrt{1-y^2}}^{\sqrt{1-y^2}}\dfrac{1}{\pi}\mathrm{d}x=\dfrac{2\sqrt{1-y^2}}{\pi}, & -1\leqslant y\leqslant 1\\ 0, & \text{其他}\end{cases}$$

因为当 $-1<y<1$ 时，$f_Y(y)\neq 0$，所以当 $-1<y<1$ 时，

$$f_{X|Y}(x\mid y)=\frac{f(x,y)}{f_Y(y)}=\begin{cases}\dfrac{\dfrac{1}{\pi}}{\dfrac{2}{\pi}\sqrt{1-y^2}}=\dfrac{1}{2\sqrt{1-y^2}}, & |x|\leqslant\sqrt{1-y^2}\\ 0, & \text{其他}\end{cases}$$

$-1 < y < 1$ 的条件不能忽略，否则条件概率密度不存在。

由 $f_{X|Y}(x|y)$ 的表达式可见，当 y 在 $(-1,1)$ 内取不同的值时条件概率密度不同。

当 $y=0$ 时，$f_{X|Y}(x|0)=\begin{cases}\dfrac{1}{2}, & |x|\leqslant 1\\ 0, & \text{其他}\end{cases}$；当 $y=\dfrac{1}{2}$ 时，$f_{X|Y}\left(x\Big|\dfrac{1}{2}\right)=\begin{cases}\dfrac{\sqrt{3}}{3}, & |x|\leqslant\dfrac{\sqrt{3}}{2}\\ 0, & \text{其他}\end{cases}$。

$f_{X|Y}(x|0)$ 与 $f_{X|Y}\left(x\Big|\dfrac{1}{2}\right)$ 的图形如图 3-6 和图 3-7 所示。

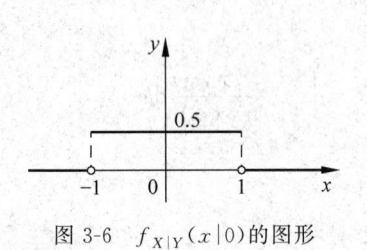

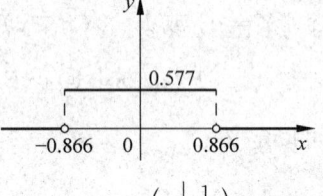

图 3-6　$f_{X|Y}(x|0)$ 的图形

图 3-7　$f_{X|Y}\left(x\Big|\dfrac{1}{2}\right)$ 的图形

当 (X,Y) 为均匀分布时，其边缘分布虽不一定为均匀分布，但当条件确定时，其条件分布仍为均匀分布。

【例 3.3.5】 设数 X 在区间 $(0,1)$ 上随机地取值，当观察到 $X=x(0<x<1)$ 时，数 Y 在区间 $(x,1)$ 上随机地取值，求 Y 的概率密度 $f_Y(y)$。

解 由题意可知，X 服从 $(0,1)$ 上的均匀分布，所以 X 的概率密度为

$$f_X(x)=\begin{cases}1, & 0<x<1\\ 0, & \text{其他}\end{cases}$$

由于当 X 在 $(0,1)$ 内取值时，数 Y 服从 $(x,1)$ 上均匀分布，所以，当 $0<x<1$ 时

$$f_{Y|X}(y\mid x)=\begin{cases}\dfrac{1}{1-x}, & x<y<1\\ 0, & \text{其他}\end{cases}$$

由式 (3.3.4) 可得

$$f(x,y)=f_X(x)\cdot f_{Y|X}(y\mid x)=\begin{cases}\dfrac{1}{1-x}, & 0<x<y<1\\ 0, & \text{其他}\end{cases}$$

于是得到关于 Y 的边缘概率密度为

$$f_Y(y)=\int_{-\infty}^{+\infty}f(x,y)\mathrm{d}x=\begin{cases}\displaystyle\int_0^y\dfrac{1}{1-x}\mathrm{d}x=-\ln(1-y), & 0<y<1\\ 0, & \text{其他}\end{cases}$$

习题 3.3

1. 以 X 表示某医院一天出生的婴儿个数，Y 表示其中男婴的个数，设 X 和 Y 的联合分布律为

$$P\{X=n,Y=m\}=\dfrac{\mathrm{e}^{-14}(7.14)^m(6.86)^{n-m}}{m!(n-m)!},\quad n=0,1,2,\cdots;m=0,1,2,\cdots$$

求：(1) (X,Y) 关于 X 及 Y 的边缘分布律；(2) 条件分布律。

2. 已知 (X,Y) 的分布律如表 3-14 所示。求：(1) $X=1$ 下 Y 的条件分布律；(2) $Y=3$ 下 X 的条件分布律。

表 3-14

X	Y			$p_i.$
	1	2	3	
0	0.1	0.3	0.2	0.6
1	0.2	0.05	0.15	0.4
$p._j$	0.3	0.35	0.35	1.0

3. 设二维随机变量 (X,Y) 的概率密度为 $f(x,y)=\begin{cases}24(1-x)y, & 0<x<1, 0<y<x \\ 0, & 其他\end{cases}$，求：(1) 条件概率密度 $f_{X|Y}(x|y)$；(2) 条件概率密度 $f_{Y|X}(y|x)$。

4. 设二维随机变量 (X,Y) 的概率密度为 $f(x,y)=\begin{cases}6, & x^2 \leqslant y \leqslant x \\ 0, & 其他\end{cases}$，求：(1) 条件概率密度 $f_{X|Y}(x|y)$，特别，写出当 $Y=\frac{1}{2}$ 时的条件概率密度；(2) 条件概率 $P\left\{Y\geqslant\frac{1}{4}\middle|X=\frac{1}{2}\right\}$。

5. 设二维随机变量 (X,Y) 的概率密度为 $f(x,y)=\begin{cases}\dfrac{21x^2y}{4}, & x^2\leqslant y\leqslant 1 \\ 0, & 其他\end{cases}$，求：(1) 条件概率密度 $f_{X|Y}(x|y)$；(2) 写出 $f_{X|Y}\left(x\middle|\dfrac{1}{3}\right)$；(3) 条件概率 $P\left\{Y\geqslant\dfrac{2}{3}\middle|X=\dfrac{1}{4}\right\}$。

6. 设二维随机变量 (X,Y) 的概率密度为 $f(x,y)=\begin{cases}e^{-y}, & 0<x<y \\ 0, & 其他\end{cases}$，求在 $Y=y$ 的条件下的 X 条件概率密度及条件分布函数。

3.4 随机变量的独立性

第 1 章介绍了随机事件的相互独立性：对于两个相互独立的随机事件 A 与事件 B，其积事件的概率等于各事件的概率的乘积，即 $P(AB)=P(A)P(B)$。下面我们利用随机事件的独立性引出随机变量的相互独立性，它是概率论中一个重要的概念。

3.4.1 两个随机变量的独立性

定义 3.4.1 设 $F(x,y), F_X(x), F_Y(y)$ 分别是二维随机变量 (X,Y) 的分布函数及边缘分布函数，如果对任意实数 x,y，有

$$P\{X\leqslant x, Y\leqslant y\}=P\{X\leqslant x\}P\{Y\leqslant y\} \quad (3.4.1)$$

即

$$F(x,y)=F_X(x)F_Y(y) \quad (3.4.2)$$

则称随机变量 X 与 Y 相互独立。

可见，在 X 和 Y 相互独立的条件下，(X,Y) 的分布函数也可以由 X 和 Y 的边缘分布函数确定。

【例 3.4.1】 设 (X,Y) 的概率密度为 $f(x,y)=\begin{cases} e^{-(x+y)}, & x>0, y>0 \\ 0, & \text{其他} \end{cases}$，证明 X 与 Y 相互独立。

证明 由 3.1 节例 3.1.6 可知

$$F(x,y)=\begin{cases} (1-e^x)(1-e^{-y}), & x>0, y>0 \\ 0, & \text{其他} \end{cases}$$

关于 X 的边缘分布函数为

$$F_X(x)=F(x,+\infty)=\begin{cases} 1-e^{-x}, & x>0 \\ 0, & \text{其他} \end{cases}$$

关于 Y 的边缘分布函数为

$$F_Y(y)=F(+\infty,y)=\begin{cases} 1-e^{-y}, & y>0 \\ 0, & \text{其他} \end{cases}$$

因此对任意实数 x,y，有 $F(x,y)=F_X(x)F_Y(y)$ 成立，故 X 与 Y 相互独立。

随机变量的独立性可根据定义来判断，但更多的是根据随机变量自身的特点，推出更简便的判定方法。下面分别讨论当 (X,Y) 是二维离散型随机变量与二维连续型随机变量时，X 和 Y 的相互独立性。

3.4.2 二维离散型随机变量的独立性

定理 3.4.1 对二维离散型随机变量 (X,Y)，随机变量 X 和 Y 相互独立的充要条件是 (X,Y) 的分布律等于 X 和 Y 的边缘分布律的乘积，即对任何 $i,j=1,2,\cdots$，有

$$P\{X=x_i,Y=y_j\}=P\{X=x_i\}\cdot P\{Y=y_j\} \tag{3.4.3}$$

成立。

注 X 和 Y 相互独立要求对所有的 i,j，式 (3.4.1) 都要成立，只要有一对 (i,j) 不成立，则 X 和 Y 不相互独立。

【例 3.4.2】 设购物车上有 5 袋煌上煌的酱鸭，其中 2 袋为微辣味，3 袋为麻辣味。从购物车上先后任取一袋，设每次各袋被取到的可能性相同，以 X 表示第一次取到麻辣味的袋数，以 Y 表示第二次取到麻辣味的袋数，判断 X 和 Y 是否相互独立。

解 由例 3.2.3 可知有两种方式。

(1) 考虑"有放回抽样"方式，如表 3-15 所示。

表 3-15

X	Y		$P\{X=x_i\}=p_i.$
	0	1	
0	$\frac{4}{25}$	$\frac{6}{25}$	$\frac{10}{25}$
1	$\frac{6}{25}$	$\frac{9}{25}$	$\frac{15}{25}$
$P\{Y=y_j\}=p._j$	$\frac{10}{25}$	$\frac{15}{25}$	1

则有

$$P\{X=0,Y=0\}=\frac{4}{25}=P\{X=0\}P\{Y=0\}$$

$$P\{X=0,Y=1\}=\frac{6}{25}=P\{X=0\}P\{Y=1\}$$

$$P\{X=1,Y=0\}=\frac{6}{25}=P\{X=1\}P\{Y=0\}$$

$$P\{X=1,Y=1\}=\frac{9}{25}=P\{X=1\}P\{Y=1\}$$

因此 X 和 Y 相互独立。

(2) 考虑"无放回抽样"方式，如表 3-16 所示。

表 3-16

		Y		$P\{X=x_i\}=p_i.$
		0	1	
X	0	$\frac{2}{20}$	$\frac{6}{20}$	$\frac{8}{20}$
	1	$\frac{6}{20}$	$\frac{6}{20}$	$\frac{12}{20}$
$P\{Y=y_j\}=p._j$		$\frac{8}{20}$	$\frac{12}{20}$	1

$$P\{X=0,Y=0\}=\frac{2}{20}\neq P\{X=0\}P(Y=0)=\frac{4}{25}$$

因此 X 和 Y 不相互独立。

【例 3.4.3】 设 (X,Y) 的分布律如表 3-17 所示，且 X 与 Y 相互独立，求常数 a 和 b 的值。

表 3-17

X	Y	
	1	2
1	$\frac{1}{9}$	a
2	$\frac{1}{6}$	$\frac{1}{3}$
3	$\frac{1}{18}$	b

解 由于 X 与 Y 相互独立，则

$$P\{X=1,Y=1\}=P\{X=1\}P\{Y=1\}$$
$$P\{X=3,Y=1\}=P\{X=3\}P\{Y=1\}$$

又

$$P\{X=1\}=\frac{1}{9}+a,\quad P\{X=3\}=\frac{1}{18}+b,\quad P\{Y=1\}=\frac{1}{3}$$

所以
$$\frac{1}{9} = \left(\frac{1}{9}+a\right)\times\frac{1}{3}, \quad \frac{1}{18} = \left(\frac{1}{18}+b\right)\times\frac{1}{3}$$
解得 $a=\frac{2}{9}, b=\frac{1}{9}$。

3.4.3 二维连续型随机变量的独立性

定理 3.4.2 对二维连续型随机变量 (X,Y)，随机变量 X 和 Y 相互独立的充要条件是 (X,Y) 的概率密度等于 X 和 Y 的边缘概率密度的乘积，即对任何 x,y，有

$$f(x,y) = f_X(x) f_Y(y) \tag{3.4.4}$$

在平面上"几乎处处"成立。

注 此处"几乎处处"是指在平面上除去"面积"为零的集合外，处处成立。

【**例 3.4.4**】 设二维随机变量 (X,Y) 的概率密度为

$$f(x,y) = \begin{cases} e^{-(x+y)}, & x>0, y>0 \\ 0, & 其他 \end{cases}$$

证明 X 与 Y 相互独立。

证明
$$f_X(x) = \int_{-\infty}^{+\infty} f(x,y)\mathrm{d}y = \begin{cases} \int_0^{+\infty} e^{-(x+y)}\mathrm{d}y = e^{-x}, & x>0 \\ 0, & 其他 \end{cases}$$

由对称性可得

$$f_Y(y) = \begin{cases} e^{-y}, & y>0 \\ 0, & 其他 \end{cases}$$

显然
$$f(x,y) = f_X(x) f_Y(y)$$

所以 X 与 Y 相互独立。

注 例 3.4.1 和例 3.4.4 是同一题，但解法不同，例 3.4.4 的方法更简单，因为它直接利用了连续型随机变量的独立性定义，而例 3.4.1 只利用了随机变量的独立性定义。

【**例 3.4.5**】 设 X 与 Y 为相互独立的随机变量，X 在 $[-1,1]$ 区间服从均匀分布，Y 服从参数 $\lambda=2$ 的指数分布，求 (X,Y) 的概率密度。

解 由已知条件易得 X,Y 的概率密度分别为

$$f_X(x) = \begin{cases} \frac{1}{2}, & -1 \leqslant x \leqslant 1 \\ 0, & 其他; \end{cases} \quad f_Y(y) = \begin{cases} 2e^{-2y}, & y \geqslant 0 \\ 0, & 其他 \end{cases}$$

因为 X 与 Y 相互独立，所以 (X,Y) 的概率密度为

$$f(x,y) = f_X(x) f_Y(y) = \begin{cases} e^{-2y}, & -1 \leqslant x \leqslant 1, y \geqslant 0 \\ 0, & 其他 \end{cases}$$

【**例 3.4.6**】 某个家庭购买了两份保险，理赔的损失额分别为 X 千元和 Y 千元。假定 X 和 Y 都是 $[0,10]$ 区间的均匀分布且相互独立，第一份保险规定理赔的免赔额为 1(即只理

赔损失中超过1的部分)，第二份保险规定理赔的免赔额为2。求得到的理赔款不超过5的概率。

解 由题意可知，X 和 Y 的概率密度分别为

$$f_X(x)=\begin{cases}\dfrac{1}{10}, & 0\leqslant x\leqslant 0\\ 0, & 其他\end{cases},\quad f_Y(y)=\begin{cases}\dfrac{1}{10}, & 0\leqslant y\leqslant 10\\ 0, & 其他\end{cases}$$

因为 X 和 Y 相互独立，故 (X,Y) 的概率密度为

$$f(x,y)=f_X(x)f_Y(y)=\begin{cases}\dfrac{1}{100}, & 0\leqslant x\leqslant 10,0\leqslant y\leqslant 10\\ 0, & 其他\end{cases}$$

按题意求事件 $\{|X-1|+|Y-2|\leqslant 5\}$ 的概率，可借助概率密度的定义区域图来帮助理解(见图3-8)。

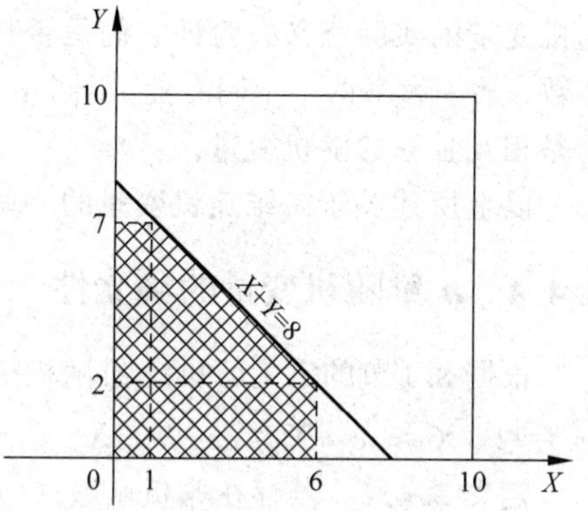

图3-8 积分区域示意图

作图：

(1) 画出区域 $|X-1|+|Y-2|\leqslant 5$，以及正方形 $0\leqslant x\leqslant 10,0\leqslant y\leqslant 10$。

(2) 它们的公共部分是阴影部分。

显然，所求概率分为三部分。即

$$\begin{aligned}P\{|X-1|+|Y-2|\leqslant 5\}&=P\{X<1,Y\leqslant 7\}+P\{1\leqslant X\leqslant 6,Y<2\}+\\&\quad P\{X\geqslant 1,Y\geqslant 2,(X-1)+(Y-2)\leqslant 5\}\\&=\frac{1}{100}\left(7+10+\frac{1}{2}\times 25\right)=0.295\end{aligned}$$

因此，得到的理赔款不超过5的概率为0.295。

【例3.4.7】 设 $(X,Y)\sim N(\mu_1,\mu_2;\sigma_1^2,\sigma_2^2;\rho)$。证明 X 与 Y 相互独立的充要条件是 $\rho=0$。

证明

(1) 证明充分性。若 $\rho=0$，则有对任意实数 x,y 有

$$\begin{aligned}f(x,y)&=\frac{1}{2\pi\sigma_1\sigma_2}\exp\left\{-\frac{1}{2}\left[\frac{(x-\mu_1)^2}{\sigma_1^2}+\frac{(y-\mu_2)^2}{\sigma_2^2}\right]\right\}\\&=\frac{1}{\sqrt{2\pi}\sigma_1}e^{-\frac{(x-\mu_1)^2}{2\sigma_1^2}}\cdot\frac{1}{\sqrt{2\pi}\sigma_2}e^{-\frac{(y-\mu_2)^2}{2\sigma_2^2}}\\&=f_X(x)f_Y(y)\end{aligned}$$

故随机变量 X 与 Y 相互独立。

(2) 证明必要性。若随机变量 X 与 Y 相互独立，由 $f(x,y),f_X(x),f_Y(y)$ 都是连续函数，则在整个实平面上有 $f(x,y)=f_X(x)f_Y(y)$ 成立，特别地，令 $x=\mu_1,y=\mu_2$，得 $f(\mu_1,\mu_2)=f_X(\mu_1)f_Y(\mu_2)$，即

$$\frac{1}{2\pi\sigma_1\sigma_2\sqrt{1-\rho^2}}=\frac{1}{\sqrt{2\pi}\sigma_1}\frac{1}{\sqrt{2\pi}\sigma_2}$$

从而 $\sqrt{1-\rho^2}=1$，即 $\rho=0$。综上所述，可得出以下结论：二维正态随机变量 (X,Y)，X 与 Y 相互独立的充要条件是 $\rho=0$。

注 以上结论是二维正态随机变量特有的性质，是一个重要的结论。

在实际问题中，判断两个随机变量是否独立，往往不是用数学定义去验证，而常常是由随机变量的实际意义去验证它们是否相互独立。如掷两粒骰子的试验中，两粒骰子出现的点数；某一大学两个不同专业、不同年级的班级学生，一天之中上课迟到的人数等都可以认为是相互独立的随机变量。

以上所述关于二维随机变量的一些概念可推广到 n 维随机变量的情形。

3.4.4 n 维随机变量的独立性

根据 3.1 节的定义可知，n 维随机变量 $(X_1,X_2,\cdots,X_n)$ 的分布函数定义为 $F(x_1,x_2,\cdots,x_n)=P\{X_1\leqslant x_1,X_2\leqslant x_2,\cdots,X_n\leqslant x_n\}$，其中 $x_1,x_2,\cdots,x_n$ 为任意实数。

定义 3.4.2 若存在非负函数 $f(x_1,x_2,\cdots,x_n)$，使对于任意实数 $x_1,x_2,\cdots,x_n$ 有

$$F(x_1,x_2,\cdots,x_n)=\int_{-\infty}^{x_n}\int_{-\infty}^{x_{n-1}}\cdots\int_{-\infty}^{x_1}f(x_1,x_2,\cdots,x_n)\mathrm{d}x_1\mathrm{d}x_2\cdots\mathrm{d}x_n$$

则称 $f(x_1,x_2,\cdots,x_n)$ 为 $(X_1,X_2,\cdots,X_n)$ 的**概率密度**。

设 $(X_1,X_2,\cdots,X_n)$ 的分布函数 $F(x_1,x_2,\cdots,x_n)$ 为已知，则 $(X_1,X_2,\cdots,X_n)$ 的 $k(1\leqslant k<n)$ 维边缘分布函数随之确定。

例如，关于 X_1，(X_1,X_2) 的边缘分布函数分别为

$$F_{X_1}(x_1)=F(x_1,+\infty,+\infty,\cdots,+\infty)$$

$$F_{X_1,X_2}(x_1,x_2)=F(x_1,x_2,+\infty,+\infty,\cdots,+\infty)$$

若 $f(x_1,x_2,\cdots,x_n)$ 是 $(X_1,X_2,\cdots,X_n)$ 的概率密度，则 $(X_1,X_2,\cdots,X_n)$ 关于 X_1，关于 (X_1,X_2) 的边缘概率密度分别为

$$f_{X_1}(x_1)=\int_{-\infty}^{+\infty}\int_{-\infty}^{+\infty}\cdots\int_{-\infty}^{+\infty}f(x_1,x_2,\cdots,x_n)\mathrm{d}x_2\mathrm{d}x_3\cdots\mathrm{d}x_n$$

$$f_{X_1,X_2}(x_1,x_2)=\int_{-\infty}^{+\infty}\int_{-\infty}^{+\infty}\cdots\int_{-\infty}^{+\infty}f(x_1,x_2,\cdots,x_n)\mathrm{d}x_3\mathrm{d}x_4\cdots\mathrm{d}x_n$$

定义 3.4.3 设 n 维随机变量 $(X_1,X_2,\cdots,X_n)$ 的分布函数及边缘分布函数分别为 $F(x_1,x_2,\cdots,x_n)$，$F_{X_i}(x_i)(i=1,2,\cdots,n)$，若对任意实数 $x_1,x_2,\cdots,x_n$ 均有

$$F(x_1,x_2,\cdots,x_n)=F_{X_1}(x_1)F_{X_2}(x_2)\cdots F_{X_n}(x_n)$$

则称随机变量 $X_1,X_2,\cdots,X_n$ 是相互独立的。

定义 3.4.4 设随机变量 $(X_1,X_2,\cdots,X_m,Y_1,Y_2,\cdots,Y_n)$ 的分布函数为 $F(x_1,x_2,\cdots,x_m,y_1,y_2,\cdots,y_n)$，随机变量 $(X_1,X_2,\cdots,X_m)$ 的分布函数为 $F_1(x_1,x_2,\cdots,x_m)$，随机变量 $(Y_1,Y_2,\cdots,Y_n)$ 的分布函数为 $F_2(y_1,y_2,\cdots,y_n)$，若对任意的实数 $x_1,x_2,\cdots,x_m;y_1,y_2,\cdots,y_n$ 均有

$$F(x_1,x_2,\cdots,x_m,y_1,y_2,\cdots,y_n)=F_1(x_1,x_2,\cdots,x_m)F_2(y_1,y_2,\cdots,y_n)$$

则称 m 维随机变量 $(X_1,X_2,\cdots,X_m)$ 与 n 维随机变量 $(Y_1,Y_2,\cdots,Y_n)$ 相互独立。

仿照二维随机变量的情况,可给出 n 维离散型及 n 维连续型随机变量相互独立的充分必要条件,具体请读者自己论证。因此有以下定理,它在数理统计中非常有用。

定理 3.4.3 设 $(X_1, X_2, \cdots, X_m)$ 和 $(Y_1, Y_2, \cdots, Y_n)$ 相互独立,则 $X_i(i=1,2,\cdots,m)$ 和 $Y_j(j=1,2,\cdots,n)$ 相互独立;又因 h 和 g 是连续函数,则 $h(X_1, X_2, \cdots, X_m)$ 和 $g(Y_1, Y_2, \cdots, Y_n)$ 相互独立。

【例 3.4.8】 设 $X_1, X_2, \cdots, X_n$ 相互独立,且 $X_i \sim N(\mu_i, \sigma_i^2)(i=1,2,\cdots,n)$,求 $(X_1, X_2, \cdots, X_n)$ 的概率密度。

解 由于 $X_1, X_2, \cdots, X_n$ 相互独立,则 $(X_1, X_2, \cdots, X_n)$ 的概率密度为

$$f(x_1, x_2, \cdots, x_n) = f_{X_1}(x_1) f_{X_2}(x_2) \cdots f_{X_n}(x_n)$$

$$= \frac{1}{\sqrt{2\pi}\sigma_1} e^{-\frac{(x-\mu_1)^2}{2\sigma_1^2}} \cdot \frac{1}{\sqrt{2\pi}\sigma_2} e^{-\frac{(x-\mu_2)^2}{2\sigma_2^2}} \cdot \cdots \cdot \frac{1}{\sqrt{2\pi}\sigma_n} e^{-\frac{(x-\mu_n)^2}{2\sigma_n^2}}$$

$$= \prod_{i=1}^{n} \frac{1}{\sqrt{2\pi}\sigma_i} e^{-\frac{(x-\mu_i)^2}{2\sigma_i^2}}$$

习题 3.4

1. (X,Y) 的分布律如表 3-18 所示。

表 3-18

X	Y		
	-1	3	5
-1	$\frac{1}{15}$	a	$\frac{1}{5}$
1	b	$\frac{1}{5}$	$\frac{1}{10}$

当 $a=$ _____,$b=$ _____ 时,X 与 Y 相互独立。

2. 设随机变量 X 和 Y 相互独立,其分布律分别如表 3-19 和表 3-20 所示。

表 3-19

X	0	1
P	$\frac{1}{3}$	$\frac{2}{3}$

表 3-20

Y	0	1
P	$\frac{1}{3}$	$\frac{2}{3}$

则有( )。

    A. $X=Y$ B. $P\{X=Y\}=1$ C. $P\{X=Y\}=5/9$ D. $P\{X=Y\}=0$

3. 设二维随机变量 (X,Y) 在区域 D 上服从均匀分布,$D\left\{(x,y) \mid 0<x<2, 0<y<1-\frac{x}{2}\right\}$。试讨论 X 与 Y 是否相互独立。

4. 设二维随机变量 (X,Y) 服从二维正态分布,其概率密度为 $f(x,y) = \frac{1}{50\pi} e^{-\frac{x^2+y^2}{50}}$,证

明 X 与 Y 相互独立。

5. 设 X 与 Y 为相互独立的随机变量，$X \sim U(0,1)$，Y 服从参数 $\lambda=2$ 的指数分布。求：(1) (X,Y) 的概率密度；(2) 设有未知数 a 的二次方程 $a^2+2\sqrt{X}a+Y=0$，该方程有实根的概率。

6. 设 X 与 Y 为相互独立的随机变量，都在区间 $[1,3]$ 上服从均匀分布。设 $1<a<3$，若事件 $A=\{X\leqslant a\}$，$B=\{Y>a\}$ 且 $P(A\cup B)=\dfrac{7}{9}$，求常数 a 的值。

7. 某公司经理和其助理约好在公司会议室见面，经理到达会议室的时间均匀分布于上午 8:00—11:00，其助理到达会议室的时间均匀分布于上午 7:00—9:00。设双方到达的时间是相互独立的，试求双方等候的时间不超过 10 分钟的概率。

3.5 两个随机变量函数的分布

在第 2 章的 2.5 节讨论过一个随机变量函数的分布，本节讨论两个随机变量的函数分布。下面分别从离散型和连续型两方面讨论。

3.5.1 二维离散型随机变量函数的分布

二维离散型随机变量函数的分布的确定还是比较简单的，下面将通过几个例子来说明解决这一类问题的一般方法。

【例 3.5.1】 二维离散型随机变量 (X,Y) 的分布律如表 3-21 所示。

表 3-21

X	Y		
	0	1	2
−1	0.1	0.2	0.1
2	0.3	0.1	0.2

求：(1) $X+2Y$ 的分布律；(2) $Z=\max\{X,Y\}$ 的分布律；(3) $XY+1$ 的分布律。

解 先将 (X,Y) 的分布律写成每一对数值对应的概率的形式（表 3-22），再求出随机变量函数对应的值，然后将随机变量函数取相同值的概率合并，最后得出随机变量函数的分布。

表 3-22

(X,Y)	$(-1,0)$	$(-1,1)$	$(-1,2)$	$(2,0)$	$(2,1)$	$(2,2)$
P	0.1	0.2	0.1	0.3	0.1	0.2
$X+2Y$	−1	1	3	2	4	6
Z	0	1	2	2	2	2
$XY+1$	1	0	−1	1	3	5

因此，所求随机变量函数的分布律分别如表 3-23～表 3-25 所示。

表 3-23

$X+2Y$	−1	1	2	3	4	6
P	0.1	0.2	0.3	0.1	0.1	0.2

表 3-24

$Z=\max\{X,Y\}$	0	1	2
P	0.1	0.2	0.7

表 3-25

$XY+1$	−1	0	1	3	5
P	0.1	0.2	0.4	0.1	0.2

【例 3.5.2】 设 X 和 Y 相互独立，且依次服从泊松分布 $\pi(\lambda_1),\pi(\lambda_2)$，证明 $Z=X+Y\sim\pi(\lambda_1+\lambda_2)$。

证明 Z 的可能取值为 $0,1,2,\cdots$，则 Z 的分布律为

$$P\{Z=k\}=P\{X+Y=k\}=\sum_{i=0}^{k}P\{X=i\}P\{Y=k-i\}$$

$$=\sum_{i=0}^{k}\frac{\lambda_1^i\lambda_2^{k-i}}{i!(k-i)!}\mathrm{e}^{-\lambda_1}\mathrm{e}^{-\lambda_2}=\frac{1}{k!}(\lambda_1+\lambda_2)^k\mathrm{e}^{-(\lambda_1+\lambda_2)},\quad k=0,1,2,\cdots$$

从而 $X+Y\sim\pi(\lambda_1+\lambda_2)$，即**泊松分布具有可加性**。类似可以证明**二项分布也具有可加性**，即 X 和 Y 相互独立，$X\sim B(n,p),Y\sim B(m,p)$，则 $X+Y\sim B(n+m,p)$。

3.5.2 二维连续型随机变量函数的分布

设二维连续型随机变量 (X,Y) 的概率密度为 $f(x,y),g(x,y)$ 是一个连续函数，则 $Z=g(X,Y)$ 也是连续函数。同一维连续型随机变量函数分布求法相同，二维连续型随机变量也是先求 Z 的分布函数，然后求导得概率密度 $f_Z(z)$。求概率密度 $f_Z(z)$ 的一般方法如下。

首先求出 $Z=g(X,Y)$ 的分布函数：

$$F_Z(z)=P\{Z\leqslant z\}=P\{g(X,Y)\leqslant z\}=P\{(X,Y)\in D_Z\}=\iint_{D_Z}f(u,v)\mathrm{d}u\mathrm{d}v$$

其中 $D_Z=\{(x,y)|g(x,y)\leqslant Z\}$。

然后可得 $Z=g(X,Y)$ 的概率密度为 $f_Z(z)=F'_Z(z)$。

利用以上步骤理论上可以求出任意的 $Z=g(X,Y)$ 的概率密度，但在实际计算中会很麻烦，所以下面仅讨论几个具体的函数。

1. $Z=X+Y$ 的分布

设 (X,Y) 的概率密度为 $f(x,y)$，则 $Z=X+Y$ 的分布函数为

$$F_Z(z)=P\{Z\leqslant z\}=\iint_{x+y\leqslant Z}f(x,y)\mathrm{d}x\mathrm{d}y$$

这里的积分区域 $D_Z: x+y \leqslant z$ 是直线 $x+y=z$ 左下方的半平面(见图 3-9)化成累次积分得

$$F_Z(z) = \int_{-\infty}^{+\infty} \left[\int_{-\infty}^{z-y} f(x,y) \mathrm{d}x\right] \mathrm{d}y$$

固定 z 和 y,对积分 $\int_{-\infty}^{z-y} f(x,y)\mathrm{d}x$ 作变量代换,令 $x=u-y$ 得

$$\int_{-\infty}^{z-y} f(x,y)\mathrm{d}x = \int_{-\infty}^{z} f(u-y,y)\mathrm{d}u$$

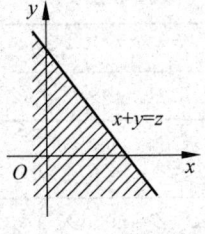

图 3-9 积分区域示意图

于是

$$F_Z(z) = \int_{-\infty}^{+\infty} \int_{-\infty}^{z} f(u-y,y) \mathrm{d}u \mathrm{d}y = \int_{-\infty}^{z} \left[\int_{-\infty}^{+\infty} f(u-y,y) \mathrm{d}y\right] \mathrm{d}u$$

$$f_Z(z) = F'_Z(z) = \int_{-\infty}^{+\infty} f(z-y,y) \mathrm{d}y \tag{3.5.1}$$

由 X 和 Y 的对称性,$f_Z(z)$ 又可写成

$$f_Z(z) = \int_{-\infty}^{+\infty} f(x, z-x) \mathrm{d}x \tag{3.5.2}$$

这样,得到两个随机变量和的概率密度的一般公式。

特别地,当 X 和 Y 相互独立时,设 (X,Y) 关于 X 和 Y 的边缘概率密度分别为 $f_X(x)$ 和 $f_Y(y)$,则有

$$f_Z(z) = \int_{-\infty}^{+\infty} f_X(z-y) f_Y(y) \mathrm{d}y \tag{3.5.3}$$

$$f_Z(z) = \int_{-\infty}^{+\infty} f_X(x) f_Y(z-x) \mathrm{d}x \tag{3.5.4}$$

这两个公式称为 f_X 和 f_Y 的**卷积公式**,记为 $f_X * f_Y$,即

$$f_X * f_Y = \int_{-\infty}^{+\infty} f_X(z-y) f_Y(y) \mathrm{d}y = \int_{-\infty}^{+\infty} f_X(x) f_Y(z-x) \mathrm{d}x$$

【例 3.5.3】 X 和 Y 独立同分布,都服从 $N(0,1)$ 分布,求 $Z=X+Y$ 的概率密度。

解 由 $X \sim N(0,1), Y \sim N(0,1)$ 可知

$$f_X(x) = \frac{1}{\sqrt{2\pi}} \mathrm{e}^{-\frac{1}{2}x^2}, \quad -\infty < x < +\infty$$

$$f_Y(y) = \frac{1}{\sqrt{2\pi}} \mathrm{e}^{-\frac{1}{2}y^2}, \quad -\infty < y < +\infty$$

由卷积公式知

$$f_Z(z) = \int_{-\infty}^{+\infty} f_X(x) f_Y(z-x) \mathrm{d}x = \int_{-\infty}^{+\infty} \frac{1}{\sqrt{2\pi}} \mathrm{e}^{-\frac{1}{2}x^2} \cdot \frac{1}{\sqrt{2\pi}} \mathrm{e}^{-\frac{1}{2}(z-x)^2} \mathrm{d}x$$

$$= \frac{1}{2\pi} \mathrm{e}^{-\frac{z^2}{4}} \int_{-\infty}^{+\infty} \mathrm{e}^{-(x-\frac{z}{2})^2} \mathrm{d}x$$

设 $t = x - \frac{z}{2}$,得

$$f_Z(z) = \frac{1}{2\pi} \mathrm{e}^{-\frac{z^2}{4}} \int_{-\infty}^{+\infty} \mathrm{e}^{-t^2} \mathrm{d}t = \frac{1}{2\pi} \mathrm{e}^{-\frac{z^2}{4}} \sqrt{\pi} = \frac{1}{2\sqrt{\pi}} \mathrm{e}^{-\frac{z^2}{4}}$$

即 $Z \sim N(0,2)$。

一般地,设 X 和 Y 独立,$X \sim N(\mu_1,\sigma_1^2)$,$Y \sim N(\mu_2,\sigma_2^2)$,则
$$X+Y \sim N(\mu_1+\mu_2,\sigma_1^2+\sigma_2^2)$$
这个结论可以推广到 n 个独立的正态随机变量之和的情况,即若
$$X_i \sim N(\mu_i,\sigma_i^2), \quad i=1,2,\cdots,n$$
且相互独立,则
$$X_1+X_2+\cdots+X_n \sim N(\mu_1+\mu_2+\cdots+\mu_n,\sigma_1^2+\sigma_2^2+\cdots+\sigma_n^2)$$
更一般地,可以证明**有限个相互独立的正态随机变量的线性组合仍然服从正态分布**,即
$$X=a_1X_1+a_2X_2+\cdots+a_nX_n \sim N\left(\sum_{i=1}^n a_i\mu_i,\sum_{i=1}^n a_i^2\sigma_i^2\right)$$
这些结论非常重要,在以后的学习中会用到。

【例 3.5.4】 X 和 Y 独立同分布,其概率密度均为 $f(x)=\begin{cases} e^{1-x}, & x>1 \\ 0, & \text{其他} \end{cases}$,求 $Z=X+Y$ 的概率密度。

解 由卷积公式,Z 的概率密度为
$$f_Z(z)=\int_{-\infty}^{+\infty} f_X(x)f_Y(z-x)\mathrm{d}x$$
显然,当 $z>2$ 时,被积函数为非零,所以当 $z\leqslant 2$ 时,$f_Z(z)=0$。

由 X 与 Y 的概率密度可知,仅当 $x>1$ 且 $z-x>1$,即 $1<x<z-1$ 时上述积分的被积函数不等于 0,于是
$$f_Z(z)=\begin{cases} \int_1^{z-1} e^{1-x} e^{1-(z-x)}\mathrm{d}x = (z-2)e^{2-z}, & z>2 \\ 0, & \text{其他} \end{cases}$$

【例 3.5.5】 在南方某高校,由于该地气候冬冷夏热,学校决定对阶梯教室进行改造,在原来多媒体柜机前配备一台柜式空调的基础上,在教室后面也配了一台同款柜式空调。在一个阶梯教室的简单电路中,两台空调的电阻 R_1 和 R_2 是串联连接,设 R_1 和 R_2 为相互独立的随机变量,它们的概率密度均为
$$f(x)=\begin{cases} \dfrac{10-x}{50}, & 0\leqslant x \leqslant 10 \\ 0, & \text{其他} \end{cases}$$
求总电阻 $R=R_1+R_2$ 的概率密度。

解 由卷积公式,R 的概率密度为
$$f_R(z)=\int_{-\infty}^{+\infty} f_X(x)f_Y(z-x)\mathrm{d}x$$
易知仅当 $\begin{cases} 0<x<10 \\ 0<z-x<10 \end{cases}$,即 $\begin{cases} 0<x<10 \\ z-10<x<z \end{cases}$ 时上述积分的被积函数不等于零。

积分的上、下限的确定是一个难点,和 z 的范围有关,可以建立一个以 z 为横坐标轴,x 为纵坐标轴的平面直角坐标系,再画出上述函数图形,就能利用图形来帮助确定。如图 3-10 所示,即得

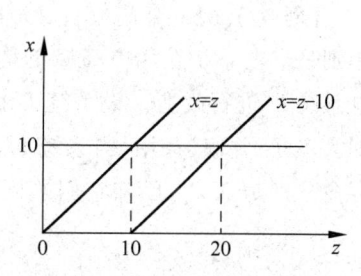

图 3-10 积分区域示意图

$$f_R(z) = \begin{cases} \int_0^z f(x)f(z-x)\mathrm{d}x, & 0 \leqslant z < 10 \\ \int_{z-10}^{10} f(x)f(z-x)\mathrm{d}x, & 10 \leqslant z < 20 \\ 0, & \text{其他} \end{cases}$$

将 $f(x)$ 的表达式代入上式得

$$f_R(z) = \begin{cases} \dfrac{600z - 60z^2 + z^3}{15000}, & 0 \leqslant z < 10 \\ \dfrac{(20-z)^3}{15000}, & 10 \leqslant z < 20 \\ 0, & \text{其他} \end{cases}$$

2. $M = \max\{X, Y\}$ 及 $N = \min\{X, Y\}$ 的分布

设 X, Y 是两个相互独立的随机变量,它们的分布函数分别为 $F_X(x)$ 和 $F_Y(y)$,现在来求 $M = \max\{X, Y\}$ 及 $N = \min\{X, Y\}$ 的分布函数。

由于 $M = \max\{X, Y\}$ 不大于 z 等价于 X 和 Y 都不大于 z,故有

$$P\{M \leqslant z\} = P\{X \leqslant z, Y \leqslant z\}$$

又由于 X 和 Y 相互独立,得到 $M = \max\{X, Y\}$ 的分布函数为 $F_{\max}(z) = P\{M \leqslant z\} = P\{X \leqslant z, Y \leqslant z\} = P\{X \leqslant z\}P\{Y \leqslant z\}$,即有

$$F_{\max}(z) = F_X(z)F_Y(z)。 \tag{3.5.5}$$

类似地,可得 $N = \min\{X, Y\}$ 的分布函数为 $F_{\min}(z) = P\{N \leqslant z\} = 1 - P\{N > z\} = 1 - P\{X > z, Y > z\} = 1 - P\{X > z\} \cdot P\{Y > z\}$,即有

$$F_{\min}(z) = 1 - [1 - F_X(z)][1 - F_Y(z)] \tag{3.5.6}$$

以上结果容易推广到 n 个相互独立的随机变量的情况。设 $X_1, X_2, \cdots, X_n$ 是 n 个相互独立的随机变量,它们的分布函数分别为 $F_{X_i}(x_i), i = 1, 2, \cdots, n$,则 $M = \max\{X_1, X_2, \cdots, X_n\}$ 及 $M = \min\{X_1, X_2, \cdots, X_n\}$ 的分布函数分别为

$$F_{\max}(z) = F_{X_1}(z)F_{X_2}(z)\cdots F_{X_n}(z) \tag{3.5.7}$$

$$F_{\min}(z) = 1 - [1 - F_{X_1}(z)][1 - F_{X_2}(z)]\cdots[1 - F_{X_n}(z)] \tag{3.5.8}$$

特别地,当 $X_1, X_2, \cdots, X_n$ 相互独立且具有相同分布函数 $F_X(x)$ 时有

$$F_{\max}(z) = [F(z)]^n \tag{3.5.9}$$

$$F_{\min}(z) = 1 - [1 - F(z)]^n \tag{3.5.10}$$

【例 3.5.6】 某高校自 2004 年从老校区搬迁到新校区,由于设备过时以及老化严重,特别是供电系统在用电高峰更是不堪负荷,经常跳闸,给师生带来极大的不便。现在想对供电系统 L 进行改造。设系统 L 由两个相互独立的子系统 L_1, L_2 连接而成,连接的方式分别为串联、并联、备用(当系统 L_1 损坏时,系统 L_2 开始工作)。如图 3-11 所示,设 L_1, L_2 的寿命分别为 X, Y,已知它们的概率密度分别为

$$f_X(x) = \begin{cases} \alpha \mathrm{e}^{-\alpha x}, & x > 0 \\ 0, & \text{其他} \end{cases} \tag{3.5.11}$$

$$f_Y(y) = \begin{cases} \beta e^{-\beta y}, & y > 0 \\ 0, & 其他 \end{cases} \tag{3.5.12}$$

其中 $\alpha > 0, \beta > 0$ 且 $\alpha \neq \beta$。试分别就以上三种连接方式写出 L 的寿命 Z 的概率密度。

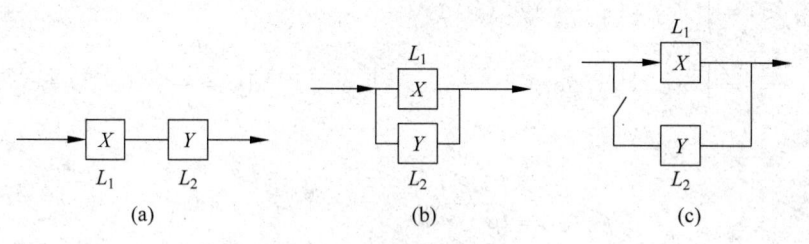

图 3-11 系统连接示意图

解

(1) 串联的情况。由于当系统 L_1, L_2 中有一个损坏时，系统 L 就停止工作，所以这时 L 的寿命为

$$Z = \min\{X, Y\}$$

由式(3.5.11)、式(3.5.12)得 X, Y 的分布函数分别为

$$F_X(x) = \begin{cases} 1 - e^{-\alpha x}, & x > 0 \\ 0, & 其他 \end{cases}$$

$$F_Y(y) = \begin{cases} 1 - e^{-\beta y}, & y > 0 \\ 0, & 其他 \end{cases}$$

由式(3.5.6)得 $Z = \min\{X, Y\}$ 的分布函数为

$$F_{\min}(z) = \begin{cases} 1 - e^{-(\alpha+\beta)z}, & z > 0 \\ 0, & 其他 \end{cases}$$

于是 $Z = \min\{X, Y\}$ 的概率密度为

$$f_{\min}(z) = \begin{cases} (\alpha + \beta) e^{-(\alpha+\beta)z}, & z > 0 \\ 0, & 其他 \end{cases}$$

(2) 并联的情况。由于当且仅当 L_1, L_2 都损坏时，系统 L 才停止工作，所以这时 L 的寿命为

$$Z = \max\{X, Y\}$$

由式(3.5.5)得 $Z = \max\{X, Y\}$ 的分布函数为

$$F_{\max}(z) = F_X(z) F_Y(z) = \begin{cases} (1 - e^{-\alpha z})(1 - e^{-\beta z}), & z > 0 \\ 0, & 其他 \end{cases}$$

于是 $Z = \max\{X, Y\}$ 的概率密度为

$$f_{\max}(z) = \begin{cases} \alpha e^{-\alpha z} + \beta e^{-\beta z} - (\alpha + \beta) e^{-(\alpha+\beta)z}, & z > 0 \\ 0, & 其他 \end{cases}$$

(3) 备用的情况。当系统 L_1 损坏时，系统 L_2 开始工作，因此整个系统的寿命是 L_1，

L_2 两者寿命之和,即
$$Z = X + Y$$

由式(3.5.3)知,当 $z>0$ 时,$Z=X+Y$ 的概率密度为

$$f_Z(z) = \int_{-\infty}^{+\infty} f_X(z-y) f_Y(y) \mathrm{d}y$$

$$= \int_0^z \alpha \mathrm{e}^{-\alpha(z-y)} \beta \mathrm{e}^{-\beta y} \mathrm{d}y = \alpha \beta \mathrm{e}^{-\alpha z} \int_0^z \mathrm{e}^{-(\beta-\alpha)y} \mathrm{d}y = \frac{\alpha \beta}{\beta - \alpha} (\mathrm{e}^{-\alpha z} - \mathrm{e}^{-\beta z})$$

所以

$$f_Z(z) = \begin{cases} \dfrac{\alpha \beta}{\beta - \alpha}(\mathrm{e}^{-\alpha z} - \mathrm{e}^{-\beta z}), & z > 0 \\ 0, & \text{其他} \end{cases}$$

*3. $Z = \dfrac{Y}{X}$ 的分布、$Z = XY$ 的分布

设 (X,Y) 是二维随机变量,它具有概率密度 $f(x,y)$,则 $Z = \dfrac{Y}{X}$,$Z = XY$ 仍为连续型随机变量,则 $Z = \dfrac{Y}{X}$ 的分布函数为

$$F_{Y/X}(z) = P\{Y/X \leqslant z\} = \iint_{G_1 \cup G_2} f(x,y) \mathrm{d}x \mathrm{d}y = \iint_{y/x \leqslant z, x<0} f(x,y) \mathrm{d}x \mathrm{d}y + \iint_{y/x \leqslant z, x>0} f(x,y) \mathrm{d}x \mathrm{d}y$$

$$= \int_{-\infty}^0 \left[\int_{zx}^{+\infty} f(x,y) \mathrm{d}y \right] \mathrm{d}x + \int_0^{+\infty} \left[\int_{-\infty}^z f(x,y) \mathrm{d}y \right] \mathrm{d}x$$

$$\xrightarrow{\diamondsuit y = xu} \int_{-\infty}^0 \left[\int_z^{-\infty} x f(x,ux) \mathrm{d}u \right] \mathrm{d}x + \int_0^{+\infty} \left[\int_{-\infty}^z x f(x,xu) \mathrm{d}u \right] \mathrm{d}x$$

$$= \int_{-\infty}^0 \left[\int_{-\infty}^z (-x) f(x,ux) \mathrm{d}u \right] \mathrm{d}x + \int_0^{+\infty} \left[\int_{-\infty}^z x f(x,xu) \mathrm{d}u \right] \mathrm{d}x$$

$$= \int_{-\infty}^{\infty} \left[\int_{-\infty}^z |x| f(x,xu) \mathrm{d}u \right] \mathrm{d}x$$

$$= \int_{-\infty}^z \left[\int_{-\infty}^{+\infty} |x| f(x,xu) \mathrm{d}x \right] \mathrm{d}u$$

由概率密度的定义得

$$f_{Y/X}(z) = \int_{-\infty}^{+\infty} |x| f(x,xz) \mathrm{d}x \tag{3.5.13}$$

同理可得

$$f_{XY}(z) = \int_{-\infty}^{+\infty} \frac{1}{|x|} f\left(x, \frac{z}{x}\right) \mathrm{d}x \tag{3.5.14}$$

又因为 X 和 Y 相互独立。设 (X,Y) 关于 X,Y 的边缘概率密度分别为 $f_X(x)$,$f_Y(y)$,式(3.5.13)化为

$$f_{Y/X}(z) = \int_{-\infty}^{+\infty} |x| f_X(x) f_Y(xz) \mathrm{d}x \tag{3.5.15}$$

而式(3.5.14)化为

$$f_{XY}(z) = \int_{-\infty}^{+\infty} \frac{1}{|x|} f_X(x) f_Y\left(\frac{z}{x}\right) \mathrm{d}x \tag{3.5.16}$$

如图 3-12 所示。

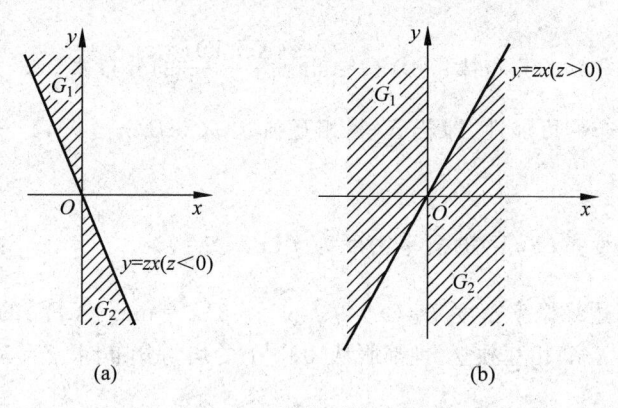

图 3-12 积分区域示意图

【例 3.5.7】 已知 X,Y 是相互独立的随机变量,且 $X \sim E(\lambda_1)$, $Y \sim E(\lambda_2)$,试求 $Z = \dfrac{Y}{X}$ 的概率密度。

解 X,Y 的概率密度分别为

$$f_X(x) = \begin{cases} \lambda_1 e^{-\lambda_1 x}, & x > 0 \\ 0, & \text{其他} \end{cases}, \quad f_Y(y) = \begin{cases} \lambda_2 e^{-\lambda_2 y}, & y > 0 \\ 0, & \text{其他} \end{cases}$$

根据式(3.5.14)及 X,Y 是相互独立,得 $Z = \dfrac{Y}{X}$ 的概率密度为

$$f_{Y/X}(z) = \int_{-\infty}^{+\infty} |x| f_X(x) f_Y(xz) \mathrm{d}x$$

当 $z < 0$ 时,因为 $f(xz) = 0$,所以 $f_Z(z) = 0$。

当 $z \geq 0$ 时,$f_Z(z) = \int_0^{+\infty} |x| \lambda_1 e^{-\lambda_1 x} \lambda_2 e^{-\lambda_2 xz} \mathrm{d}x = \lambda_1 \lambda_2 \int_0^{+\infty} x e^{-(\lambda_1 + \lambda_2 z)x} \mathrm{d}x = \dfrac{\lambda_1 \lambda_2}{(\lambda_1 + \lambda_2 z)^2}$,即

$$f_Z(z) = \begin{cases} \dfrac{\lambda_1 \lambda_2}{(\lambda_1 + \lambda_2 z)^2}, & z \geq 0 \\ 0, & \text{其他} \end{cases}$$

习题 3.5

1. 已知随机变量 X 和 Y 的联合分布律如表 3-26 所示。

表 3-26

X	Y	
	0	2
0	0.10	0.15
1	0.25	0.20
2	0.15	0.15

求：(1) $Z_1 = X+Y$ 的分布律；(2) $Z_2 = \sin\dfrac{(X+Y)\pi}{2}$ 的分布律。

2. 证明二项分布的可加性，即若 X,Y 相互独立，$X \sim B(n_1,p)$，$Y \sim B(n_2,p)$，则 $X+Y \sim B(n_1+n_2,p)$。

3. 设二维随机变量 (X,Y) 的概率密度为 $f(x,y) = \begin{cases} be^{-(x+y)}, & 0<x<1, 0<y<+\infty \\ 0, & \text{其他} \end{cases}$，求：(1) 常数 b；(2) 边缘概率密度 $f_X(x)$，$f_Y(y)$；(3) $Z = \max\{X,Y\}$ 的分布函数。

4. 设随机变量 X,Y 相互独立，且都服从 $[0,1]$ 上的均匀分布，求 $Z = X+Y$ 的概率密度。

5. 设随机变量 X,Y 相互独立，其概率密度分别为 $f_X(x) = \begin{cases} 1, & 0 \leqslant x \leqslant 1 \\ 0, & \text{其他} \end{cases}$，$f_Y(y) = \begin{cases} e^{-y}, & y>0 \\ 0, & \text{其他} \end{cases}$，求 $Z = X+Y$ 的概率密度。

6. 设二维随机变量 (X,Y) 的概率密度为 $f(x,y) = \begin{cases} \dfrac{1}{2}(x+y)e^{-(x+y)}, & x>0, y>0 \\ 0, & \text{其他} \end{cases}$，求：(1) X 与 Y 是否相互独立？(2) $Z = X+Y$ 的概率密度。

7. 设随机变量 X,Y 相互独立，它们的概率密度均为 $f(x) = \begin{cases} e^{-x}, & x>0 \\ 0, & \text{其他} \end{cases}$，求 $Z = Y/X$ 的概率密度。

实际案例

下面我们来解决"会见问题"。

约会等候问题 智能手机的普及和网络的全覆盖，不仅完全改变了人们的生活、工作、出行、消费等方面，也影响和改变了人们的交友婚恋观。人们可以由陌生人变成朋友，甚至走向婚姻。见面是令人期待、美好的事，但是等久了就会令人烦躁。那么能不能有什么方法可以估计一下等候的时间呢？针对这个疑问，我们从概率的角度提出问题，并通过本章的二维随机变量的概率计算公式进行分析。

问题 小明一周前在网上认识了一位外地网友，通过聊天，他们惊喜地发现彼此的三观相合，就相约在一个咖啡馆见面。小明到达咖啡馆的时间均匀地分布在 8:00—12:00，网友到达咖啡馆的时间均匀地分布在 7:00—9:00。假设他们两人到达的时间相互独立，求他们在咖啡馆等候对方的时间不超过 5 分钟的概率。

分析 设 X 和 Y 分别是小明和网友到达咖啡馆的时间，由题意可知，X 和 Y 的概率密度分别为

$$f_X(x) = \begin{cases} \dfrac{1}{4}, & 8<x<12 \\ 0, & \text{其他} \end{cases}, \quad f_Y(y) = \begin{cases} \dfrac{1}{2}, & 7<y<9 \\ 0, & \text{其他} \end{cases}$$

因为 X 和 Y 相互独立，故 (X,Y) 的概率密度为

$$f(x,y)=f_X(x)f_Y(y)=\begin{cases}\dfrac{1}{8},&8<x<12,7<y<9\\0,&\text{其他}\end{cases}$$

按题意即要求事件 $\left\{|X-Y|\leqslant\dfrac{1}{12}\right\}$ 的概率,借助概率密度的定义区域图来帮助理解(见图 3-13)。

作图:

(1) 画出区域 $|X-Y|\leqslant\dfrac{1}{12}$,以及长方形 $8<x<12,7<y<9$。

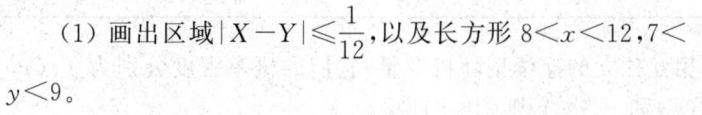

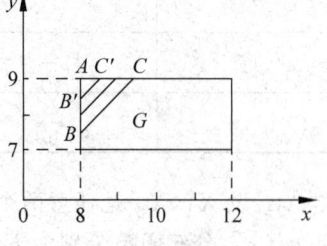

(2) 它们的公共部分是四边形 $BCC'B'$,记为 D。

图 3-13 约会时间示意图

显然,仅当 (X,Y) 取值于 D 内,他们到达的时间相差才不超过 $\dfrac{1}{12}$ 小时。

因此,所求的概率为

$$P\left\{|X-Y|\leqslant\dfrac{1}{12}\right\}=\iint_D f(x,y)\mathrm{d}x\mathrm{d}y=\dfrac{1}{8}\times A_D$$

又

$$A_D=A_{\triangle ABC}-A_{\triangle AB'C'}=\dfrac{1}{2}\times\left(\dfrac{13}{12}\right)^2-\dfrac{1}{2}\times\left(\dfrac{11}{12}\right)^2=\dfrac{1}{6}$$

于是

$$P\left\{|X-Y|\leqslant\dfrac{1}{12}\right\}=\dfrac{1}{48}$$

即小明和网友在咖啡馆等候对方的时间不超过 5 分钟的概率为 $\dfrac{1}{48}$。

结论 可见,只要知道各自的出行时间,这种无意义的等候出现的可能性还是不大的。当然还可以计算等候时间更长的概率。这种方法常用来解决诸如学生和导师见面、助理和主管见面等,简称"会见问题"。

考研题精选

1. 设 X 和 Y 为两个随机变量,且 $P\{X\geqslant 0,Y\geqslant 0\}=\dfrac{3}{7}$,$P\{Y\geqslant 0\}=P\{X\geqslant 0\}=\dfrac{4}{7}$,则 $P\{\max\{X,Y\}\geqslant 0\}=$ _____。

2. 设平面区域 D 由曲线 $y=\dfrac{1}{x}$ 及直线 $y=0,x=1,x=\mathrm{e}^2$ 所围成,二维随机变量 (X,Y) 在区域 D 上服从均匀分布,则 (X,Y) 关于 X 的边缘概率密度在 $x=2$ 处的值为_____。

3. 设随机变量 X 与 Y 相互独立,如表 3-27 所示。试将正确答案填入表中的空格处。

表 3-27

X	Y			$p_i.$
	y_1	y_2	y_3	
x_1		$\frac{1}{8}$		
x_2	$\frac{1}{8}$			
$p._j$	$\frac{1}{6}$			1.0

4. 设 X_1, X_2 是任意两个相互独立的连续型随机变量,它们的概率密度分别为 $f_1(x)$ 和 $f_2(x)$,分布函数分别为 $F_1(x)$ 和 $F_2(x)$,则( )。

    A. $f_1(x)+f_2(x)$ 必为某一随机变量的概率密度

    B. $f_1(x) \cdot f_2(x)$ 必为某一随机变量的概率密度

    C. $F_1(x)+F_2(x)$ 必为某一随机变量的分布函数

    D. $F_1(x) \cdot F_2(x)$ 必为某一随机变量的分布函数

5. 设二维随机变量 (X,Y) 的概率密度为

$$f(x,y)=\begin{cases} 6x, & 0 \leqslant x \leqslant y \leqslant 1 \\ 0, & 其他 \end{cases}$$

则 $P\{X+Y \leqslant 1\}=$ _____。

6. 从数 1、2、3、4 中任取一个数,记为 X,再从 $1,\cdots,X$ 中任取一个数,记为 Y,则 $P\{Y=2\}=$ _____。

7. 设二维随机变量 (X,Y) 的概率分布如表 3-28 所示。

表 3-28

X	Y	
	0	1
0	0.4	a
1	b	0.1

已知随机事件 $\{X=0\}$ 与 $\{X+Y=1\}$ 互相独立,则( )。

    A. $a=0.2, b=0.3$ B. $a=0.4, b=0.1$

    C. $a=0.3, b=0.2$ D. $a=0.1, b=0.4$

8. 设二维随机变量 (X,Y) 的概率密度为 $f(x,y)=\begin{cases} 1, & 0<x<1, 0<y<2x \\ 0, & 其他 \end{cases}$,求: (1) (X,Y) 的边缘概率密度 $f_X(x), f_Y(y)$; (2) $Z=2X-Y$ 的概率密度 $f_Z(z)$。

9. 设随机变量 X 与 Y 相互独立,且均服从区间 $[0,3]$ 上的均匀分布,则 $P\{\max\{X,Y\} \leqslant 1\}=$ _____。

10. 随机变量 X 的概率密度为 $f_X(x)=\begin{cases} \frac{1}{2}, & -1<x<0 \\ \frac{1}{4}, & 0 \leqslant x<2 \\ 0, & 其他 \end{cases}$,令 $y=x^2$,则 $F(x,y)$ 为二

维随机变量(X,Y)的分布函数。求：(1)Y的概率密度；(2)$F_Z\left(-\dfrac{1}{2},4\right)$。

自 测 题

一、填空题（每空 2 分，共 12 分）

1. 已知二维随机变量(X,Y)的概率密度为 $f(x,y)=\begin{cases}c\sin(x+y),&0\leqslant x,y\leqslant\dfrac{\pi}{4}\\0,&\text{其他}\end{cases}$，

则$c=$ _____，X的边缘概率密度$f_X(x)=$ _____。

2. 二维随机变量(X,Y)的分布律如表 3-29 所示，则$\alpha=$ _____，$\beta=$ _____时，X与Y相互独立。

表 3-29

(X,Y)	(1,1)	(1,2)	(1,3)	(2,1)	(2,2)	(2,3)
P	$\dfrac{1}{6}$	$\dfrac{1}{9}$	$\dfrac{1}{18}$	$\dfrac{1}{3}$	α	β

3. 设X_1,X_2相互独立，且分布函数均为$F(x)$，则$Y=\dfrac{2}{5}(3\times\min\{X_1,X_2\}+4)$的分布函数为 _____。

4. 设$X_1\sim N(0,2)$，$X_2\sim N(1,3)$，$X_3\sim N(0,6)$，且X_1,X_2,X_3相互独立，则$P\{2\leqslant 3X_1+2X_2+X_3\leqslant 8\}=$ _____。

二、选择题（每题 2 分，共 10 分）

1. 设事件A,B满足$P(A)=\dfrac{1}{4}$，$P(A|B)=P(B|A)=\dfrac{1}{2}$。令$X=\begin{cases}1,&\text{若}A\text{发生}\\0,&\text{若}A\text{不发生}\end{cases}$，$Y=\begin{cases}1,&\text{若}B\text{发生}\\0,&\text{若}B\text{不发生}\end{cases}$，则$P\{X=0,Y=0\}=(\quad)$。

   A. $\dfrac{1}{8}$ B. $\dfrac{3}{8}$ C. $\dfrac{5}{8}$ D. $\dfrac{7}{8}$

2. 设随机变量X与Y相互独立同分布：$P\{X=1\}=P\{Y=1\}=\dfrac{1}{2}$，$P\{X=-1\}=P\{Y=-1\}=\dfrac{1}{2}$，则$P\{XY=1\}=(\quad)$。

   A. $\dfrac{1}{2}$ B. $\dfrac{1}{3}$ C. $\dfrac{2}{3}$ D. $\dfrac{1}{4}$

3. 设相互独立的随机变量X与Y均服从区间$[0,1]$上的均匀分布，则服从相应区间或区域上的均匀分布的有（ ）。

   A. X^2 B. $X+Y$ C. $X-Y$ D. (X,Y)

4. 设二维随机变量(X,Y)服从G上的均匀分布，G的区域由曲线$y=x^2$与$y=x$围成，则(X,Y)的概率密度为（ ）。

A. $f(x,y)=\begin{cases}6, & (x,y)\in G \\ 0, & \text{其他}\end{cases}$ 　　B. $f(x,y)=\begin{cases}\dfrac{1}{6}, & (x,y)\in G \\ 0, & \text{其他}\end{cases}$

C. $f(x,y)=\begin{cases}2, & (x,y)\in G \\ 0, & \text{其他}\end{cases}$ 　　D. $f(x,y)=\begin{cases}\dfrac{1}{2}, & (x,y)\in G \\ 0, & \text{其他}\end{cases}$

5. 设 $(X,Y)\sim N(0,0;1,1;0)$，则 $P\left\{\dfrac{X}{Y}<0\right\}=($ 　　)。

　A. $\dfrac{1}{2}$ 　　　　B. $\dfrac{1}{3}$ 　　　　C. $\dfrac{1}{4}$ 　　　　D. $\dfrac{1}{2\pi}$

三、解答题（第 1 题 10 分，第 2,3 题 15 分，第 4 题 20 分，第 5 题 8 分，第 6 题 10 分，共 78 分）

1. 盒中有 3 枚游戏币，分别是 1、2、3 元。从盒中任取一枚不放回，再从盒中任取一枚；以 X,Y 分别记第一次、第二次取得的游戏币上的元数，求：(1) (X,Y) 的分布律；(2) $P\{X\geqslant Y\}$。

2. 已知 X 与 Y 的分布律如表 3-30 和表 3-31 所示。

表 3-30

X	-1	0	1
P	$\dfrac{1}{4}$	$\dfrac{1}{2}$	$\dfrac{1}{4}$

表 3-31

Y	1	1
P	$\dfrac{1}{2}$	$\dfrac{1}{2}$

$P\{X=0,Y=0\}=0$。求：(1) (X,Y) 的分布律；(2) X 与 Y 是否独立；(3) 写出在 $Y=0$ 的条件下 X 的分布律。

3. 设二维随机变量 (X,Y) 的概率密度为 $f(x,y)=\begin{cases}Axe^{-(x+y)}, & x>0, y>0 \\ 0, & \text{其他}\end{cases}$，求：(1) 常数 A；(2) X 与 Y 的边缘概率密度；(3) X 与 Y 是否独立。

4. 设 G 是由 x 轴、y 轴及直线 $2x+y-2=0$ 所围成的三角形区域，二维随机变量 (X,Y) 在 G 内服从均匀分布，求：(1) 条件概率密度 $f_{X|Y}(x|y)$；(2) $f_{Y|X}(y|x)$。

5. 设二维随机变量 (X,Y) 的概率密度为 $f(x,y)=\begin{cases}x+y, & 0<x<1, 0<y<1 \\ 0, & \text{其他}\end{cases}$，求随机变量 $Z=X+Y$ 的概率密度。

6. 设二维随机变量 (X,Y) 的概率密度为 $f(x,y)=\begin{cases}2e^{-(x+2y)}, & x>0, y>0 \\ 0, & \text{其他}\end{cases}$，求随机变量 $Z=X+2Y$ 的分布函数和概率密度。

第 4 章

随机变量的数字特征

商品在某种营销策略下的销售利润怎么计算？农业生产中,选种优良农作物品种是取得丰产的前提,如何确定某品种是优良品种呢？不同投资组合的收益和风险如何度量？疾病筛查中为了节约医疗资源,提高筛查效率往往采用分组检验,如何分组最适宜？与逐人检验对比,分组检验能减少多少工作量呢？这些问题都可以运用本章的数学期望、方差等概念来解释。

随机变量的分布虽然已经包含了随机变量的全部信息,但在一些实际问题中常常不需要或不能全面考察随机变量的整体变化特征,而是只需要知道随机变量的某些数字特征就可以了,这样既简便又可以凸显统计特征。例如评价投资产品的优劣时,只需注意投资的平均收益及收益与平均收益的偏离程度,如平均收益越大、偏离程度越小,则投资产品越好。

本章将重点介绍随机变量的四个数字特征：数学期望、方差、协方差、相关系数及矩。数学期望反映了随机变量取值的平均水平；方差是描述随机变量取值波动性大小的量；协方差与相关系数用来刻画两个随机变量的线性相关性程度。四个数字特征中,数学期望是核心概念,其他数字特征均可由它推导出来。

本章学习要点：
- 数学期望；
- 方差；
- 协方差、相关系数及矩。

4.1 数学期望

4.1.1 数学期望的定义

【例 4.1.1】 某航空大学某班级有 N 个学生,参加"概率论与数理统计"的期末考试,成绩统计如表 4-1 所示。求学生的平均成绩。

表 4-1

X（学生成绩）	x_1	x_2	...	x_k
N_i（得 X 分的人数）	N_1	N_2	...	N_k
p_i（得 X 分的频率）	$p_1=\dfrac{N_1}{N}$	$p_2=\dfrac{N_2}{N}$	...	$p_k=\dfrac{N_k}{N}$

解 平均成绩等于总分数除以总人数,即平均成绩为

$$\frac{x_1 N_1 + x_2 N_2 + \cdots + x_k N_k}{N} = \sum_{i=1}^{k} x_i \frac{N_i}{N} = \sum_{i=1}^{k} x_i p_i$$

第 5 章将会讲到,当 N 很大时,频率 $\frac{N_i}{N}$ 在一定意义下接近于事件 $\{X = x_i\}$ 的概率 p_i。由此可见,离散型随机变量的均值为这个随机变量取得所有可能数值与对应概率乘积的总和。由此引出离散型随机变量的均值(数学期望)的定义。

定义 4.1.1 设离散型随机变量 X 的分布律为 $P\{X = x_k\} = p_k, k = 1, 2, \cdots$。若级数 $\sum_{k=1}^{\infty} |x_k| p_k$ 收敛,则称级数 $\sum_{k=1}^{\infty} x_k p_k$ 的和为随机变量 X 的**数学期望**或**均值**,记为 $E(X)$,即

$$E(X) = \sum_{k=1}^{\infty} x_k p_k$$

若级数 $\sum_{k=1}^{\infty} |x_k| p_k$ 发散,则称 $E(X)$ 不存在。

对于连续型随机变量,可用积分代替求和,从而得到相应的数学期望的定义。

定义 4.1.2 设连续型随机变量 X 的概率密度为 $f(x)$,若积分 $\int_{-\infty}^{+\infty} |x| f(x) \mathrm{d}x$ 收敛,则称积分 $\int_{-\infty}^{+\infty} x f(x) \mathrm{d}x$ 的值为随机变量 X 的**数学期望**或**均值**,记为 $E(X)$。即

$$E(X) = \int_{-\infty}^{+\infty} x f(x) \mathrm{d}x$$

若 $\int_{-\infty}^{+\infty} |x| f(x) \mathrm{d}x$ 发散,则称 $E(X)$ 不存在。

数学期望 $E(X)$ 由随机变量 X 的概率分布所确定,因此当 X 服从某一分布时,也把 $E(X)$ 称为该分布的数学期望。

下面是一些重要分布的数学期望的计算例题。

【例 4.1.2】 设 X 服从参数为 n, p 的二项分布,即 $X \sim B(n, p)$,求 $E(X)$。

解 X 的分布律为 $P\{X = k\} = C_n^k p^k q^{n-k}, k = 0, 1, 2, \cdots, n; q = 1 - p$,则 X 的数学期望为

$$E(X) = \sum_{k=0}^{n} k C_n^k p^k q^{n-k} = \sum_{k=1}^{n} k \cdot \frac{n!}{k!(n-k)!} p^k q^{n-k}$$

$$= np \sum_{k=1}^{n} \frac{(n-1)!}{(k-1)!(n-k)!} p^{k-1} q^{n-k}$$

$$= np \sum_{k=1}^{n} C_{n-1}^{k-1} p^{k-1} q^{n-k} = np(p+q)^{n-1} = np$$

【例 4.1.3】 设 X 服从参数为 λ 的泊松分布,即 $X \sim \pi(\lambda)$,求 $E(X)$。

解 X 的分布律为 $P\{X = k\} = \frac{\lambda^k}{k!} \mathrm{e}^{-\lambda}, k = 0, 1, \cdots; \lambda > 0$,则 X 的数学期望为

$$E(X) = \sum_{k=0}^{\infty} k \cdot \frac{\lambda^k}{k!} \mathrm{e}^{-\lambda}$$

$$= \lambda e^{-\lambda} \sum_{k=1}^{\infty} \frac{\lambda^{k-1}}{(k-1)!}$$

$$= \lambda e^{-\lambda} \cdot e^{\lambda} = \lambda$$

【例 4.1.4】 设 X 在区间 (a,b) 上服从均匀分布,即 $U(a,b)$,求 $E(X)$。

解 X 的概率密度为

$$f(x) = \begin{cases} \dfrac{1}{b-a}, & a < x < b \\ 0, & \text{其他} \end{cases}$$

则 X 的数学期望为

$$E(X) = \int_{-\infty}^{+\infty} x f(x) \mathrm{d}x = \int_a^b x \frac{1}{b-a} \mathrm{d}x = \frac{a+b}{2}$$

即数学期望是区间 (a,b) 的中点。

【例 4.1.5】 设 $X \sim N(\mu, \sigma^2)$,求 $E(X)$。

解 X 的概率密度为 $f(x) = \dfrac{1}{\sqrt{2\pi}\sigma} e^{-\frac{(x-\mu)^2}{2\sigma^2}}$,$-\infty < x < +\infty$,则 X 的数学期望为

$$E(X) = \int_{-\infty}^{+\infty} x f(x) \mathrm{d}x$$

$$= \int_{-\infty}^{+\infty} (x-\mu) f(x) \mathrm{d}x + \mu \int_{-\infty}^{+\infty} f(x) \mathrm{d}x$$

$$= \int_{-\infty}^{+\infty} (x-\mu) \cdot \frac{1}{\sqrt{2\pi}\sigma} e^{-\frac{(x-\mu)^2}{2\sigma^2}} \mathrm{d}x + \mu$$

$$\xrightarrow{x-\mu=t} \int_{-\infty}^{+\infty} t \cdot \frac{1}{\sqrt{2\pi}\sigma} e^{-\frac{1}{2\sigma^2}t^2} \mathrm{d}t + \mu$$

$$= \mu$$

下面来看随机变量的数学期望在生活实践中的应用。

【例 4.1.6】 假设江西南昌滕王阁站每天 14:00—14:15、14:15—14:30 都恰有一辆 170 路公交车到站,但到站的时刻是随机的,且两辆公交车到站的时间相互独立。其时刻见表 4-2。一位乘客 14:10 到公交站,求他候车时间的数学期望。

表 4-2

到站时刻	14:05 14:20	14:10 14:25	14:15 14:30
概率	$\dfrac{1}{6}$	$\dfrac{1}{2}$	$\dfrac{1}{3}$

解 设乘客的候车时间为 X(以分为单位)。X 的分布律如表 4-3 所示。

表 4-3

X	0	5	10	15	20
p_k	$\dfrac{1}{2}$	$\dfrac{1}{3}$	$\dfrac{1}{6} \times \dfrac{1}{6}$	$\dfrac{1}{6} \times \dfrac{1}{2}$	$\dfrac{1}{6} \times \dfrac{1}{3}$

在表 4-3 中,例如

$$P\{X=10\}=P(AB)=P(A)P(B)=\frac{1}{6}\times\frac{1}{6}$$

其中 A 为事件"前一公交车在 14:05 到站",B 为事件"后一公交车在 14:20 到站"。候车时间的数学期望为

$$E(X)=0\times\frac{1}{2}+5\times\frac{1}{3}+10\times\frac{1}{36}+15\times\frac{1}{12}+20\times\frac{1}{18}$$
$$\approx 4.31$$

【例 4.1.7】 某商场对某种家用电器的销售采用先使用后付款的方式。记使用寿命为 X(单位:年),规定:$X\leqslant 1$,一台付款 2000 元;$1<X\leqslant 2$,一台付款 2500 元;$2<X\leqslant 3$,一台付款 3000 元;$X>3$,一台付款 3500 元。设家用电器寿命 X 服从指数分布,概率密度为

$$f(x)=\begin{cases}\frac{1}{10}\mathrm{e}^{-x/10}, & x>0\\ 0, & x\leqslant 0\end{cases}$$

试求该商场一台这种家用电器收费 Y 的数学期望。

解 寿命 X 落在各个时间区的概率为

$$P\{X\leqslant 1\}=\int_0^1\frac{1}{10}\mathrm{e}^{-x/10}\mathrm{d}x=1-\mathrm{e}^{-0.1}\approx 0.0952$$

$$P\{1<X\leqslant 2\}=\int_1^2\frac{1}{10}\mathrm{e}^{-x/10}\mathrm{d}x=\mathrm{e}^{-0.1}-\mathrm{e}^{-0.2}\approx 0.0861$$

$$P\{2<X\leqslant 3\}=\int_2^3\frac{1}{10}\mathrm{e}^{-x/10}\mathrm{d}x=\mathrm{e}^{-0.2}-\mathrm{e}^{-0.3}\approx 0.0779$$

$$P\{X>3\}=\int_3^{+\infty}\frac{1}{10}\mathrm{e}^{-x/10}\mathrm{d}x=\mathrm{e}^{-0.3}\approx 0.7408$$

由此可得一台家用电器收费 Y 的分布律,如表 4-4 所示。

表 4-4

Y	2000	2500	3000	3500
p_k	0.0952	0.0861	0.0779	0.7408

从而 $E(Y)\approx 2000\times 0.0952+2500\times 0.0861+3000\times 0.0779+3500\times 0.7408=3232.15$,即平均每台收费 3232.15 元。

4.1.2 随机变量函数的数学期望

在实际问题与理论研究中,我们经常需要求某个随机变量 X 的函数 $g(X)$ 的数学期望。可先求出随机变量 X 的函数 $g(X)$ 的分布,再根据定义求数学期望。但有时随机变量函数的分布不易求出,可以通过下面的定理来计算随机变量函数的数学期望。

定理 4.1.1 设随机变量 X 的函数 $Y=g(X)$ 为连续函数,则

(1) 若 X 为离散型随机变量,其分布律为 $P\{X=x_k\}=p_k,k=1,2,\cdots$,且 $\sum_{k=1}^{\infty}|g(x_k)|p_k$ 收敛,则

$$E(Y) = E[g(X)] = \sum_{k=1}^{\infty} g(x_k) p_k$$

(2) 若 X 为连续型随机变量,其概率密度为 $f(x)$,且 $\int_{-\infty}^{+\infty} |g(x)| f(x) \mathrm{d}x$ 收敛,则

$$E(Y) = E[g(X)] = \int_{-\infty}^{+\infty} g(x) f(x) \mathrm{d}x$$

定理 4.1.1 表明,在求 $E(Y)$ 时,不需要先算出 Y 的分布律或概率密度,只需要直接利用 X 的分布律或概率密度即可。定理的证明要用到较多的数学理论,此处不再赘述。该定理可以推广到两个或两个以上随机变量的函数的情况,推广到两个随机变量的函数的情形见如下定理。

定理 4.1.2 设随机变量(X,Y)的函数 $Z = g(X,Y)$ 为连续函数,则

(1) 若(X,Y)为离散型随机变量,其分布律为

$$P\{X = x_i, Y = y_j\} = p_{ij}, \quad i,j = 1,2,\cdots$$

且 $\sum_{i=1}^{\infty} \sum_{j=1}^{\infty} |g(x_i, y_j)| p_{ij}$ 收敛,则

$$E(Z) = E[g(X,Y)] = \sum_{i=1}^{\infty} \sum_{j=1}^{\infty} g(x_i, y_j) p_{ij}$$

(2) 若(X,Y)为连续型随机变量,其概率密度为 $f(x,y)$,且 $\int_{-\infty}^{+\infty} \int_{-\infty}^{+\infty} |g(x,y)| f(x,y) \mathrm{d}x \mathrm{d}y$ 收敛,则

$$E(Z) = E[g(X,Y)] = \int_{-\infty}^{+\infty} \int_{-\infty}^{+\infty} g(x,y) f(x,y) \mathrm{d}x \mathrm{d}y$$

【例 4.1.8】 假设飞机在高空飞行,在高空上的风速 V 在$(0,b)$上服从均匀分布,即 V 的概率密度为

$$f(v) = \begin{cases} \dfrac{1}{b}, & 0 < v < b \\ 0, & 其他 \end{cases}$$

又设飞机机翼受到的正压力 W 是 V 的函数,即 $W = kV^2$(k 为大于 0 的常数),求 W 的数学期望。

解 由定理 4.1.1 知

$$E(W) = \int_{-\infty}^{+\infty} kv^2 f(v) \mathrm{d}v = \int_0^b kv^2 \frac{1}{b} \mathrm{d}v = \frac{1}{3} kb^2$$

【例 4.1.9】 随机变量 X 和 Y 的分布律如表 4-5 所示。

表 4-5

X	Y		
	7	9	10
7	0.05	0.05	0.10
9	0.05	0.10	0.35
10	0	0.20	0.10

求：(1) $X+Y$ 的数学期望；(2) $\max\{X,Y\}$ 的数学期望。

解

(1) $E(X+Y) = \sum\limits_{j=1}^{3}\sum\limits_{i=1}^{3}(x_i+y_j)p_{ij}$

$= 14\times0.05+16\times0.05+17\times0.10+16\times0.05+18\times0.10+19\times$

$0.35+17\times0+19\times0.20+20\times0.10$

$= 18.25$

(2) $E[\max(X,Y)] = \sum\limits_{j=1}^{3}\sum\limits_{i=1}^{3}\max(x_i,y_j)p_{ij}$

$= 7\times0.05+9\times0.05+10\times0.10+9\times0.05+9\times0.10+10\times$

$0.35+10\times0+10\times0.20+10\times0.10$

$= 9.65$

【**例 4.1.10**】 南昌某汽车集团计划开发一款新车型汽车投入市场，并试图确定该车型汽车的产量。销售部门估计出售一辆汽车可获利 m 元，而积压一辆汽车将导致 n 元的损失。同时，该集团预测销售量 Y（辆）服从指数分布，其概率密度为

$$f_Y(y) = \begin{cases} \theta e^{-\theta y}, & y>0 \\ 0, & y\leqslant 0 \end{cases}, \quad \theta>0$$

若要获得利润的数学期望最大，应生产多少辆汽车（m,n,θ 均为已知）？

解 设生产 x 辆汽车，获得利润为 Q 元，则获利 Q 是 x 与 Y 的函数，则

$$Q = Q(x,Y) = \begin{cases} mY-n(x-Y), & Y<x \\ mx, & Y\geqslant x \end{cases}$$

其中 Y 是随机变量。

Q 的数学期望为

$$E(Q) = \int_0^{+\infty} Q f_Y(y)\,\mathrm{d}y$$

$$= \int_0^x [my-n(x-y)]\theta e^{-\theta y}\,\mathrm{d}y + \int_x^{+\infty} mx\theta e^{-\theta y}\,\mathrm{d}y$$

$$= (m+n)\frac{1}{\theta} - (m+n)\frac{1}{\theta}e^{-\theta x} - nx$$

令 $\dfrac{\mathrm{d}}{\mathrm{d}x}E(Q) = (m+n)e^{-\theta x}-n = 0$，得 $x = -\dfrac{1}{\theta}\ln\dfrac{n}{m+n}$。而

$$\frac{\mathrm{d}^2}{\mathrm{d}x^2}E(Q) = -(m+n)\theta e^{-\theta x} < 0$$

故知当 $x = -\dfrac{1}{\theta}\ln\dfrac{n}{m+n}$ 时 $E(Q)$ 取得极大值，因为 $E(Q)$ 的极大值唯一，故可知这也是最大值。

4.1.3 数学期望的性质

下面介绍数学期望的几个重要性质，以期简化数学期望的计算。假定下文中所涉及的

随机变量的数学期望均存在。

性质 4.1.1 $E(C_1X+C_2Y)=C_1E(X)+C_2E(Y)$，其中 C_1,C_2 为常数。

证明 (只证(X,Y)为连续型随机变量的情况，离散型情况与此类似，请读者自证。)
设(X,Y)的概率密度为$f(x,y)$，边缘概率密度分别为$f_X(x),f_Y(y)$，则

$$E(C_1X+C_2Y)=\int_{-\infty}^{+\infty}\int_{-\infty}^{+\infty}(C_1x+C_2y)f(x,y)\mathrm{d}x\mathrm{d}y$$

$$=C_1\int_{-\infty}^{+\infty}\int_{-\infty}^{+\infty}xf(x,y)\mathrm{d}x\mathrm{d}y+C_2\int_{-\infty}^{+\infty}\int_{-\infty}^{+\infty}yf(x,y)\mathrm{d}x\mathrm{d}y$$

$$=C_1\int_{-\infty}^{+\infty}xf_X(x)\mathrm{d}x+C_2\int_{-\infty}^{+\infty}yf_Y(y)\mathrm{d}y$$

$$=C_1E(X)+C_2E(Y)$$

这一性质可推广到任意有限个随机变量线性组合的情形，见推论 4.1.3。

推论 4.1.1 C 为常数，则 $E(C)=C$。

推论 4.1.2 设 X 为一个随机变量，C 为常数，则有 $E(CX)=CE(X)$。

推论 4.1.3 设 $X_i(i=1,2,\cdots,n)$ 为 n 个随机变量，$C_i(i=1,2,\cdots,n)$ 为常数，则有

$$E\left(\sum_{i=1}^n C_iX_i\right)=\sum_{i=1}^n C_iE(X_i)$$

性质 4.1.2 设 X 和 Y 是相互独立的随机变量，则有

$$E(XY)=E(X)E(Y)$$

证明 (只证(X,Y)为连续型随机变量的情况，离散型情况与此类似，请读者自证。)
由 X 和 Y 相互独立的条件知 $f(x,y)=f_X(x)f_Y(y)$，则

$$E(XY)=\int_{-\infty}^{+\infty}\int_{-\infty}^{+\infty}xyf(x,y)\mathrm{d}x\mathrm{d}y$$

$$=\int_{-\infty}^{+\infty}\int_{-\infty}^{+\infty}xyf_X(x)f_Y(y)\mathrm{d}x\mathrm{d}y$$

$$=\left[\int_{-\infty}^{+\infty}xf_X(x)\mathrm{d}x\right]\left[\int_{-\infty}^{+\infty}yf_Y(y)\mathrm{d}y\right]$$

$$=E(X)E(Y)$$

这一性质也可推广到任意有限个相互独立的随机变量之积的情形，若 $X_1,X_2,\cdots,X_n$ 相互独立，则 $E(X_1X_2\cdots X_n)=E(X_1)E(X_2)\cdots E(X_n)$。

注 性质 4.1.2 的逆命题不成立。如设 $X\sim N(0,1),Y=X^2$，显然随机变量 X,Y 不独立，可验证 $E(XY)=E(X)E(Y)$ 成立。

【例 4.1.11】 设 $X\sim B(n,p)$，试用数学期望的性质求 $E(X)$。

解 由二项分布的定义知 X 为在 n 次独立重复试验中某事件 A 发生的次数，并且在每次试验中 A 发生的概率均为 p。现引入下列随机变量：

$$X_k=\begin{cases}1,&\text{第 }k\text{ 次试验时事件 }A\text{ 发生}\\0,&\text{第 }k\text{ 次试验时事件 }A\text{ 不发生}\end{cases},\quad k=1,2,\cdots,n$$

易见 $X=X_1+X_2+\cdots+X_n$，且由试验的独立性知 $X_1,X_2,\cdots,X_n$ 是相互独立的。
因为

$$P\{X_k=1\}=P(A)=p,\quad P\{X_k=0\}=P(\bar{A})=1-p,\quad k=1,2,\cdots,n$$

所以
$$E(X_k) = 1 \times p + 0 \times (1-p) = p, \quad k=1,2,\cdots,n$$
由推论 4.1.3 知
$$E(X) = E(X_1) + E(X_2) + \cdots + E(X_n) = np$$

注 本节的例 4.1.2 用数学期望的定义直接算出了服从二项分布的随机变量 X 的数学期望,例 4.1.11 用数学期望的性质计算更简便。

习题 4.1

1. 设随机变量 X 的分布函数为 $F(x)=\begin{cases} 0, & x<0 \\ x^4, & 0 \leqslant x < 1, \\ 1, & x > 1 \end{cases}$ 求 $E(X)$。

2. 设 X 的概率密度为 $f(x)=\begin{cases} ax+b, & 1 < x \leqslant 2 \\ 0, & 其他 \end{cases}$,且 $E(X)=\dfrac{19}{12}$,求 a 和 b 的值。

3. 设 X 的分布律为 $P(X=1)=\dfrac{1}{2}, P(X=3)=\dfrac{1}{4}, P(X=6)=\dfrac{1}{4}$,求 $E(4X^2)$。

4. 设二维随机变量 (X,Y) 的概率密度为 $f(x,y)=\begin{cases} 4xy\mathrm{e}^{-(x^2+y^2)}, & x>0, y>0 \\ 0, & 其他 \end{cases}$,求:
(1) $E(X)$;(2) $E(XY)$。

5. 游客乘电梯从底层到电视塔顶层观光,电梯于每个正点的 5 分钟、25 分钟和 55 分钟从底层起行。假设一位游客在早上 8 点的第 X 分钟到达底层电梯处,且 X 服从 $[0,60]$ 上的均匀分布,求该游客等候时间的数学期望。

4.2 方 差

4.1 节介绍的数学期望是随机变量的一个重要数学特征,它体现了随机变量取值的平均水平,但在实际应用中仅仅知道平均值是不够的。例如,考察某班"概率论与数理统计"期末考试成绩,教师除了希望学生平均成绩尽可能高之外,还希望学生成绩尽可能"不分散",即学生成绩与平均成绩的偏离程度不要太多。因此,需要引入另外一个数学特征,用它来刻画随机变量取值与均值的偏离程度。这个数学特征就是方差,下面给出方差的定义及性质。

4.2.1 方差的定义

定义 4.2.1 设 X 为随机变量,若 $E\{[X-E(X)]^2\}$ 存在,则 $E\{[X-E(X)]^2\}$ 称为 X 的**方差**,记为 $D(X)$ 或 $\mathrm{Var}(X)$,即
$$D(X) = \mathrm{Var}(X) = E\{[X-E(X)]^2\}$$

随机变量 X 的方差 $D(X)$ 反映了 X 的取值与其数学期望的偏离程度,方差越小表明 X 的取值越集中;方差越大表明 X 的取值越分散。对于方差有以下几点说明。

(1) 称 $\sqrt{D(X)}$ 为 X 的标准差或均方差,也记为 $\sigma(X)$。

(2) 方差是非负的常数。

(3) 对于离散型随机变量 X,由方差的定义知

$$D(X)=\sum_{k=1}^{\infty}[x_k-E(X)]^2 p_k$$

其中 $P\{X=x_k\}=p_k, k=1,2,\cdots$ 为 X 的分布律。

对于连续型随机变量 X,由方差的定义知

$$D(X)=\int_{-\infty}^{+\infty}[x-E(X)]^2 f(x)\mathrm{d}x$$

其中 $f(x)$ 为 X 的概率密度。

(4) 因为 $E(X)$ 是一个常数,所以根据数学期望的性质 4.1.1 有

$$D(X)=E\{[X-E(X)]^2\}$$
$$=E(X^2)-2E(X)E(X)+[E(X)]^2$$

即 $D(X)=E(X^2)-[E(X)]^2$。

下面是一些重要分布的方差的例题。

【例 4.2.1】(二项分布) 设 $X\sim b(n,p)$,其分布律为

$$P\{X=k\}=\mathrm{C}_n^k p^k q^{n-k}, \quad k=0,1,2,\cdots,n; q=1-p$$

求 $D(X)$。

解
$$E(X^2)=E[X(X-1)+X]$$
$$=\sum_{k=0}^{n}k(k-1)\frac{n!}{k!(n-k)!}p^k q^{n-k}+np$$
$$=\sum_{k=2}^{n}\frac{n(n-1)(n-2)!}{(k-2)!(n-k)!}p^k q^{n-k}+np$$
$$=n(n-1)p^2\sum_{k=2}^{n}\mathrm{C}_{n-2}^{k-2}p^{k-2}q^{n-k}+np$$
$$=n(n-1)p^2+np$$

于是

$$D(X)=E(X^2)-[E(X)]^2=n(n-1)p^2+np-n^2 p^2=npq$$

特别地,当 $n=1$ 时,X 服从两点分布,此时 $D(X)=pq$。

【例 4.2.2】(泊松分布) 设 $X\sim\pi(\lambda)$,其分布律为

$$P\{X=k\}=\frac{\lambda^k}{k!}\mathrm{e}^{-\lambda}, \quad k=0,1,\cdots; \lambda>0$$

求 $D(X)$。

解
$$E(X^2)=E[X(X-1)+X]$$
$$=\sum_{k=0}^{\infty}k(k-1)\cdot\frac{\lambda^k}{k!}\mathrm{e}^{-\lambda}+E(X)$$
$$=\sum_{k=2}^{\infty}\frac{\lambda^k}{(k-2)!}\mathrm{e}^{-\lambda}+\lambda$$
$$=\lambda^2\mathrm{e}^{-\lambda}\sum_{k=2}^{\infty}\frac{\lambda^{k-2}}{(k-2)!}+\lambda$$
$$=\lambda^2+\lambda$$

由 4.1.1 小节的例 4.1.3 知 $E(X)=\lambda$,于是
$$D(X)=E(X^2)-[E(X)]^2=\lambda^2+\lambda-\lambda^2=\lambda$$

【例 4.2.3】(均匀分布) 设 $X\sim U(a,b)$,其概率密度为
$$f(x)=\begin{cases}\dfrac{1}{b-a}, & a<x<b \\ 0, & \text{其他}\end{cases}$$

求 $D(X)$。

解
$$E(X^2)=\int_a^b x^2\dfrac{1}{b-a}\mathrm{d}x=\dfrac{1}{3}(b^2+ab+a^2)$$

于是
$$D(X)=E(X^2)-[E(X)]^2=\dfrac{1}{3}(b^2+ab+a^2)-\left(\dfrac{a+b}{2}\right)^2=\dfrac{(b-a)^2}{12}$$

【例 4.2.4】(指数分布) 设 $X\sim E(\lambda)$,其概率密度为
$$f(x)=\begin{cases}\lambda\mathrm{e}^{-\lambda x}, & x>0 \\ 0, & x\leqslant 0\end{cases}$$

求 $D(X)$。

解
$$E(X)=\int_0^{+\infty}x\lambda\mathrm{e}^{-\lambda x}\mathrm{d}x=-x\mathrm{e}^{-\lambda x}\Big|_0^{+\infty}+\int_0^{+\infty}\mathrm{e}^{-\lambda x}\mathrm{d}x=\dfrac{1}{\lambda}$$
$$E(X^2)=\int_0^{+\infty}x^2\lambda\mathrm{e}^{-\lambda x}\mathrm{d}x=-x^2\mathrm{e}^{-\lambda x}\Big|_0^{+\infty}+\int_0^{+\infty}2x\mathrm{e}^{-\lambda x}\mathrm{d}x=2\dfrac{1}{\lambda^2}$$

于是
$$D(X)=E(X^2)-[E(X)]^2=2\dfrac{1}{\lambda^2}-\dfrac{1}{\lambda^2}=\dfrac{1}{\lambda^2}$$

【例 4.2.5】(正态分布) 设 $X\sim N(\mu,\sigma^2)$,其概率密度为
$$f(x)=\dfrac{1}{\sqrt{2\pi}\sigma}\mathrm{e}^{-\dfrac{(x-\mu)^2}{2\sigma^2}}, \quad -\infty<x<+\infty$$

求 $D(X)$。

解 $D(X)=E\{[X-E(X)]^2\}=E[(X-\mu)^2]=\displaystyle\int_{-\infty}^{+\infty}\dfrac{(x-\mu)^2}{\sqrt{2\pi}\sigma}\mathrm{e}^{-\dfrac{(x-\mu)^2}{2\sigma^2}}\mathrm{d}x$

令 $\dfrac{x-\mu}{\sigma}=t$ 得

$$D(X)=\dfrac{\sigma^2}{\sqrt{2\pi}}\int_{-\infty}^{+\infty}t^2\mathrm{e}^{-\frac{1}{2}t^2}\mathrm{d}t=\dfrac{\sigma^2}{\sqrt{2\pi}}\int_{-\infty}^{+\infty}t\mathrm{d}\left(\mathrm{e}^{-\frac{1}{2}t^2}\right)=\sigma^2$$

以上提到的几种重要分布的数学期望与方差汇总于表 4-6。

表 4-6

分布名称	分布律或概率密度	数学期望	方差
0-1 分布	$P\{X=0\}=1-p$ $P\{X=1\}=p$	p	$p(1-p)$

续表

分布名称	分布律或概率密度	数学期望	方差
二项分布 $B(n,p)$	$P\{X=k\}=C_n^k p^k(1-p)^{n-k}, k=0,1,2,\cdots,n;$ $0<p<1$	np	$np(1-p)$
泊松分布 $\pi(\lambda)$	$P\{X=k\}=\dfrac{\lambda^k}{k!}e^{-\lambda}, k=0,1,\cdots;\lambda>0$	λ	λ
均匀分布 $U(a,b)$	$f(x)=\begin{cases}\dfrac{1}{b-a}, & a<x<b \\ 0, & 其他\end{cases}$	$\dfrac{a+b}{2}$	$\dfrac{(b-a)^2}{12}$
指数分布 $E(\lambda)$	$f(x)=\begin{cases}\lambda e^{-\lambda x}, & x>0 \\ 0, & x\leqslant 0\end{cases}$	$\dfrac{1}{\lambda}$	$\dfrac{1}{\lambda^2}$
正态分布 $N(\mu,\sigma^2)$	$f(x)=\dfrac{1}{\sqrt{2\pi}\sigma}e^{-\dfrac{(x-\mu)^2}{2\sigma^2}}, -\infty<x<+\infty;$ $-\infty<\mu<+\infty; \sigma>0$	μ	σ^2

【例 4.2.6】 某市民有一笔资金,可投入 A 和 B 两个项目。根据以往的经验,两个项目的收益率 X 和 Y 的分布律如表 4-7 和表 4-8 所示。问:该市民投资这两个项目的收益与风险。

表 4-7

X	50%	−40%
P	0.6	0.4

表 4-8

Y	30%	10%	−20%
P	0.3	0.6	0.1

解 两个项目的平均收益率为

$$E(X)=50\%\times 0.6+(-40\%)\times 0.4=14\%$$
$$E(Y)=30\%\times 0.3+10\%\times 0.6+(-20\%)\times 0.1=13\%<E(X)$$

两个项目的收益率的方差及标准差为

$$D(X)=(50\%)^2\times 0.6+(-40\%)^2\times 0.4-(14\%)^2=0.1944$$
$$D(Y)=(30\%)^2\times 0.3+(10\%)^2\times 0.6+(-20\%)^2\times 0.1-(13\%)^2=0.0201$$
$$\sigma(X)=\sqrt{D(X)}\approx 0.441, \quad \sigma(Y)=\sqrt{D(Y)}\approx 0.142$$

$\sigma(X)$ 约为 $\sigma(Y)$ 的 3 倍。由此可见,项目 A 的平均收益率虽然比项目 B 高了 1%,但是项目 A 的投资风险大约是项目 B 的 3 倍。因此权衡收益与风险,该市民选择项目 B 投资较适宜。

4.2.2 方差的性质

下面给出方差的几个重要性质,假定下文中所涉及的随机变量的方差均存在。

性质 4.2.1 设 C 是常数,则 $D(C)=0$。

证明 $D(C) = E\{[C-E(C)]^2\} = 0$。

性质 4.2.2 设 X 是随机变量，C 是常数，则有
$$D(CX) = C^2 D(X), \quad D(X+C) = D(X)$$

证明 $D(CX) = E\{[CX-E(CX)]^2\} = C^2 E\{[X-E(X)]^2\} = C^2 D(X)$
$D(X+C) = E\{[X+C-E(X+C)]^2\} = E\{[X-E(X)]^2\} = D(X)$

性质 4.2.3 设 X,Y 是两个随机变量，则有
$$D(X+Y) = D(X) + D(Y) + 2E\{[X-E(X)][Y-E(Y)]\}$$

证明 $D(X+Y) = E\{[(X+Y)-E(X+Y)]^2\}$
$= E\{[(X-E(X))+(Y-E(Y))]^2\}$
$= E\{[X-E(X)]^2\} + E\{[Y-E(Y)]^2\} + 2E\{[X-E(X)][Y-E(Y)]\}$
$= D(X) + D(Y) + 2E\{[X-E(X)][Y-E(Y)]\}$

推论 4.2.1 若 X,Y 相互独立，则有 $D(X+Y) = D(X) + D(Y)$。

由性质 4.2.3 可得推论 4.2.1，具体请读者自证。这一推论可推广到有限多个相互独立的随机变量之和的情况，见推论 4.2.2。

推论 4.2.2 若 $X_1, X_2, \cdots, X_n$ 为相互独立的随机变量，则有
$$D\left(\sum_{i=1}^{n} X_i\right) = \sum_{i=1}^{n} D(X_i)$$

推论 4.2.3 若 $X_1, X_2, \cdots, X_n$ 为相互独立的随机变量，且
$$X_i \sim N(\mu_i, \sigma_i^2), \quad i = 1, 2, \cdots, n$$
则有
$$\sum_{i=1}^{n} C_i X_i \sim N\left(\sum_{i=1}^{n} C_i \mu_i, \sum_{i=1}^{n} C_i^2 \sigma_i^2\right)$$

证明 根据例 3.5.3 的结果，正态分布的线性组合仍然服从正态分布，于是得
$$E\left(\sum_{i=1}^{n} C_i X_i\right) = \sum_{i=1}^{n} C_i E(X_i) = \sum_{i=1}^{n} C_i \mu_i$$
$$D\left(\sum_{i=1}^{n} C_i X_i\right) = \sum_{i=1}^{n} D(C_i \mu_i) = \sum_{i=1}^{n} C_i^2 \sigma_i^2$$

所以
$$\sum_{i=1}^{n} C_i X_i \sim N\left(\sum_{i=1}^{n} C_i \mu_i, \sum_{i=1}^{n} C_i^2 \sigma_i^2\right)$$

性质 4.2.4 $D(X) = 0$ 的充要条件是随机变量 X 以概率 1 取常数 $E(X)$，即
$$P\{X = E(X)\} = 1$$

证明略。

【例 4.2.7】 设随机变量 X 和 Y 相互独立，且 $X \sim N(1,2)$，$Y \sim N(0,1)$，试求随机变量 $Z = 2X - Y + 5$ 的概率密度。

解 由已知得 $E(X) = 1, E(Y) = 0, D(X) = 2, D(Y) = 1$，且根据推论 4.2.3 知 Z 仍服

从正态分布,故
$$E(Z) = 2E(X) - E(Y) + 5 = 7$$
$$D(Z) = 2^2 D(X) + D(Y) = 9$$

所以 $Z \sim N(7,9)$,于是 Z 的概率密度为 $f(z) = \dfrac{1}{3\sqrt{2\pi}} e^{-\frac{(z-7)^2}{18}} \ (-\infty < z < +\infty)$。

习题 4.2

1. 设离散型随机变量 X 服从泊松分布 $\pi(\lambda)$,已知 $E[(X-1)(X-2)] = 1$,求参数 λ。

2. 设连续型随机变量 X 的概率密度为
$$f(x) = \begin{cases} 1+x, & -1 \leqslant x < 0 \\ 1-x, & 0 \leqslant x < 1 \\ 0, & \text{其他} \end{cases}$$

求方差 $D(3X+4)$。

3. 设随机变量 X_1, X_2, X_3 相互独立,且 X_1 服从区间 $(0,6)$ 上的均匀分布,X_2 服从正态分布 $N(0,4)$,X_3 服从参数为 3 的泊松分布。求 $X_1 - 2X_2 + 3X_3$ 的方差。

4. 设随机变量 X 的数学期望 $E(X)$ 是一非负值,且 $E\left(\dfrac{X^2}{2} - 1\right) = 2$, $D\left(\dfrac{X}{2} - 1\right) = \dfrac{1}{2}$,求 $E(X)$ 的值。

5. 某书店每天接待 400 名顾客,每位顾客的消费额(单位:元)服从 $[20,100]$ 上的均匀分布,且顾客的消费额相互独立。求:(1)该书店的日平均营业额;(2)每天平均有几位顾客的消费额超过 50 元。

4.3 协方差、相关系数及矩

4.3.1 协方差

对于一个二维随机变量 (X,Y),X 与 Y 的数学期望和方差分别刻画了两个随机变量各自的部分数字特征。然而,二维随机变量 (X,Y) 的分布还包含着 X 与 Y 相互关系的信息,因此,还需要引入刻画 X 与 Y 相互关系的数字特征。

若 X, Y 相互独立,则
$$E\{[X-E(X)][Y-E(Y)]\}$$
$$= E[XY - XE(Y) - YE(X) + E(X)E(Y)]$$
$$= E(XY) - E(X)E(Y) = 0$$

这意味着,当 $E\{[X-E(X)][Y-E(Y)]\} \neq 0$ 时,X, Y 不相互独立,而是存在着一定关系。因此可以用 $E\{[X-E(X)][Y-E(Y)]\}$ 刻画 X, Y 之间的关系。

定义 4.3.1 量 $E\{[X-E(X)][Y-E(Y)]\}$ 称为随机变量 X 与 Y 的**协方差**。记为 $\mathrm{Cov}(X,Y)$,即
$$\mathrm{Cov}(X,Y) = E\{[X-E(X)][Y-E(Y)]\}$$

协方差的计算常采用公式

$$\text{Cov}(X,Y) = E(XY) - E(X)E(Y)$$

协方差具有下述性质。

(1) $\text{Cov}(X,Y) = \text{Cov}(Y,X)$。

(2) $\text{Cov}(X,X) = D(X)$。

(3) $\text{Cov}(aX,bY) = ab\text{Cov}(X,Y)$,其中 a,b 是常数。

(4) $\text{Cov}(X_1 + X_2, Y) = \text{Cov}(X_1,Y) + \text{Cov}(X_2,Y)$。

注 上述性质请读者自行证明。

定义 4.3.2 对于方差不为零的两个随机变量,若 X,Y 满足 $\text{Cov}(X,Y) = 0$,则称随机变量 X 与随机变量 Y **不相关**。

若 X 与 Y 相互独立,则 X 与 Y 不相关;反之,不成立(见例 4.3.2)。

【例 4.3.1】 设随机变量 X 的分布律如表 4-9 所示。求 $\text{Cov}(X,Y)$,其中 $Y = X^2$。

表 4-9

X	0	1	3
p_k	0.3	0.4	0.3

解 由于

$$E(X) = 0 \times 0.3 + 1 \times 0.4 + 2 \times 0.3 = 1$$

$$E(Y) = E(X^2) = 0^2 \times 0.3 + 1^2 \times 0.4 + 2^2 \times 0.3 = 1.6$$

$$E(XY) = E(X^3) = 0^3 \times 0.3 + 1^3 \times 0.4 + 2^3 \times 0.3 = 2.8$$

所以

$$\text{Cov}(X,Y) = E(XY) - E(X)E(Y) = 2.8 - 1.6 = 1.2$$

【例 4.3.2】 设随机变量 (X,Y) 的联合概率密度为

$$f(x,y) = \begin{cases} \dfrac{1}{4}, & |x| < y, 0 < y < 2 \\ 0, & \text{其他} \end{cases}$$

证明 X 与 Y 不相关,但 X 与 Y 不相互独立。

证明 因为

$$f_X(x) = \int_{-\infty}^{+\infty} f(x,y) \mathrm{d}y = \begin{cases} \int_x^2 \dfrac{1}{4} \mathrm{d}y = \dfrac{2-x}{4}, & 0 < x < 2 \\ \int_{-x}^2 \dfrac{1}{4} \mathrm{d}y = \dfrac{2+x}{4}, & -2 < x \leqslant 0 \\ 0, & \text{其他} \end{cases}$$

$$f_Y(y) = \int_{-\infty}^{+\infty} f(x,y) \mathrm{d}x = \begin{cases} \int_{-y}^y \dfrac{1}{4} \mathrm{d}x = \dfrac{y}{2}, & 0 < y < 2 \\ 0, & \text{其他} \end{cases}$$

所以

$$E(X) = \int_{-\infty}^{+\infty} x f_X(x) \mathrm{d}x = \int_0^2 x \cdot \dfrac{2-x}{4} \mathrm{d}x + \int_{-2}^0 x \cdot \dfrac{2+x}{4} \mathrm{d}x$$

$$= \dfrac{1}{4}\left[x^2 - \dfrac{1}{3}x^3\right]_0^2 + \dfrac{1}{4}\left[x^2 + \dfrac{1}{3}x^3\right]_{-2}^0 = 0$$

$$E(XY) = \int_{-\infty}^{+\infty}\int_{-\infty}^{+\infty} xyf(x,y)\mathrm{d}x\mathrm{d}y = \int_0^2 \mathrm{d}y \int_{-y}^{y} xy\frac{1}{4}\mathrm{d}x$$
$$= \frac{1}{4}\int_0^2 y \cdot \left[\frac{x^2}{2}\right]_{-y}^{y} \mathrm{d}y = 0$$

从而 $E(XY) - E(X)E(Y) = 0$，即 $\mathrm{Cov}(X,Y) = 0$，故 X 与 Y 不相关。

由上述 $f_X(x), f_Y(y)$ 的结果可知，$f_X(x) \cdot f_Y(y) \neq f(x,y)$，所以 X 与 Y 不相互独立。

4.3.2 相关系数

协方差 $\mathrm{Cov}(X,Y)$ 的大小在一定程度上反映了随机变量 X 与 Y 之间的相关程度大小，但它还受随机变量 X 与 Y 本身度量单位的影响，为克服这一缺陷，下面引入相关系数的概念。

定义 4.3.3 若随机变量 X 与 Y 的协方差 $\mathrm{Cov}(X,Y)$ 存在，且 $D(X) > 0, D(Y) > 0$，则

$$\rho_{XY} = \frac{\mathrm{Cov}(X,Y)}{\sqrt{D(X)}\sqrt{D(Y)}}$$

称为随机变量 X 与 Y 的**相关系数**。

定理 4.3.1 设 ρ_{XY} 是随机变量 X 与 Y 的相关系数，则
(1) $|\rho_{XY}| \leqslant 1$。
(2) $|\rho_{XY}| = 1 \Leftrightarrow$ 存在常数 a, b 使 $P\{Y = aX + b\} = 1$。
(3) 对于方差不为零的两个随机变量 X, Y，则有
$$\mathrm{Cov}(X,Y) = 0 \Leftrightarrow \rho_{XY} = 0 \Leftrightarrow X \text{ 与 } Y \text{ 不相关} \Leftrightarrow E(XY) = E(X)E(Y)$$
$$\Leftrightarrow D(X+Y) = D(X) + D(Y)$$

证明略。

注 由上述定理知，相关系数 ρ_{XY} 反映了两个随机变量 X 与 Y 线性相关的程度。若 $\rho_{XY} \neq 0$，则 X 与 Y 相关；若 $\rho_{XY} = 0$，则 X 与 Y 不相关；若 $\rho_{XY} = \pm 1$，则 X 与 Y 有线性关系。

【例 4.3.3】 设 (X,Y) 服从二维正态分布，其联合概率密度为

$$f(x,y) = \frac{1}{2\pi\sigma_1\sigma_2\sqrt{1-\rho^2}} \exp\left\{\frac{-1}{2(1-\rho^2)}\left[\frac{(x-\mu_1)^2}{\sigma_1^2} - 2\rho\frac{(x-\mu_1)(y-\mu_2)}{\sigma_1\sigma_2} + \frac{(y-\mu_2)^2}{\sigma_2^2}\right]\right\}$$

求 X 与 Y 的相关系数。

解 由 3.2.3 小节的例 3.2.6 知 (X,Y) 的边缘概率密度为

$$f_X(x) = \frac{1}{\sqrt{2\pi}\sigma_1} e^{-\frac{(x-\mu_1)^2}{2\sigma_1^2}}, \quad -\infty < x < +\infty$$

$$f_Y(y) = \frac{1}{\sqrt{2\pi}\sigma_2} e^{-\frac{(y-\mu_2)^2}{2\sigma_2^2}}, \quad -\infty < y < +\infty$$

故 $E(X) = \mu_1, E(Y) = \mu_2, D(X) = \sigma_1^2, D(Y) = \sigma_2^2$。而

$$\mathrm{Cov}(X,Y) = E\{[X - E(X)][Y - E(Y)]\}$$
$$= \int_{-\infty}^{+\infty}\int_{-\infty}^{+\infty} (x-\mu_1)(y-\mu_2)f(x,y)\mathrm{d}x\mathrm{d}y$$

$$= \frac{1}{2\pi\sigma_1\sigma_2\sqrt{1-\rho^2}}\int_{-\infty}^{+\infty}\int_{-\infty}^{+\infty}(x-\mu_1)(y-\mu_2)\times$$

$$\exp\left[\frac{-1}{2(1-\rho^2)}\left(\frac{y-\mu_2}{\sigma_2}-\rho\frac{x-\mu_1}{\sigma_1}\right)^2-\frac{(x-\mu_1)^2}{2\sigma_1^2}\right]\mathrm{d}x\mathrm{d}y$$

令 $\begin{cases}\dfrac{1}{\sqrt{1-\rho^2}}\left(\dfrac{y-\mu_2}{\sigma_2}-\rho\dfrac{x-\mu_1}{\sigma_1}\right)=t\\ \dfrac{x-\mu_1}{\sigma_1}=u\end{cases}$ ，则 $\mathrm{d}x\mathrm{d}y=\sigma_1\sigma_2\sqrt{1-\rho^2}\,\mathrm{d}t\mathrm{d}u$ ，从而

$$\mathrm{Cov}(X,Y)=\frac{1}{2\pi}\int_{-\infty}^{+\infty}\int_{-\infty}^{+\infty}(\sigma_1\sigma_2\sqrt{1-\rho^2}\,tu+\rho\sigma_1\sigma_2 u^2)\mathrm{e}^{-\frac{u^2+t^2}{2}}\mathrm{d}t\mathrm{d}u$$

$$=\frac{\rho\sigma_1\sigma_2}{2\pi}\left(\int_{-\infty}^{+\infty}u^2\mathrm{e}^{-\frac{u^2}{2}}\mathrm{d}u\right)\left(\int_{-\infty}^{+\infty}\mathrm{e}^{-\frac{t^2}{2}}\mathrm{d}t\right)+\frac{\sigma_1\sigma_2\sqrt{1-\rho^2}}{2\pi}\left(\int_{-\infty}^{+\infty}u\mathrm{e}^{-\frac{u^2}{2}}\mathrm{d}u\right)\left(\int_{-\infty}^{+\infty}t\mathrm{e}^{-\frac{t^2}{2}}\mathrm{d}t\right)$$

$$=\frac{\rho\sigma_1\sigma_2}{2\pi}\sqrt{2\pi}\cdot\sqrt{2\pi}=\rho\sigma_1\sigma_2$$

于是

$$\rho_{XY}=\frac{\mathrm{Cov}(X,Y)}{\sqrt{D(X)}\sqrt{D(Y)}}=\rho$$

这就说明二维正态随机变量 (X,Y) 的概率密度中的参数 ρ 就是 X 和 Y 的相关系数，因此二维正态随机变量的分布完全由它们各自的数学期望、方差以及相关系数所确定。

由 3.4.3 小节的例 3.4.7 知，若 (X,Y) 服从二维正态分布，则 X 与 Y 相互独立的充要条件是 $\rho=0$ 。现在知道 $\rho_{XY}=\rho$ ，故对于二维正态分布的随机变量 (X,Y) 来说，X 和 Y 不相关与 X 和 Y 相互独立是等价的。

4.3.3 矩

下面介绍随机变量的另外几个数字特征。

定义 4.3.4 设 X 与 Y 是随机变量，若 $E(X^k),k=1,2,\cdots$ 存在，称它为 X 的 k **阶原点矩**，简称 k **阶矩**。

若 $E\{[X-E(X)]^k\},k=1,2,\cdots$ 存在，称它为 X 的 k **阶中心矩**。

若 $E(X^kY^l),k,l=1,2,\cdots$ 存在，称它为 X 和 Y 的 $k+l$ **阶混合矩**。

若 $E\{[X-E(X)]^k[Y-E(Y)]^l\},k,l=1,2,\cdots$ 存在，称它为 X 的 $k+l$ **阶混合中心矩**。

显然，X 的数学期望 $E(X)$ 是 X 的一阶原点矩，方差 $D(X)$ 是 X 的二阶中心矩，协方差 $\mathrm{Cov}(X,Y)$ 是 X 与 Y 的二阶混合中心矩。

【例 4.3.4】 设随机变量 $X\sim U(0,1)$，其概率密度为

$$f(x)=\begin{cases}1, & 0<x<1\\ 0, & \text{其他}\end{cases}$$

求 X 的 3 阶中心矩。

解 因为 $X \sim U(0,1)$，所以 $E(X) = \dfrac{1}{2}$，故 X 的 3 阶中心矩为

$$E\left[\left(X-\dfrac{1}{2}\right)^3\right] = \int_0^1 \left(x-\dfrac{1}{2}\right)^3 dx = \dfrac{1}{4}\left[\left(x-\dfrac{1}{2}\right)^4\right]_0^1 = 0$$

所以 X 的 3 阶中心矩等于 0。

习题 4.3

1. 设随机变量 $X \sim B\left(10, \dfrac{1}{2}\right)$，$Y \sim N(2,10)$，又 $E(XY) = 14$，求 X 与 Y 的相关系数。

2. 设二维随机变量 (X,Y) 的联合分布律如表 4-10 所示。

表 4-10

X \ Y	−1	0	1
−1	a	$\dfrac{1}{8}$	$\dfrac{1}{4}$
1	$\dfrac{1}{8}$	$\dfrac{1}{8}$	b

求：(1) $E(XY)$；(2) 当 a,b 取何值时，X 与 Y 不相关；(3) 当 a,b 取何值时，X 与 Y 既不相关，又相互独立。

3. 已知 X 和 Y 的联合概率密度为 $f(x,y) = \begin{cases} \dfrac{x+y}{8}, & 0 \leqslant x \leqslant 2, 0 \leqslant y \leqslant 2 \\ 0, & \text{其他} \end{cases}$，求 X, Y 的协方差。

4. 设随机变量 X 的概率密度函数为 $f(x) = \dfrac{1}{2} e^{-|x|}, -\infty < x < +\infty$，

求：(1) $E(X), D(X)$；(2) X 和 $|X|$ 的相关系数。

5. 证明：若 $Y = aX + b, a \neq 0$，则 $\rho_{XY} = \begin{cases} 1, & a > 0 \\ -1, & a \leqslant 0 \end{cases}$

实际案例

分组检验问题 在某地区普查某种传染病时，需对居民进行抽血检验。抽血检验可采取逐人检验及分组检验。逐人检验是将每个人的血分别检验。分组检验是将 k 个人抽来的血混合在一起进行检验，如果混合血液呈阴性，则无须再进行检验；如果混合血液呈阳性，则对这 k 个人的血液再分别进行化验。从理论上来讲，采用分组检验，如何分组最适宜？与逐人检验对比，分组检验能减少多少工作量呢？针对这两个疑问，我们从概率的角度提取问题，并通过本章的数学期望进行分析。

(1) 对某地区 N 个人进行分组检验，假设每人血液检验结果呈阳性的概率为 p，且各人的检验结果相互独立，试探讨如何分组最适宜。

分析 分组检验，k 个人一组，将血液混合检测。当呈阳性时，再对这 k 个人的样本逐一检测。

设每组 k 个人，组内人均检测次数为随机变量 X，则 X 的分布律如表 4-11 所示。

表 4-11

X	$\frac{1}{k}$	$\frac{k+1}{k}$
p_k	$(1-p)^k$	$1-(1-p)^k$

X 的数学期望为

$$E(X)=\frac{1}{k}(1-p)^k+\frac{k+1}{k}[1-(1-p)^k]=1+\frac{1}{k}-(1-p)^k=1+\frac{1}{k}-q^k$$

其中 $q=1-p$。

N 个人平均需化验的次数为

$$N\left(1+\frac{1}{k}-q^k\right)$$

由此可见，只要选择 k，使

$$1+\frac{1}{k}-q^k<1$$

则 N 个人平均需化验的次数就小于 N。选取 k 使得 $1+\frac{1}{k}-q^k$ 小于 1 且取到最小值，就能得到最佳分组方法。

例如，$p=0.1$，则 $q=0.9$，k 取部分不同值时的 $E(X)$ 值见表 4-12。

表 4-12

k	2	3	4	5	6	7	30	33	34
$E(X)$	0.690	0.604	0.594	0.610	0.635	0.665	0.991	0.994	1.00

结合表 4-12 可知，若 $p=0.1$，则 $k=4$ 为最佳分组方案，此时人均检测次数的期望有最小值。

再例如，$p=0.01$，则 $q=0.99$，k 取部分不同值时的 $E(X)$ 值见表 4-13。

表 4-13

k	2	3	4	6	8	9	10	11	12	13
$E(X)$	0.520	0.360	0.289	0.225	0.202	0.198	0.196	0.196	0.197	0.199

结合表 4-13 可知，若 $p=0.01$，则 $k=10$ 或 11 为最佳分组方案。

此外，对于 p 部分的不同取值，对应最佳分组方案的 k 和 $E(X)$ 值见表 4-14。

表 4-14

p	0.14	0.1	0.08	0.06	0.04	0.02	0.01
k	3	4	4	5	6	8	10 或 11
$E(X)$	0.697	0.594	0.534	0.466	0.384	0.274	0.196

由表 4-14 可知,随着 p 值的减小,k 值随之增加。

(2) $p=0.01$,5000 人参加抽血化验。与逐人检验对比,分组检验能减少多少工作量呢?

分析 逐人检验,需检验 5000 次。分组检验,$p=0.01$ 时,分为 10 人或 11 人一组最为适宜。若分为 10 人一组,平均检验次数为

$$5000 \times \left(1+\frac{1}{10}-0.99^{10}\right) = 978 (次)$$

平均减少的工作量为 $\frac{5000-978}{5000} \approx 80\%$。

结论 最佳分组方案与 p 的取值有关,分组检验比逐人检验大大减少检验次数,能大大提高检测效率。

考研题精选

1. 设有甲、乙两个篮球队进行比赛,规定其中一队胜 4 场,则比赛宣告结束。假设两球队获胜的概率均为 $\frac{1}{2}$,试求需要比赛场数 X 的数学期望。

2. 若 X 是离散型随机变量,已知 $P(X=x_1)=\frac{2}{3}$,$P(X=x_2)=\frac{1}{3}$,且 $x_1<x_2$,又已知 $E(X)=\frac{4}{3}$,$D(X)=\frac{2}{9}$,求 x_1+x_2 的值。

3. 设随机变量 X 的概率密度为 $f(x)=\begin{cases} ax+b, & 0 \leqslant x \leqslant 1 \\ 0, & 其他 \end{cases}$,且 $E(X)=\frac{1}{3}$,求 $D(X)$。

4. 设两个随机变量 X,Y 相互独立,且都服从均值为 0,方差为 $\frac{1}{2}$ 的正态分布,求随机变量 $|X-Y|$ 的方差。

5. 假设公共汽车起点站于每小时的 10 分、30 分、50 分发车,在每小时内任一时刻到达车站是随机的。某乘客不知发车时间,求乘客到车站等车时间的数学期望。

6. 设 (X,Y) 的概率分布如表 4-15 所示。求 $\text{Cov}(X^2,Y^2)$。

表 **4-15**

X	Y		
	−1	0	1
0	0.07	0.18	0.15
1	0.08	0.32	0.2

7. 设二维随机变量 (X,Y) 的概率密度为

$$f(x,y)=\begin{cases} cxy, & 0 \leqslant x \leqslant 1, 0 \leqslant y \leqslant x \\ 0, & 其他 \end{cases}$$

求：(1) 常数 c；(2) $E(X), E(Y), D(X), D(Y)$。

8. 设随机变量 X 和 Y 在 $D=\{(x,y)|x^2+y^2 \leqslant R^2\}$ 上服从均匀分布，联合概率密度为

$$f(x,y) = \begin{cases} \dfrac{1}{\pi R^2}, & (x,y) \in D \\ 0, & \text{其他} \end{cases}$$

问：(1) X 和 Y 是否独立？(2) X 和 Y 是否相关？

9. 设随机变量 Y 服从参数为 $\lambda=1$ 的泊松分布，随机变量 $X_k = \begin{cases} 0, & Y \leqslant k \\ 1, & Y > k \end{cases}$，$k=0,1$，求：(1) X_0 和 X_1 的联合分布律；(2) $E(X_0-X_1)$。

10. 设有 n 把看上去样子相同的钥匙，其中只有一把能打开锁。用它们逐一去试开锁，抽哪一把是等可能的，且每次开锁是相互独立的；每把钥匙试开一次后拿走，记 X 表示打开锁时已经试开过锁的次数，求 $E(X)$。

自测题

一、填空题（每题 4 分，共 20 分）

1. 已知随机变量 X 服从参数为 2 的泊松分布，且随机变量 $Z=3X-2$，则 $E(Z)=$ _____。

2. 设随机变量 X 服从均值为 2、方差为 σ^2 的正态分布，且 $P\{2<X<4\}=0.3$，则 $P\{X<0\}=$ _____。

3. 设两个相互独立的随机变量 X 和 Y 的方差分别为 4 和 2，则随机变量 $3X-2Y$ 的方差是_____。

4. 若 $D(X+Y)=D(X)+D(Y)$，则 $\text{Cov}(X,Y)=$ _____。

5. 将一枚硬币重复掷 n 次，以 X 和 Y 分别表示正面向上和反面向上的次数，则 X 和 Y 的相关系数等于_____。

二、选择题（每题 4 分，共 20 分）

1. 设随机变量 X 服从 (a,b) 上的均匀分布，若 $E(X)=2, D(X)=\dfrac{1}{3}$，则均匀分布中的常数 a,b 的值分别是（　　）。
   A. $a=1, b=3$　　　　　　　　B. $a=1, b=2$
   C. $a=2, b=3$　　　　　　　　D. $a=2, b=2$

2. 设随机变量 X,Y 的期望与方差都存在，则下列各式中一定成立的是（　　）。
   A. $E(X+Y)=E(X)+E(Y)$　　　　B. $E(XY)=E(X) \cdot E(Y)$
   C. $D(X+Y)=D(X)+D(Y)$　　　　D. $D(XY)=D(X) \cdot D(Y)$

3. 设随机变量 X 和 Y 相互独立，且 $X \sim N(\mu_1, \sigma_1^2), Y \sim N(\mu_2, \sigma_2^2)$，则 $Z=X+2Y \sim$（　　）。
   A. $N(\mu_1+2\mu_2, \sigma_1^2+2\sigma_2^2)$　　　B. $N(\mu_1+\mu_2, \sigma_1^2+\sigma_2^2)$
   C. $N(\mu_1+2\mu_2, \sigma_1^2+4\sigma_2^2)$　　　D. $N(\mu_1-2\mu_2, \sigma_1^2-4\sigma_2^2)$

4. 已知 $D(X)=1, D(Y)=25, \rho_{xy}=0.4, D(X-Y)=($ 　　$)$。

  A. 6   B. 22   C. 30   D. 46

5. 设随机变量 X 和 Y 独立同分布,具有方差 $\sigma^2>0$,则随机变量 $U=X+Y$ 和 $V=X-Y$( )。

  A. 独立   B. 不独立   C. 相关   D. 不相关

三、解答题(每题 10 分,共 60 分)

1. 已知随机变量 X 的分布函数为 $F(X)=\begin{cases}1-e^{-2x}, & x>0 \\ 0, & x<0\end{cases}$,求 X 的期望和方差。

2. 某流水生产线上每个产品不合格的概率为 $p(0<p<1)$,各产品合格与否相互独立,当出现一个不合格产品时即停机检修。设开机后第一次停机时已生产的产品个数为 X,求 $E(X)$。

3. 设随机变量 X 的概率密度为

$$f(x)=\begin{cases}\dfrac{1}{2}\cos\dfrac{x}{2}, & 0\leqslant x\leqslant\pi \\ 0, & \text{其他}\end{cases}$$

对 X 独立地重复观察 4 次,用 Y 表示观察值大于 $\dfrac{\pi}{3}$ 的次数,求 Y^2 的数学期望。

4. 设二维随机变量 (X,Y) 的概率密度为

$$f(x,y)=\begin{cases}1, & |y|<x, 0<x<1 \\ 0, & \text{其他}\end{cases}$$

求 $\text{Cov}(X,Y)$。

5. 设二维随机变量 (X,Y) 的概率密度为

$$f(x,y)=\begin{cases}\dfrac{1}{\pi}, & x^2+y^2\leqslant 1 \\ 0, & \text{其他}\end{cases}$$

试判定 X 与 Y 是否相关,X 与 Y 是否相互独立。

6. 假设随机变量 U 在区间 $(-2,2)$ 上服从均匀分布,随机变量

$$X=\begin{cases}-1, & U\leqslant-1 \\ 1, & U>-1\end{cases}, \quad Y=\begin{cases}-1, & U\leqslant 1 \\ 1, & U>1\end{cases}$$

求:(1) X 和 Y 的联合概率分布;(2) $D(X+Y)$。

第 5 章

大数定律与中心极限定理

频率的稳定性是概率定义的客观基础,频率的稳定性理论上该如何论证呢?本章的大数定律会给出证明。概率论与数理统计是研究随机现象的统计规律性的学科,而统计规律只有在大量重复试验时才能呈现,那么如何研究大量随机现象呢?可以用极限定理研究大量随机现象。极限定理的内容广泛,其中最重要的是大数定律和中心极限定理。

本章首先给出了切比雪夫不等式,它可用于估计事件的概率,还可用于大数定律的推证。本章介绍了三个大数定律,分别是切比雪夫大数定律、伯努利大数定律和辛钦大数定律。大数定律从理论上解释了随机现象的规律是统计规律,所以它既是概率论,也是后续的数理统计的基础定律。

中心极限定理是本章的另一个重要内容,本章给出了在两个不同条件下的中心极限定理,即林德伯格—列维中心极限定理和棣莫弗—拉普拉斯中心极限定理。中心极限定理表明大量独立因素共同决定的随机变量服从或近似服从正态分布,而现实生活中由大量独立因素共同决定的随机变量普遍存在,这就从理论上说明了正态分布的重要性和普遍性。

本章学习要点:
- 大数定律;
- 中心极限定理。

5.1 大数定律

概率的公理化定义的客观基础是频率的稳定性,即在 n 次独立重复试验中,事件 A 发生的频率随试验次数的增加而具有稳定性。对于这种稳定性的严格数学意义,大数定律从理论上做了进一步的论证,其反映的是必然性与偶然性之间辩证联系的规律。

本节先介绍切比雪夫(Chebyshev)不等式,然后介绍三个常用的大数定律——切比雪夫大数定律、伯努利大数定律和辛钦大数定律。

5.1.1 切比雪夫不等式

为了证明一系列的大数定律,需要用到切比雪夫不等式,它在概率论中有重要的地位。

引理(切比雪夫不等式) 设随机变量 X 有数学期望 $E(X)$ 和方差 $D(X)$,则对任意的 $\varepsilon > 0$,有不等式

$$P\{|X - E(X)| \geqslant \varepsilon\} \leqslant \frac{D(X)}{\varepsilon^2}$$

这一不等式称为**切比雪夫不等式**。其等价形式为

$$P\{|X-E(X)|<\varepsilon\} \geqslant 1-\frac{D(X)}{\varepsilon^2}$$

下面就 X 为连续型随机变量的情形来证明。

证明 设 X 的概率密度为 $f(x)$，则有

$$P\{|X-E(X)|\geqslant \varepsilon\} = \int_{|x-E(X)|\geqslant \varepsilon} f(x)\mathrm{d}x$$

$$\leqslant \int_{|x-E(X)|\geqslant \varepsilon} \frac{[x-E(X)]^2}{\varepsilon^2} f(x)\mathrm{d}x$$

$$\leqslant \frac{1}{\varepsilon^2} \int_{-\infty}^{+\infty} [x-E(X)]^2 f(x)\mathrm{d}x$$

$$= \frac{D(X)}{\varepsilon^2}$$

请读者自己证明 X 为离散型随机变量的情形。

注 利用切比雪夫不等式可以粗略地估计随机变量 X 取值落在以其期望 $E(X)$ 为中心的某个区间的概率大小。容易看到，方差越小，X 在区间 $[E(X)-\varepsilon, E(X)+\varepsilon]$ 内取值的可能性越大，也就是 X 的取值越集中在 $E(X)$ 附近。

【例 5.1.1】 已知随机变量 X 的期望 $E(X)=14$，方差 $D(X)=12$，试用切比雪夫不等式估计 $P\{10<X<18\}$ 的大小。

解 因为

$$P\{10<X<18\} = P\{10-E(X)<X-E(X)<18-E(X)\}$$
$$= P\{-4<X-14<4\}$$
$$= P\{|X-14|<4\}$$

由切比雪夫不等式得

$$P\{|X-14|<4\} \geqslant 1-\frac{12}{4^2}=0.25$$

即

$$P\{10<X<18\} \geqslant 0.25$$

【例 5.1.2】 已知正常成年男性的每毫升血液中，白细胞数的平均值是 7300，均方差是 700。利用切比雪夫不等式估计每毫升血液中所含白细胞数在 5200～9400 的概率 p。

解 设每毫升血液中所含白细胞数为 X，则 X 是随机变量。由题意可知，$E(X)=7300$，$D(X)=700^2$。由切比雪夫不等式得

$$P\{|X-7300|<\varepsilon\} \geqslant 1-\frac{700^2}{\varepsilon^2}$$

从而

$$p = P\{5200<X<9400\} = P\{|X-7300|<2100\}$$
$$\geqslant 1-\frac{700^2}{2100^2} = 1-\frac{1}{9} = \frac{8}{9}$$

5.1.2 三个常用的大数定律

人们经过长期实践认识到,尽管随机试验的结果在个别试验中是不确定的,但在大量重复试验中却呈现出统计规律性。例如,在大量重复试验时,随机事件的频率具有稳定性,并且,大量随机现象的平均结果一般也具有稳定性。例如,多次测量时,测量值的算术平均值的波动会比较小,并且随着测量次数越多,波动越小。当测量次数充分大时,测量值的算术平均值会稳定下来。

定义 5.1.1 设 $X_1, X_2, \cdots, X_n$ 是一个随机变量序列,如果存在一个常数 a,使得对任意 $\varepsilon > 0$,有 $\lim\limits_{n \to \infty} P\{|X_n - a| < \varepsilon\} = 1$,则称序列 $\{X_n\}$ 依概率收敛于 a,记作 $X_n \xrightarrow{P} a$。即只要 n 充分大时,X_n 的取值将以很大的概率与 a 接近。

依概率收敛的序列还有如下性质。

设 $X_n \xrightarrow{P} a, Y_n \xrightarrow{P} b$,又设函数 $g(x,y)$ 在点 (a,b) 处连续,则 $g(X_n, Y_n) \xrightarrow{P} g(a,b)$。

定理 5.1.1(切比雪夫大数定律) 设 $X_1, X_2, \cdots, X_n$ 为独立的随机变量序列,且存在 $E(X_i) = \mu_i, D(X_i) = \sigma_i^2 \leqslant C (i = 1, 2, \cdots)$,其中 C 为与 n 无关的常数,则对任意的 $\varepsilon > 0$,有

$$\lim_{n \to \infty} P\left\{\left|\frac{1}{n}\sum_{i=1}^{n} X_i - \frac{1}{n}\sum_{i=1}^{n} \mu_i\right| < \varepsilon\right\} = 1$$

证明 记 $X = \frac{1}{n}\sum\limits_{i=1}^{n} X_i$,则 $E(X) = \frac{1}{n}\sum\limits_{i=1}^{n} \mu_i$,注意到 $X_1, X_2, \cdots, X_n$ 相互独立,以及条件 $|D(X_i)| \leqslant C (i = 1, 2, \cdots)$,则 $D(X) = \frac{1}{n^2}\sum\limits_{i=1}^{n} \sigma_i^2 \leqslant \frac{1}{n^2} nC = \frac{1}{n} C$。由切比雪夫不等式得

$$P\left\{\left|\frac{1}{n}\sum_{i=1}^{n} X_i - \frac{1}{n}\sum_{i=1}^{n} \mu_i\right| \geqslant \varepsilon\right\} \leqslant \frac{C}{n\varepsilon^2} \to 0, \quad n \to \infty$$

则有

$$\lim_{n \to \infty} P\left\{\left|\frac{1}{n}\sum_{i=1}^{n} X_i - \frac{1}{n}\sum_{i=1}^{n} \mu_i\right| < \varepsilon\right\} = 1$$

注 切比雪夫大数定律说明,当 n 很大时,方差存在且有共同上界的独立随机变量序列 $\{X_n\}$ 的算术平均值 $\frac{1}{n}\sum\limits_{i=1}^{n} X_i$ 稳定在其数学期望 $\frac{1}{n}\sum\limits_{i=1}^{n} \mu_i$ 的附近。

定理 5.1.2(伯努利大数定律) 设 n_A 是 n 重伯努利试验中事件 A 发生的次数,p 是事件 A 在每次试验中发生的概率,则对任意的 $\varepsilon > 0$,有

$$\lim_{n \to \infty} P\left\{\left|\frac{n_A}{n} - p\right| < \varepsilon\right\} = 1, \quad 即 \quad \frac{n_A}{n} \xrightarrow{P} p$$

证明 记 X_i 表示事件 A 在第 i 次试验中发生的次数 $(i = 1, 2, \cdots, n)$,则 X_i 相互独立且同分布(0-1 分布),即 $X_i = \begin{cases} 1, & A \text{ 发生} \\ 0, & A \text{ 未发生} \end{cases}$。因为 n_A 是 n 次独立重复试验中事件 A 发生的次数,则 $n_A = \sum\limits_{i=1}^{n} X_i$。故 $E(X_i) = p, D(X_i) = p(1-p), E\left(\frac{n_A}{n}\right) = p, D\left(\frac{n_A}{n}\right) = \frac{p(1-p)}{n}$。由切比雪夫不等式有

$$P\left\{\left|\frac{n_A}{n}-p\right|\geqslant\varepsilon\right\}=P\left\{\left|\frac{\sum_{i=1}^{n}X_i}{n}-p\right|\geqslant\varepsilon\right\}\leqslant\frac{p(1-p)}{n\varepsilon^2}$$

则

$$\lim_{n\to\infty}P\left\{\left|\frac{n_A}{n}-p\right|\geqslant\varepsilon\right\}=0$$

从而

$$\lim_{n\to\infty}P\left\{\left|\frac{n_A}{n}-p\right|<\varepsilon\right\}=1$$

注 伯努利大数定律是切比雪夫大数定律的特殊情况。这一定律表明,当 n 充分大时,可用频率代替概率,即找到了确定概率的方法 $p\approx\frac{n_A}{n}$。它以严密的数学形式论证了频率的稳定性。

【例 5.1.3】 掷一颗均匀的骰子,为了至少有 95% 的把握使点数六点朝上的频率与概率 $\frac{1}{6}$ 之差落在 0.01 的范围之内,问:需要掷多少次?

解 设需要掷 n 次,n_A 表示 n 次掷中点数六点朝上的次数。由题设,要使得

$$P\left\{\left|\frac{n_A}{n}-\frac{1}{6}\right|<0.01\right\}\geqslant 0.95$$

即

$$P\left\{\left|\frac{n_A}{n}-\frac{1}{6}\right|\geqslant 0.01\right\}<0.05$$

参照定理 5.1.2 的证明过程,则有

$$P\left\{\left|\frac{n_A}{n}-\frac{1}{6}\right|\geqslant 0.01\right\}\leqslant\frac{\frac{1}{6}\times\left(1-\frac{1}{6}\right)}{n(0.01)^2}=\frac{5}{36\times(0.01)^2 n}$$

故只需取 $\frac{5}{36\times(0.01)^2 n}<0.05$,则 $n>27777.78$。即至少需要掷 27778 次。

本例告诉我们,如果在 100 个房间里掷骰子,每个房间掷骰子 27778 次,则大约有 95 间房内观察到点数六点朝上的频率与概率 $\frac{1}{6}$ 的差会落在 0.01 的范围之内。

定理 5.1.3(辛钦大数定律) 设 $X_1,X_2,\cdots,X_n$ 为独立同分布的随机变量序列,且具有数学期望 $E(X_i)=\mu(i=1,2,\cdots)$,则对任意的 $\varepsilon>0$,有

$$\lim_{n\to\infty}P\left\{\left|\frac{1}{n}\sum_{i=1}^{n}X_i-\mu\right|<\varepsilon\right\}=1, \quad 即 \quad \frac{1}{n}\sum_{i=1}^{n}X_i\xrightarrow{P}\mu$$

证明略。

注 辛钦大数定律不要求随机变量的方差存在,所以又称**弱大数定律**。这一定律为寻找随机变量的数学期望提供了一条实际可行的途径。在实际应用中,利用随机变量的大量观测值的算术平均值来估计随机变量的数学期望有很好的效果。

例如,有一批产品,其寿命 X 是随机变量,其分布未知,需要确定产品的平均寿命 $E(X)$。可从这批产品中随机抽取 n 件产品,测出它们的寿命,当 n 较大时,测出的产品寿命的算术平均值即可用来估计这批产品的平均寿命 $E(X)$。

习题 5.1

1. 设随机变量 X 的数学期望 $E(X)=0$,方差 $D(X)=5$,试利用切比雪夫不等式估计 $P\{|X|<3\}$ 的数值。

2. 设 $X_1,X_2,\cdots,X_{10}$ 相互独立,$E(X_i)=1,D(X_i)=1,i=1,2,\cdots,10$,试利用切比雪夫不等式估计下列概率:

 (1) $P\left\{\left|\sum_{i=1}^{10} X_i - 10\right| \geqslant 10\right\}$ (2) $P\left\{\left|\dfrac{1}{10}\sum_{i=1}^{10} X_i - 1\right| < 1\right\}$

3. 在 200 个新生婴儿中,试利用切比雪夫不等式估计男孩多于 80 个且小于 120 个的概率(假定生男孩和生女孩的概率均为 0.5)。

4. 已知随机变量序列 $\{X_n\}$ 依概率收敛于 2,随机变量序列 $\{Y_n\}$ 依概率收敛于 3,则随机变量序列 $\{2X_n-Y_n\}$ 依概率收敛于多少?

5. 设 n_A 是 n 重伯努利试验中事件 A 发生的次数,p 是事件 A 在每次试验中发生的概率,则对任意的 $\varepsilon>0$,$\lim\limits_{n\to\infty} P\{|n_A-np|\geqslant n\varepsilon\}$ 为多少?

5.2 中心极限定理

在实际问题中,许多随机现象由大量相互独立的随机因素综合影响所形成,其中每一个因素在总的影响中所起的作用是微小的。这类随机变量一般都服从或近似服从正态分布。这种现象就是中心极限定理的客观背景。有关论证随机变量之和的极限分布是正态分布的定理,通常称为**中心极限定理**。

本节将介绍两个常用的中心极限定理——林德伯格—列维中心极限定理和棣莫弗—拉普拉斯中心极限定理。

5.2.1 独立同分布中心极限定理

定义 5.2.1 若随机变量 X 具有数学期望 $E(X)$ 和方差 $D(X)$(方差大于零),则随机变量

$$Y = \frac{X-E(X)}{\sqrt{D(X)}}$$

称为随机变量 X 的**标准化随机变量**。显然随机变量 Y 的数学期望为 0,方差为 1。

定理 5.2.1(林德伯格—列维中心极限定理) 设 $X_1,X_2,\cdots,X_n$ 为独立同分布的随机变量序列,且有数学期望 $E(X_i)=\mu$ 和方差 $D(X_i)=\sigma^2>0$,$i=1,2,\cdots$,则对任意的实数 x,有

$$\lim_{n\to\infty} P\left\{\frac{\sum_{i=1}^{n} X_i - n\mu}{\sqrt{n}\sigma} \leqslant x\right\} = \frac{1}{\sqrt{2\pi}} \int_{-\infty}^{x} e^{-\frac{t^2}{2}} dt = \Phi(x)$$

即
$$\frac{\sum_{i=1}^{n} X_i - n\mu}{\sqrt{n}\sigma} \stackrel{近似}{\sim} N(0,1)$$

证明略。

注 上述定理又称为**独立同分布中心极限定理**。该定理表明，不论 $X_1, X_2, \cdots, X_n$ 原来服从什么分布，只要 $X_1, X_2, \cdots, X_n$ 是独立同分布的随机变量序列，并且具有数学期望和方差（方差大于零），则当 n 充分大时，随机变量 $X_1, X_2, \cdots, X_n$ 的和 $\sum_{i=1}^{n} X_i$ 将近似地服从正态分布，即 $\sum_{i=1}^{n} X_i \stackrel{近似}{\sim} N(n\mu, n\sigma^2)$。与此同时，随机变量 $\sum_{i=1}^{n} X_i$ 的标准化随机变量 $\frac{\sum_{i=1}^{n} X_i - n\mu}{\sqrt{n}\sigma}$ 将近似地服从标准正态分布，即 $\frac{\sum_{i=1}^{n} X_i - n\mu}{\sqrt{n}\sigma} \stackrel{近似}{\sim} N(0,1)$。

【例 5.2.1】 设 $X_i (i=1,2,\cdots,50)$ 是相互独立的随机变量，且它们都服从参数为 $\lambda = 0.03$ 的泊松分布，记 $Z = X_1 + X_2 + \cdots + X_{50}$，试用中心极限定理计算 $P\{Z \geqslant 3\}$。

解 由题意可知，$\mu = E(X_i) = \lambda = 0.03, \sigma^2 = D(X_i) = \lambda = 0.03, n = 50$，则由定理 5.2.1 可得

$$\frac{Z - 50 \times 0.03}{\sqrt{50 \times 0.03}} \stackrel{近似}{\sim} N(0,1)$$

故

$$P\{Z \geqslant 3\} = P\left\{\frac{Z - 50 \times 0.03}{\sqrt{50 \times 0.03}} \geqslant \frac{3 - 50 \times 0.03}{\sqrt{50 \times 0.03}}\right\}$$

$$\approx 1 - \Phi\left(\frac{3 - 50 \times 0.03}{\sqrt{50 \times 0.03}}\right) = 1 - \Phi(\sqrt{1.5})$$

$$= 1 - \Phi(1.225) = 1 - 0.8897 = 0.1103$$

5.2.2 二项分布中心极限定理

定理 5.2.2（棣莫弗—拉普拉斯中心极限定理） 设随机变量 $X \sim B(n,p)$，则对任意的实数 x，有

$$\lim_{n \to \infty} P\left\{\frac{X - np}{\sqrt{np(1-p)}} \leqslant x\right\} = \frac{1}{\sqrt{2\pi}} \int_{-\infty}^{x} e^{-\frac{t^2}{2}} dt = \Phi(x)$$

即
$$\frac{X - np}{\sqrt{np(1-p)}} \stackrel{近似}{\sim} N(0,1)$$

证明 将 X 分解成 n 个相互独立，并且具有相同分布(0-1分布)的随机变量 $X_1, X_2, \cdots, X_n$ 之和，即 $X = \sum_{i=1}^{n} X_i$。其中 $X_i (i=1,2,\cdots,n)$ 的分布律为

$$P\{X_i = k\} = p^k (1-p)^{1-k}, \quad k = 0, 1$$

由于 $E(X_i)=p, D(X_i)=p(1-p)(i=1,2,\cdots,n)$，则 $E(X)=np, D(X)=np(1-p)$。
则由独立同分布中心极限定理，可得

$$\lim_{n\to\infty} P\left\{\frac{X-np}{\sqrt{np(1-p)}} \leqslant x\right\} = \lim_{n\to\infty} P\left\{\frac{\sum_{i=1}^{n}X_i - np}{\sqrt{np(1-p)}} \leqslant x\right\}$$

$$= \frac{1}{\sqrt{2\pi}}\int_{-\infty}^{x} e^{-\frac{t^2}{2}} dt = \Phi(x)$$

注 上述定理又称为**二项分布中心极限定理**。该定理表明，二项分布收敛于正态分布。它有助于我们计算出二项分布随机变量 X 落入某个范围内的概率的近似值。由上述定理可得

$$P\{a < X < b\} = P\left\{\frac{a-np}{\sqrt{np(1-p)}} < \frac{X-np}{\sqrt{np(1-p)}} < \frac{b-np}{\sqrt{np(1-p)}}\right\}$$

$$\approx \Phi\left(\frac{b-np}{\sqrt{np(1-p)}}\right) - \Phi\left(\frac{a-np}{\sqrt{np(1-p)}}\right)$$

实践证明，这一近似对于当 $n>10$ 时，只要 p 接近 $\frac{1}{2}$ 是有效的，而如果 p 接近 0 或 1，则 n 应稍大一些，以便保证良好的近似效果。

【例 5.2.2】 设对目标独立发射 400 发炮弹，单发命中率等于 0.2，试求命中 70～100 发炮弹的概率。

解 设 X 为 400 发炮弹中命中的炮弹数量，则 $X \sim B(400, 0.2)$。则由二项分布中心极限定理，可得

$$X \overset{近似}{\sim} N(400\times 0.2, 400\times 0.2\times 0.8)$$

则

$$\frac{X-80}{8} \overset{近似}{\sim} N(0,1)$$

故

$$P\{70 < X < 100\} = P\left\{\frac{70-80}{8} < \frac{X-80}{8} < \frac{100-80}{8}\right\}$$

$$\approx \Phi(2.5) - \Phi(-1.25)$$

$$= \Phi(2.5) + \Phi(1.25) - 1 \approx 0.89$$

习题 5.2

1. 某工厂用机器包装食盐，每袋净重（单位：千克）为随机变量，期望值为 100，标准差为 10，一箱内装 100 袋食盐，求一箱食盐净重大于 10.2 的概率。

2. 根据以往经验，某种电子元件的寿命（单位：小时）服从均值为 100 的指数分布。现随机抽取 16 只电子元件，设它们的寿命相互独立，求这 16 只电子元件的寿命总和大于 1920 的概率。

3. 有一批建筑房屋所用的木柱，其中 80% 的长度（单位：米）不小于 3。现在从这批木柱中随机抽取 100 根，求其中至少有 30 根短于 3 的概率。

4. 某微机系统有 200 个终端，每个终端有 10% 的时间在使用。若各终端使用与否是相

互独立的,试求有不多于 50 个终端在使用的概率。

5. 某高校有大二学生 5000 人,在某段时间内,若每个学生想借《概率论与数理统计》这本书的概率均为 0.1。试估计图书馆至少应准备多少本这样的书,才能以 97.7% 的概率保证满足学生的借书需要。

6. 假设一条自动生产线生产的产品合格率为 0.8,要使一批产品的合格率在 76%～84% 的概率不小于 90%,则这批产品至少要生产多少件?

7. 假设某种型号的螺钉的质量(单位:千克)是随机变量,其数学期望为 50,标准差是 5,则 100 个螺钉一袋的质量超过 5.1 的概率是多少?

实 际 案 例

超市促销及收银问题　某市爱琴海购物公园举办元旦有奖促销活动,顾客购满 50 元商品便可获得兑奖券一张,多购多得。在 1 万张奖券中开出一等奖 1 个、二等奖 10 个、三等奖 100 个、鼓励奖 1000 个(奖项能兼得),试问:

(1) 顾客购买了 3000 元的商品,至少获得 3 个奖的概率是多少?

(2) 顾客需购满多少元商品,其获得二等奖以上的概率才可达到 95%?

假设当天收银台为每位顾客服务的时间(单位:分钟)是相互独立的随机变量,且服从相同的分布,期望为 1.5,方差为 1。

(3) 求对 100 位顾客的总服务时间不超过 2 小时的概率。

(4) 若总服务时间不超过 1 小时的概率大于 0.95,问至少能服务多少位顾客?

解

(1) 记 $X_i = \begin{cases} 1, & \text{第 } i \text{ 张奖券获奖} \\ 0, & \text{第 } i \text{ 张奖券未获奖} \end{cases}$,则 $P\{X_i = 1\} = 0.1111$。记 $X = \sum_{i=1}^{60} X_i$,则

$$X \sim b(60, 0.1111)$$

故根据二项分布中心极限定理,可得

$$X \overset{\text{近似}}{\sim} N(6.666, 5.925)$$

则

$$\frac{X - 6.666}{\sqrt{5.925}} \overset{\text{近似}}{\sim} N(0, 1)$$

从而

$$P\{X \geq 3\} = 1 - P\{X < 3\} = 1 - P\left\{\frac{X - 6.666}{\sqrt{5.925}} < \frac{3 - 6.666}{\sqrt{5.925}}\right\} \approx \Phi\left(\frac{3.666}{\sqrt{5.925}}\right) \approx 0.94$$

这说明若顾客购买 3000 元商品,获得 3 个奖的概率是非常大的。

(2) 记 $Y_i = \begin{cases} 1, & \text{第 } i \text{ 张奖券获二等奖以上} \\ 0, & \text{第 } i \text{ 张奖券未获二等奖以上} \end{cases}$,可得 $P\{Y_i = 1\} = 0.0011$。记 $Y = \sum_{i=1}^{n} Y_i$,则

$$Y \sim b(n, 0.0011)$$

故根据二项分布中心极限定理,可得

$$Y \stackrel{\text{近似}}{\sim} N(0.0011n, 0.0011n)$$

则

$$\frac{Y - 0.0011n}{\sqrt{0.0011n}} \stackrel{\text{近似}}{\sim} N(0,1)$$

从而

$$P\{Y \geqslant 1\} = 1 - P\{Y < 1\} = 1 - P\left\{\frac{Y - 0.0011n}{\sqrt{0.0011n}} < \frac{1 - 0.0011n}{\sqrt{0.0011n}}\right\}$$

$$\approx 1 - \Phi\left(\frac{1 - 0.0011n}{\sqrt{0.0011n}}\right) = \Phi\left(\frac{0.0011n - 1}{\sqrt{0.0011n}}\right) = 0.95$$

查附表 1 得 $\frac{0.0011n - 1}{\sqrt{0.0011n}} = 1.645$,解得 $n = 4072.6$,即须购满 $4073 \times 50 = 203650$(元)商品。

这说明顾客须购买至少 203650 元的商品,才能以大概率获得二等奖以上的奖品。这是个非常大的消费数目,顾客需理性消费。

(3) 设 $X_i (i = 1, 2, \cdots, 100)$ 表示对第 i 位顾客的服务时间。依题意,$X_1, X_2, \cdots, X_{100}$ 独立同分布,且 $\mu = E(X_i) = 1.5, \sigma^2 = D(X_i) = 1, i = 1, 2, \cdots, 100$,由独立同分布中心极限定理可得

$$\sum_{i=1}^{100} X_i \stackrel{\text{近似}}{\sim} N(100 \times 1.5, 100 \times 1)$$

则

$$\frac{\sum_{i=1}^{100} X_i - 150}{10} \stackrel{\text{近似}}{\sim} N(0,1)$$

从而

$$P\left\{\sum_{i=1}^{100} X_i \leqslant 120\right\} = P\left\{\frac{\sum_{i=1}^{100} X_i - 150}{10} \leqslant \frac{120 - 150}{10}\right\}$$

$$\approx \Phi(-3) = 1 - \Phi(3) \approx 0.0013$$

这说明为 100 位顾客服务的总时间至少要 2 小时,因此商场需合理安排适量的收银柜台以便为顾客服务而不致造成收银拥堵。

(4) 设 1 小时内能对 m 位顾客服务,并设 $X_i (i = 1, 2, \cdots, m)$ 表示对第 i 位顾客的服务时间。由题设,需确定最大的 m,使得 $P\left\{\sum_{i=1}^{m} X_i \leqslant 60\right\} > 0.95$。根据独立同分布中心极限定理,可得

$$\sum_{i=1}^{m} X_i \stackrel{\text{近似}}{\sim} N(m \times 1.5, m \times 1)$$

则

$$\frac{\sum_{i=1}^{m} X_i - 1.5m}{\sqrt{m}} \stackrel{\text{近似}}{\sim} N(0,1)$$

从而

$$P\left\{\sum_{i=1}^{m}X_i \leqslant 60\right\} = P\left\{\frac{\sum_{i=1}^{m}X_i - 1.5m}{\sqrt{m}} \leqslant \frac{60 - 1.5m}{\sqrt{m}}\right\}$$

$$\approx \Phi\left(\frac{60 - 1.5m}{\sqrt{m}}\right) > 0.95 = \Phi(1.645)$$

则 $\frac{60 - 1.5m}{\sqrt{m}} > 1.645$，得 $m < 33.64$。由于 m 为正整数，所以取 $m = 33$，即最多只能为 33 位顾客服务，才能使总的服务时间不超过 1 小时的概率大于 0.95。

考研题精选

1. 设随机变量 X 的概率密度为偶函数，$D(X) = 1$。若已知用切比雪夫不等式估计得 $P\{|X| < \varepsilon\} \geqslant 0.96$，则常数 $\varepsilon = \underline{\qquad}$。

2. 设 $X \sim N(0, 4^2)$，$Y \sim N(2, 5^2)$，且 X, Y 独立。用切比雪夫不等式估计 $P\{|X + Y - 2| < 10\} \geqslant \underline{\qquad}$。

3. 设随机变量序列 $X_1, X_2, \cdots, X_n$ 独立同分布，且 $E(X_i) = 0, i = 1, 2, \cdots$，则 $\lim_{n \to \infty} P\left\{\sum_{i=1}^{n} X_i < n\right\}$ 为（　　）。

   A. 0　　　　　　B. 1　　　　　　C. $\frac{1}{2}$　　　　　　D. $\frac{1}{3}$

4. 设随机变量序列 $X_1, X_2, \cdots, X_n$ 相互独立且都服从参数为 $\lambda > 0$ 的指数分布，则对任意的 $x \in (-\infty, +\infty)$，有（　　）。

   A. $\lim_{n \to \infty} P\left\{\frac{\sum_{k=1}^{n} X_k - n\lambda}{\sqrt{n\lambda}} \leqslant x\right\} = \frac{1}{\sqrt{2\pi}} \int_{-\infty}^{x} e^{-\frac{t^2}{2}} dt$

   B. $\lim_{n \to \infty} P\left\{\frac{\sum_{k=1}^{n} X_k - \lambda}{\sqrt{n\lambda}} \leqslant x\right\} = \frac{1}{\sqrt{2\pi}} \int_{-\infty}^{x} e^{-\frac{t^2}{2}} dt$

   C. $\lim_{n \to \infty} P\left\{\frac{\sum_{k=1}^{n} X_k - n\lambda}{\frac{\sqrt{n}}{\lambda}} \leqslant x\right\} = \frac{1}{\sqrt{2\pi}} \int_{-\infty}^{x} e^{-\frac{t^2}{2}} dt$

   D. $\lim_{n \to \infty} P\left\{\frac{\lambda \sum_{k=1}^{n} X_k - n}{\sqrt{n}} \leqslant x\right\} = \frac{1}{\sqrt{2\pi}} \int_{-\infty}^{x} e^{-\frac{t^2}{2}} dt$

5. 计算机在进行加法运算时，对每个加数取整。设所有的取整误差相互独立，且都服

从 $\left(-\frac{1}{2}, \frac{1}{2}\right)$ 上的均匀分布,问:多少个数加在一起使得误差绝对值小于 10 的概率为 0.9。

6. 一个系统由 100 个独立的元件构成,在系统工作期间,每个元件的故障率为 10%,至少需要 84 个元件正常工作系统才能正常运行。试求:

(1) 系统的可靠率;

(2) 若系统由 n 个元件组成,至少需要 80% 的元件正常工作系统才能正常运行,n 至少取多少才能保证系统正常运行的概率不低于 95%。

7. 一生产线生产成箱包装产品,设每箱平均质量(单位:千克)为 50,标准差为 5。如果用最大载重为 5 吨的卡车装运,用中心极限定理计算每车最多装多少箱,可以保证卡车不超重的概率大于 0.977。

自 测 题

一、填空题(每题 5 分,共 20 分)

1. 设随机变量 X 的方差为 2,根据切比雪夫不等式,可得 $P\{|X-E(X)|\geqslant 2\}\leqslant$ _____。

2. 设 X,Y 为两个随机变量,$E(X)=-2,E(Y)=3$,又 $D(X)=9,D(Y)=16$ 且 $\rho_{xy}=-\frac{1}{2}$,则出切比雪夫不等式得 $P\{|X+Y-1|\leqslant 10\}\geqslant$ _____。

3. 设随机变量 $X\sim B(100,0.1)$,根据棣莫弗—拉普拉斯中心极限定理,估计 $P\{X<16\}\approx$ _____。

4. 设随机变量序列 $X_1,X_2,\cdots,X_n$ 相互独立且都服从参数为 1 的泊松分布,则当 $n\to\infty$ 时,$\frac{1}{n}\sum_{i=1}^{n}X_i(X_i-1)$ 依概率收敛于 _____。

二、选择题(每题 5 分,共 20 分)

1. 设随机变量 $X_i\sim B(i,0.1)(i=1,2,\cdots,15)$,且 $X_1,X_2,\cdots,X_{15}$ 相互独立,则由切比雪夫不等式,可得 $P\left\{8<\sum_{i=1}^{15}X_i<16\right\}$( )。

    A. $\geqslant 0.325$ B. $\leqslant 0.325$ C. $\geqslant 0.675$ D. $\leqslant 0.675$

2. 设 $X\sim \pi(2)$,由切比雪夫不等式,有( )。

    A. $P\{|X-2|<2\}\leqslant \frac{1}{2}, P\{|X-2|\geqslant 2\}\leqslant \frac{1}{2}$

    B. $P\{|X-2|<2\}\geqslant \frac{1}{2}, P\{|X-2|\geqslant 2\}\geqslant \frac{1}{2}$

    C. $P\{|X-2|<2\}\leqslant \frac{1}{2}, P\{|X-2|\geqslant 2\}\geqslant \frac{1}{2}$

    D. $P\{|X-2|<2\}\geqslant \frac{1}{2}, P\{|X-2|\geqslant 2\}\leqslant \frac{1}{2}$

3. 设 $X_1,X_2,\cdots,X_n$ 为相互独立的随机变量序列,由辛钦大数定律,当 $n\to\infty$ 时,

$\frac{1}{n}\sum_{i=1}^{n}X_i$ 依概率收敛于其数学期望,只要 $X_1, X_2, \cdots, X_n$ ( )。

  A. 同服从于指数分布   B. 具有相同的数学期望

  C. 同服从于同一离散型分布   D. 同服从于同一连续型分布

 4. 设随机变量 $X_1, X_2, \cdots, X_{32}$ 相互独立同分布,且 $X_i \sim E(2)$ $(i=1,2,\cdots,32)$,记 $X = \sum_{i=1}^{32} X_i$,$p_1 = P\{X < 16\}$,$p_2 = P\{X > 12\}$,则有( )。

  A. $p_1 = p_2$ B. $p_1 < p_2$

  C. $p_1 > p_2$ D. p_1, p_2 的大小不能确定

三、解答题(每题 12 分,共 60 分)

1. 将一枚均匀硬币重复掷 800 次,用切比雪夫不等式估计正面(有字的一面)朝上的次数为 350～450 的概率。

2. 设供电站有 100 盏电灯,夜晚每盏灯开灯的概率皆为 0.8。假设每盏灯开关是相互独立的,用切比雪夫不等式估计夜晚开灯盏数在 75～85 盏的概率。

3. 设 $X_1, X_2, \cdots, X_n$ 为独立的随机变量序列,且都服从参数为 2 的指数分布,则当 $n \to \infty$ 时,$\frac{1}{n}\sum_{i=1}^{n} X_i^2$ 依概率收敛于多少?

4. 现有一批产品,其中次品占 $\frac{1}{10}$。任取 10000 件,在这些产品中,次品所占比例与 $\frac{1}{10}$ 之差的绝对值小于 1% 的概率是多少?

5. 某车间有 200 台车床可独立地工作,但因换料、维修等原因,每台车床的开工率均为 0.6,开工时耗电各为 1 度。供电所至少要供给这个车间多少度电,才能以至少 99.9% 的概率保证这个车间不会因供电不足而影响生产?

第二部分 数理统计

现在进入本书的第二部分,即数理统计部分,它是以概率论的理论为基础结合随机试验观察得到的数据来研究随机现象统计规律的一个数学分支。在概率论部分的引言中提出随机现象的规律是统计规律,此部分正是从随机试验出发,通过对随机样本的研究推断总体的统计规律。

本部分第 6 章介绍数理统计的基本概念、三大统计量及其抽样分布,以及正态总体均值与方差的分布,并为后续的学习做准备。第 7 章介绍参数估计,即在总体分布的类型已知,仅其中一个或若干参数值未知时,通过抽样对参数值进行估计。参数估计分为点估计与区间估计两大类。点估计的关键在于寻求合适的估计量,通用估计量的观察值估计待估参数。根据估计量构建方法不同,点估计又分为矩估计与最大似然估计。矩估计是基于大数定律的理论,即以样本矩代替对应的同阶总体矩。最大似然估计的原则是:若一个事件已经发生,则认为它发生的可能性最大,在此原则下,需要构造似然函数,以其取得最大值对应的参数作为其最大似然估计。区间估计是在点估计的基础上,通过构造适当的统计量,称为枢轴量,得到由枢轴量转化构成的区间,使得真值落在此区间的概率是一个接近 1 的值(置信度)。区间估计包含双侧置信区间与单侧置信区间两大类。第 8 章介绍假设检验,仅介绍参数的显著性检验。它的原则是小概率事件被认为不发生,可以看作"概率意义的反证法",即先给出一个关于参数的假设,在此假设下,通过检验统计量及其分布,求出样本值取值的概率,若它是小概率(对应显著性水平)事件,则拒绝原假设,反之接受原假设。

需要强调的是,在数理统计部分,因为样本的随机性,所以它与其他研究确定性现象的数学学科有较大的不同,重点表现在以下两点。

第一,数理统计研究的规律是"统计规律"。统计规律表现了这些偶然事件整体的和必然的联系,而个别事件的特征和偶然联系退居次要地位。其特点是样本容量越大,试验的次数越多,其规律就越明显,反之规律就越不明显。所以,不能因为某一次或少数几次数据的偏差而否定推断的合理性。

第二,因为样本的随机性,推断出的结论允许发生少量错误。这里的研究不是为了避免犯所有错误,而是用概率论的知识作为基础,用数理统计的方法做出尽量接近总体的判断,并对判断的可靠性进行定量研究。

总之,要学好数理统计部分,首先要有概率论的基础知识,例如分析抽样分布需要用到概率论中随机变量函数的分布的研究方法;然后要清楚并理解数理统计研究问题的总方法与总原则;最后对第 6 章介绍的三大分布需要熟练应用,它贯穿于此部分的始终。

第 6 章

样本及抽样分布

随着我国医疗保险事业的迅速发展,医疗保险的覆盖面不断扩大,一方面,越来越多有需求的人从医疗保险中得到了帮助;另一方面,也出现了越来越多的医疗保险欺诈行为。为了识别医疗保险欺诈行为,保险公司将单张处方费用是否是异常作为判断其是否医疗保险欺诈的重要参考依据。问题是保险公司不可能将所有的单张处方费用都拿来研究,因为数据量太大。这个问题涉及数理统计中的"统计推断"。在统计推断中,需要抽取一部分处方费用作为样本来研究。如何抽样才是合理的?如何收集、整理和分析抽样数据,从抽样数据中获得研究需要的信息?本章将给出回答。

不同于概率论,数理统计所研究的随机变量往往是未知的,它研究怎样以有效的方式收集、整理和分析带有随机性的数据,以便对所考查的问题做出正确的推断和预测,为采取正确的决策和行动提供依据与建议。数理统计不同于一般的统计资料,它更侧重于应用随机现象本身的规律性进行资料的收集、整理和分析。在具体的分析之前,清楚数理统计的基本概念,如总体、样本、样本值、统计量及抽样分布等,并且清楚统计量及其抽样分布,这是做出正确统计推断的前提条件。本章主要介绍数理统计的基础知识,并为后续的第 7、8 章的学习做准备。

本章学习要点:
- 随机样本;
- 抽样分布。

6.1 随机样本

在数理统计部分的学习中,首先要清楚总体、样本、样本值这三个概念,并厘清它们之间的关系。因为它们是数理统计最基本的概念。

首先针对所研究的对象进行随机试验,试验的目的是得到研究对象的某一项或几项数量指标,我们将此数量指标所有可能的观察值称为**总体**。其中的每一个可能的观察值称为**个体**。

例如,我们为了得到某计算机厂生产的某一批共 10000 台计算机的合格率指标,需要推断它们的使用寿命,那么就要通过做试验才能得出结论。如果每台计算机都进行试验,为得到所有这 10000 台计算机的使用寿命,可取到 10000 个观察值,这些观察值的全体就是一个总体,它是一个有限总体,其中每一个可能观察值就称为个体。

注 总体是研究对象的某一项或几项"数量指标",这和研究的目的有关系。比如上面的例子,总体是"某厂某批计算机的寿命",而不是"某厂某一批计算机"。我们也不能把计算机的其他不相干的数量指标,如质量、体积等数据加进去。既然是研究它们的寿命,那么这10000台计算机寿命的所有可能的观察数据就是总体。

因为总体中的每一个个体是随机试验的一个观察值,在随机试验中,它取的每一个值或取值区间都有对应的概率,所以总体对应一个随机变量,从而总体是有分布的,例如寿命的分布往往是指数分布。在后面章节中我们不区分总体与其对应的随机变量,一般都用随机变量表示总体,有时也用其分布作为总体。

怎么来研究总体呢?有一种方法是将所有的数据测定出来,这种方法在大部分情况下是不现实的,或者是不可能的。因为总体对应的数量指标往往十分庞大,甚至可能是无限的。比如测量南昌市青山湖的任意一点的深度,它所有可能的取值数据是无限的,是一个无限总体;或者为了获得这些数据的代价太大,比如工厂生产的产品的寿命。既然这样,就需要用数理统计的方法,对总体进行随机抽样,即抽取其中一小部分个体——随机样本来研究。

这样必然会产生一种不确定性。比如上面测定计算机寿命的例子,在抽取样本的过程中,抽取到的寿命不合格的产品的比例会随着不同时间、不同人做的试验而不同,那么得到的结论一般来说就会有差异。正因为样本取法的随机性,所以就需要利用概率论的知识对样本进行分析,得到关于总体的推断。

注 这里的"不确定性"单指试验的随机性导致的不确定性,若因为对总体的无知造成的"不确定性",则不是由随机性造成的,在客观上它是"确定"的。

下面是简单随机样本的定义。

定义 6.1.1 设 X 是具有分布函数 $F(x)$ 的随机变量,若 $X_1,X_2,\cdots,X_n$ 是相互独立且具有与 X 有同一分布函数 $F(x)$ 的随机变量,则称 $X_1,X_2,\cdots,X_n$ 为从总体 X 得到的**容量为 n 的简单随机样本**,简称**样本**,它们的观察值 $x_1,x_2,\cdots,x_n$ 称为**样本值**。

在下面章节中的样本如不做特别说明,"样本"均指"简单随机样本"。

样本是由若干个体依照顺序组成的,一个样本中的个体一般不单独拿出来研究,往往将样本视为一个整体,所以 $X_1,X_2,\cdots,X_n$ 称为"一个"样本,可以将它对应一个 n 维随机向量 $(X_1,X_2,\cdots,X_n)$。

注 "样本"与"样本值"的概念不同,样本 $X_1,X_2,\cdots,X_n$ 是 n 维随机变量,而样本值 $x_1,x_2,\cdots,x_n$ 是对应随机变量取的值。样本值不再是随机变量。

总体、样本与样本值这三个概念之间的关系是:总体可以看成一个概率分布,其中含有未知的信息。通过随机试验抽样后,实际得到的是具体的样本值,而样本是总体引出的对应样本值抽象出的随机变量。因为总体的分布可以决定样本的分布,所以样本取到样本值是有规律的。通过对样本进行理论分析,就可以找出这个规律。换句话说,通过"样本"这个桥梁,可以把"总体"与"样本值"联系起来,如果没有针对样本的理论分析,样本值对总体的推断就不能成为一门科学,而成了经验主义;如果仅有对样本的分析,没有具体的试验出的样本值,那么统计推断就不能最终实现。

在具体的抽样中,分为"放回抽样"与"不放回抽样"两大类。在放回抽样中抽取的每一个个体之间都是相互独立的,即 $X_1,X_2,\cdots,X_n$ 相互独立,且均与总体同分布,所以 $X_1,X_2,\cdots,X_n$ 是简单随机样本;而在不放回抽样中抽取的个体会受到前面抽取的个体影响,

所以 $X_1, X_2, \cdots, X_n$ 不是简单随机样本。在总体数目很大而样本容量相对较小时,不放回抽样可以近似地看成放回抽样,此时 $X_1, X_2, \cdots, X_n$ 也可近似地看成简单随机样本。

习题 6.1

1. 举一个总体、样本与样本值的实际例子。

2. 用测温仪对一物体的温度测量 5 次,其结果为 $1250, 1265, 1245, 1260, 1275$(单位:℃),分别求统计量 $\overline{X}, S^2$ 和 S 的观察值 $\overline{x}, s^2$ 和 s。

3. 设总体 X 在区间 $(-1, 1)$ 上服从均匀分布,从该总体抽取容量为 100 的简单随机样本 $X_1, X_2, \cdots, X_{100}$,求 $E(\overline{X}), D(\overline{X}), E(S^2)$。

4. 从正态总体 $N(3.4, 6^2)$ 中抽取容量为 n 的简单随机样本,如果要求其样本均值位于区间 $(1.4, 5.4)$ 内的概率不小于 0.95,问:样本容量至少应取多大?

5. 设总体 $X \sim N(2, 0.5^2)$,$X_1, \cdots, X_9$ 为来自总体 X 的一个样本,求:(1) $P\{1.5 < X < 3.5\}$;(2) $P\{1.5 < \overline{X} < 3.5\}$。

6.2 抽样分布

6.2.1 统计量的概念

在统计推断问题中,样本只是原始数据,因此无法直接得到总体的规律。为了推断总体,我们需要对样本进行理论研究,那么,首先需要对样本进行数学上的"加工",即构造样本的各种函数。

举一个简单的例子,为了清楚南昌航空大学某学期所有学习"概率论与数理统计"的学生的期末考试情况,学校随机地抽取 50 位学生,得到一个容量为 50 的成绩样本 $X_1, X_2, \cdots, X_{50}$,取其样本均值 $\overline{X} = \dfrac{1}{50} \sum\limits_{i=1}^{50} X_i$ 作为对总体的数学期望 μ 的估计。那么这里的样本均值 $\overline{X}$ 就是对样本 $X_1, X_2, \cdots, X_{50}$ 设定的一个函数,即下面将提出的"统计量"的概念。

定义 6.2.1 设 $X_1, X_2, \cdots, X_n$ 是来自总体 X 的一个样本,$g(X_1, X_2, \cdots, X_n)$ 是样本 $X_1, X_2, \cdots, X_n$ 的函数,若函数 $g(X_1, X_2, \cdots, X_n)$ 中不含任何未知参数,则称 $g(X_1, X_2, \cdots, X_n)$ 是一个**统计量**。

注 统计量不能含有任何未知的参数。因为统计量的作用是用来推断总体的,当我们将样本观察值 $x_1, x_2, \cdots, x_n$ 分别代入样本 $X_1, X_2, \cdots, X_n$ 时,就能求出统计量的具体值。若 $g(X_1, X_2, \cdots, X_n)$ 含有未知参数,那么推断总体这件事就无从谈起。

从定义上看,任意一个 $X_1, X_2, \cdots, X_n$ 的不含任何未知参数的函数都可以称为统计量。用不同的统计量研究总体,偏差有大有小,效果有好有坏。如何选择合适的统计量并评价统计量的好坏将是后面章节研究的内容。

下面介绍几种常见的统计量。

样本均值:
$$\overline{X} = \frac{1}{n} \sum_{i=1}^{n} X_i$$

样本方差：
$$S^2 = \frac{1}{n-1}\sum_{i=1}^{n}(X_i - \overline{X})^2$$

样本标准差：
$$S = \sqrt{\frac{1}{n-1}\sum_{i=1}^{n}(X_i - \overline{X})^2}$$

样本 k 阶原点矩：
$$A_k = \frac{1}{n}\sum_{i=1}^{n}X_i^k, \quad k=1,2,3,\cdots$$

样本 k 阶中心矩：
$$B_k = \frac{1}{n}\sum_{i=1}^{n}(X_i - \overline{X})^k, \quad k=2,3,\cdots$$

对应的样本值分别如下。

样本均值：
$$\bar{x} = \frac{1}{n}\sum_{i=1}^{n}x_i$$

样本方差：
$$s^2 = \frac{1}{n-1}\sum_{i=1}^{n}(x_i - \bar{x})^2$$

样本标准差：
$$s = \sqrt{\frac{1}{n-1}\sum_{i=1}^{n}(x_i - \bar{x})^2}$$

样本 k 阶原点矩：
$$a_k = \frac{1}{n}\sum_{i=1}^{n}x_i^k, \quad k=1,2,3,\cdots$$

样本 k 阶中心矩：
$$b_k = \frac{1}{n}\sum_{i=1}^{n}(x_i - \bar{x})^k, \quad k=2,3,\cdots$$

其对应的名称不变。

对照第 4 章可以发现，总体也有对应的各种矩：样本均值 $\overline{X}$ 对应总体均值 μ，样本方差 S^2 对应总体方差 σ^2，样本 k 阶原点矩 A_k 对应总体 k 阶原点矩 $E(X^k)$，样本 k 阶中心矩 B_k 对应总体 k 阶中心矩 $E\{[X-E(x)]^k\}$。注意，它们是不同的概念，主要区别是它们针对的对象不同。

统计量是 n 维随机变量 $X_1, X_2, \cdots, X_n$ 的函数。由第 3 章可知，在 $X_1, X_2, \cdots, X_n$ 相互独立的前提下，若知道每一个随机变量 $X_i (i=1,2,\cdots,n)$ 的分布，则其函数的分布就能确定。

在使用统计量进行统计推断时常常需要清楚它的分布。统计量的分布称为**抽样分布**。当总体的分布已知时，理论上抽样分布是确定的。然而一般来说，确定统计量的分布是困难的。本节介绍来自正态总体的几个常用统计量及其分布。这些分布是后面参数估计与假设检验的基础。

6.2.2 几个重要的抽样分布

1. χ^2 分布

若 $X_1, X_2, \cdots, X_n$ 是来自总体 $N(0,1)$ 的样本，则称统计量
$$\chi^2 = X_1^2 + X_2^2 + \cdots + X_n^2$$
服从**自由度为 n 的 $\chi^2(n)$ 分布**，记为 $\chi^2 \sim \chi^2(n)$。

这里的"自由度"指的是样本中独立变量的个数。n 是 χ^2 分布唯一的参数。

$\chi^2(n)$ 分布的概率密度是 $f(y)=\begin{cases}\dfrac{1}{2^{\frac{n}{2}}\Gamma\left(\dfrac{n}{2}\right)}y^{\frac{n}{2}-1}\mathrm{e}^{-\frac{y}{2}}, & y\geqslant 0 \\ 0, & y<0\end{cases}$

从图 6-1 所示图像可以看到，χ^2 分布概率密度函数图像的特点是：它在第一象限，y 轴是它的一个水平渐近线，图 6-1 展示的是 n 分别为 1、4、6、11 时 $f(y)$ 对应的图形。

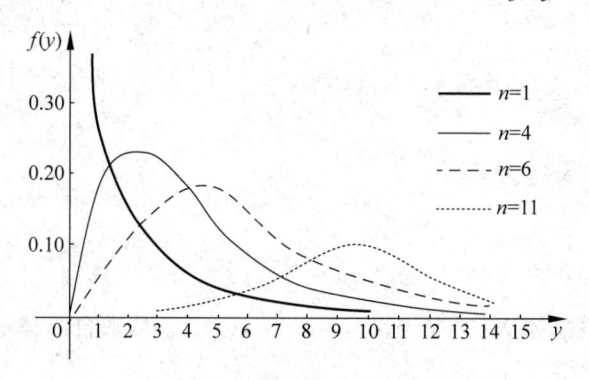

图 6-1 χ^2 分布概率密度

上面的概率密度十分复杂，用它来计算概率十分不便。类似第 2.3 节标准正态分布上 α 分位点的定义，这里给出 χ^2 分布的上 α 分位点的定义：对于给定的 α，$0<\alpha<1$，称满足 $P\{\chi^2>\chi_\alpha^2(n)\}=\alpha$ 的点 $\chi_\alpha^2(n)$ 为 $\chi^2(n)$ 分布的**上 α 分位点**，如图 6-2 所示。

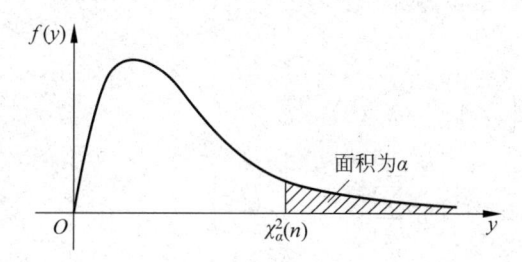

图 6-2 χ^2 分布分位点

χ^2 分布的可加性：若 $\chi_1^2\sim\chi^2(n_1)$，$\chi_2^2\sim\chi^2(n_2)$，且两者相互独立，则 $\chi_1^2+\chi_2^2\sim\chi^2(n_1+n_2)$。

证明 $\chi_1^2\sim\chi^2(n_1)$，$\chi_2^2\sim\chi^2(n_2)$，因此 χ_1^2 可看成 n_1 个相互独立的符合标准正态分布的随机变量的平方和，即 $\chi_1^2=X_1^2+\cdots+X_{n_1}^2$，其中 $X_i\sim N(0,1)$，$i=1,\cdots,n_1$；同样地，χ_2^2 可看成 n_2 个相互独立的符合标准正态分布的随机变量的平方和，即 $\chi_2^2=X_{n_1+1}^2+\cdots+X_{n_1+n_2}^2$，其中 $X_i\sim N(0,1)$，$i=n_1+1,\cdots,n_1+n_2$；且两组随机变量之间相互独立，故 $\chi_1^2+\chi_2^2=\sum_{i=1}^{n_1+n_2}X_i^2$，其中 $X_i\sim N(0,1)$，$i=1,2,\cdots,n_1+n_2$。根据 χ^2 分布的定义，可得 $\chi_1^2+\chi_2^2\sim\chi^2(n_1+n_2)$。

χ^2 分布的数学期望与方差：若 $\chi^2\sim\chi^2(n)$，则 $E(\chi^2)=n$，$D(\chi^2)=2n$。

证明 因为 $\chi^2=X_1^2+\cdots+X_n^2$，其中 $X_i\sim N(0,1)$，$E(X_i)=0$，$D(X_i)=1$，$i=1,\cdots,n$。

$$E(X_i^2)=D(X_i)+[E(X_i)]^2=1+0=1$$

$$D(X_i^2) = E(X_i^4) - [E(X_i^2)]^2 = \int_{-\infty}^{+\infty} \frac{x^4}{\sqrt{2\pi}} e^{-\frac{x^2}{2}} dx - 1$$

$$= -\int_{-\infty}^{+\infty} \frac{x^3}{\sqrt{2\pi}} e^{-\frac{x^2}{2}} d\left(-\frac{x^2}{2}\right) - 1 = -\frac{x^3}{\sqrt{2\pi}} e^{-\frac{x^2}{2}} \Big|_{-\infty}^{+\infty} + 3\int_{-\infty}^{+\infty} \frac{x^2}{\sqrt{2\pi}} e^{-\frac{x^2}{2}} dx - 1$$

$$= -3\int_{-\infty}^{+\infty} \frac{x}{\sqrt{2\pi}} e^{-\frac{x^2}{2}} d\left(-\frac{x^2}{2}\right) - 1 = \frac{-3x}{\sqrt{2\pi}} e^{-\frac{x^2}{2}} \Big|_{-\infty}^{+\infty} + 3\int_{-\infty}^{+\infty} \frac{1}{\sqrt{2\pi}} e^{-\frac{x^2}{2}} dx - 1$$

$$= 3\int_{-\infty}^{+\infty} \frac{1}{\sqrt{2\pi}} e^{-\frac{x^2}{2}} dx - 1 = 3 - 1 = 2$$

$$E(\chi^2) = \sum_{i=1}^n E(X_i^2) = n$$

$$D(\chi^2) = \sum_{i=1}^n D(X_i^2) = 2n$$

【例 6.2.1】 设总体 $X \sim N(0,4)$,$X_1, X_2, \cdots, X_9$ 是来自总体 X 的简单随机样本,$A_2 = \frac{1}{9}\sum_{i=1}^9 X_i^2$ 是样本的二阶原点矩,求 $P\{A_2 > 9.627\}$。

解 因为样本 $X_1, X_2, \cdots, X_9$ 是简单随机样本,所以 $X_1, X_2, \cdots, X_9$ 相互独立且与总体 X 同分布,即 $X_i \sim N(0,4)$,$i=1,\cdots,9$,于是

$$\frac{X_i}{2} \sim N(0,1), \quad i = 1, \cdots, 9$$

根据 χ^2 分布的定义,得

$$\frac{1}{4}\sum_{i=1}^9 X_i^2 = \sum_{i=1}^9 \left(\frac{X_i}{2}\right)^2 \sim \chi^2(9)$$

$$P\{A_2 > 9.627\} = P\left\{\frac{1}{9}\sum_{i=1}^9 X_i^2 > 9.627\right\}$$

$$= P\left\{\frac{1}{4}\sum_{i=1}^9 X_i^2 > \frac{9}{4} \times 9.627\right\} = P\left\{\frac{1}{4}\sum_{i=1}^9 X_i^2 > 21.661\right\}$$

查附表 3 得 $\chi^2_{0.01}(9) = 21.666 \approx 21.661$,可得

$$P\{A_2 > 21.668\} = P\left\{\frac{1}{4}\sum_{i=1}^9 X_i^2 > 21.661\right\} = 0.99$$

注 $\chi^2, \chi^2(n), \chi^2_\alpha(n)$ 这三个符号近似,实际上它们表示完全不同的概念:χ^2 是随机变量,$\chi^2(n)$ 是分布,而 $\chi^2_\alpha(n)$ 是分位点,使用时要注意区别。

2. t 分布

设 $X \sim N(0,1)$,$Y \sim \chi^2(n)$,且两者相互独立,则称 $T = \dfrac{X}{\sqrt{Y/n}}$ 服从**自由度为 n 的 t 分布**,记为 $T \sim t(n)$。t 分布的唯一参数是自由度 n,这里的自由度来自 Y。它也被称为学生氏(Student)分布。$t(n)$ 分布的概率密度是

$$h(t) = \frac{\Gamma\left(\frac{n+1}{2}\right)}{\sqrt{\pi n}\,\Gamma\left(\frac{n}{2}\right)}\left(1+\frac{t^2}{n}\right)^{-\frac{n+1}{2}}, \quad -\infty < t < +\infty$$

t 分布的概率密度图像如图 6-3 所示。

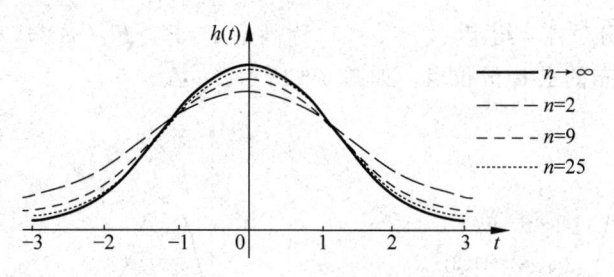

图 6-3 t 分布的概率密度

t 分布的图形接近标准正态分布的图形(图 6-3 中的实线)。实际上,当 $n\to\infty$ 时,$t(n)$ 分布趋于标准正态分布。t 分布的概率密度是偶函数,故其图形关于 y 轴对称。

t 分布的数学期望与方差:若 $T\sim t(n)$,则 $E(T)=0$,$D(T)=\dfrac{n}{n-2}$,$n\geqslant 2$。

t 分布的上 α 分位点:对于给定的 α,$0<\alpha<1$,则称满足 $P\{T>t_\alpha(n)\}=\alpha$ 的点 $t_\alpha(n)$ 为 $t(n)$ 分布的上 α 分位点,如图 6-4 所示。

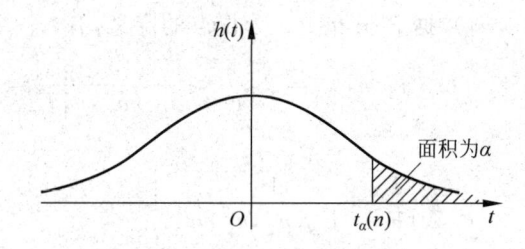

图 6-4 $t(n)$ 分布的上 α 分位点

根据 t 分布的概率密度图像关于 y 轴对称,则 $t(n)$ 分布的上 α 分位点的性质:
$$t_\alpha(n) = -t_{1-\alpha}(n)$$

3. F 分布

设 $X\sim\chi^2(n_1)$,$Y\sim\chi^2(n_2)$,且两者相互独立,则称 $F=\dfrac{X/n_1}{Y/n_2}$ 服从**自由度为 n_1,n_2 的 F 分布**。记为 $F\sim F(n_1,n_2)$。

F 分布有两个参数,分别对应两个自由度,n_1 称为**第一自由度**,n_2 称为**第二自由度**。这两个自由度分别来自 X 与 Y。

$F(n_1,n_2)$ 分布的概率密度为

$$f(y)=\begin{cases}\dfrac{\Gamma\left(\dfrac{n_1+n_2}{2}\right)}{\Gamma\left(\dfrac{n_1}{2}\right)\Gamma\left(\dfrac{n_2}{2}\right)}\left(\dfrac{n_1}{n_2}\right)\left(\dfrac{n_1}{n_2}y\right)^{\frac{n_1}{2}-1}\left(1+\dfrac{n_1}{n_2}y\right)^{-\frac{n_1+n_2}{2}}, & y>0\\ 0, & y\leqslant 0\end{cases}$$

F 分布的概率密度图形如图 6-5 所示。

F 分布的图形在第一象限，y 轴是其水平渐近线，这点和 $\chi^2(n)$ 分布一样。从图形上看与 $\chi^2(n)$ 分布也有些相似。

由 F 分布的定义易见：若 $F \sim F(n_1, n_2)$，则 $\frac{1}{F} \sim F(n_2, n_1)$。

F 分布的上 α 分位点：给定 α，$0 < \alpha < 1$，称满足 $P\{F > F_\alpha(n_1, n_2)\} = \alpha$ 的点 $F_\alpha(n_1, n_2)$ 为 $F(n_1, n_2)$ **分布的上 α 分位点**。如图 6-6 所示。

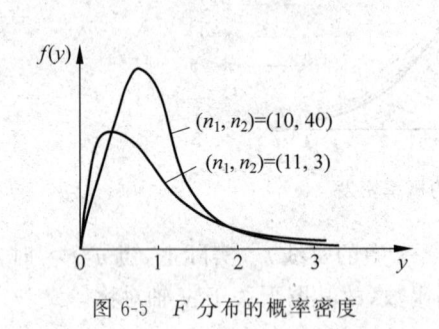

图 6-5 F 分布的概率密度

图 6-6 $F(n_1, n_2)$ 分布的上 α 分位点

F 分布的性质：

$$F_{1-\alpha}(n_1, n_2) = \frac{1}{F_\alpha(n_2, n_1)}$$

实际上，若 $F \sim F(n_2, n_1)$，据 F 分布上 α 分位点的定义，有

$$P\{F > F_\alpha(n_2, n_1)\} = P\left\{\frac{1}{F} < \frac{1}{F_\alpha(n_2, n_1)}\right\} = \alpha$$

故

$$P\left\{\frac{1}{F} > \frac{1}{F_\alpha(n_2, n_1)}\right\} = 1 - \alpha$$

因为 $\frac{1}{F} \sim F(n_1, n_2)$，那么同样根据上述定义，有 $F_{1-\alpha}(n_1, n_2) = \frac{1}{F_\alpha(n_2, n_1)}$。

F 分布的数学期望：若 $F \sim F(n_1, n_2)$，则

$$E(F) = \frac{n_2}{n_2 - 2}, \quad n_2 > 2$$

可见 F 分布的数学期望仅与第二自由度有关，与第一自由度无关。

"上 α 分位点"是一个通用的概念。这里补充下文将要用到的标准正态分布（即 $N(0,1)$ 分布）的上 α 分位点 z_α 的定义。

标准正态分布的上 α 分位点：设 $Z \sim N(0,1)$，给定 α，$0 < \alpha < 1$，称满足

$$P\{Z > z_\alpha\} = \alpha$$

的点 z_α 为 $N(0,1)$ **分布的上 α 分位点**，如图 6-7 所示。

附录中没有标准正态分布上的 α 分位点表，仅有标准正态分布的分布函数 $\Phi(x)$ 的表，其转化关系是

$$\Phi(z_\alpha) = 1 - \alpha$$

凭此关系可以通过附表 2 算出标准正态分布的上 α 分位点 z_α。比如为了求上 α 分位

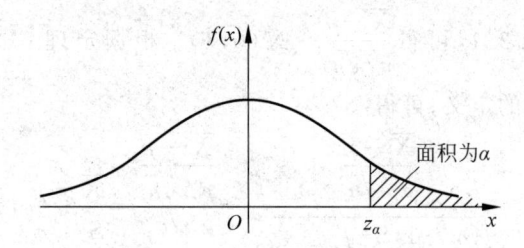

图 6-7 $N(0,1)$ 分布的上 α 分位点

点 $z_{0.05}$ 的值,只要在附表 2 中查到 $\Phi(1.65)=0.9505\approx 0.95=1-0.05$,就可知 $z_{0.05}=1.65$。

6.2.3 正态总体的均值与方差的分布

定理 6.2.1 设 $X_1,X_2,\cdots,X_n$ 是来自正态总体 $X\sim N(\mu,\sigma^2)$ 的样本,$\overline{X}$ 为样本均值,则

$$\overline{X}\sim N(\mu,\sigma^2/n)$$

证明 因为样本均值 $\overline{X}=\dfrac{1}{n}\sum\limits_{i=1}^{n}X_i$,根据正态分布的可加性,可知 $\overline{X}$ 也服从正态分布。又

$$E(\overline{X})=E\left(\frac{1}{n}\sum_{i=1}^{n}X_i\right)=\frac{1}{n}\sum_{i=1}^{n}E(X_i)=\frac{1}{n}n\mu=\mu$$

$$D(\overline{X})=D\left(\frac{1}{n}\sum_{i=1}^{n}X_i\right)=\frac{1}{n^2}\sum_{i=1}^{n}D(X_i)=\frac{1}{n^2}n\sigma^2=\frac{\sigma^2}{n}$$

故 $\overline{X}\sim N(\mu,\sigma^2/n)$。

定理 6.2.1 的结论可以转化为 $\dfrac{\overline{X}-\mu}{\sigma/\sqrt{n}}\sim N(0,1)$。

定理 6.2.1 说明正态总体样本均值的分布也是正态分布,样本均值的数学期望等于总体的数学期望,且其方差为总体方差的 n 分之一。

定理 6.2.1 可用于后面参数估计中总体方差已知时均值的估计,也用于假设检验中总体方差已知时均值的检验。

定理 6.2.2 设 $X_1,X_2,\cdots,X_n$ 是来自正态总体 $X\sim N(\mu,\sigma^2)$ 的样本,$\overline{X}$ 与 S^2 分别为样本均值与样本方差,则

(1) $\dfrac{(n-1)S^2}{\sigma^2}\sim\chi^2(n-1)$;

(2) $\overline{X}$ 与 S^2 相互独立。

证明略。

定理 6.2.2 用在对总体方差的区间估计与假设检验。

定理 6.2.3 设 $X_1,X_2,\cdots,X_n$ 是来自正态总体 $X\sim N(\mu,\sigma^2)$ 的样本,$\overline{X}$ 与 S^2 分别为其样本均值与样本方差,则

$$\frac{\overline{X}-\mu}{S/\sqrt{n}}\sim t(n-1)$$

证明 根据定理 6.2.1，可得 $\dfrac{\overline{X}-\mu}{\sigma/\sqrt{n}} \sim N(0,1)$。根据定理 6.2.2，可得 $\dfrac{(n-1)S^2}{\sigma^2} \sim \chi^2(n-1)$。根据 t 分布的定义，可得

$$\dfrac{\dfrac{\overline{X}-\mu}{\sigma/\sqrt{n}}}{\sqrt{\dfrac{(n-1)S^2}{\sigma^2}\Big/(n-1)}} = \dfrac{\dfrac{\overline{X}-\mu}{\sigma/\sqrt{n}}}{S/\sigma} = \dfrac{\overline{X}-\mu}{S/\sqrt{n}}$$

服从自由度为 $n-1$ 的 t 分布，即 $\dfrac{\overline{X}-\mu}{S/\sqrt{n}} \sim t(n-1)$。

定理 6.2.3 用在总体方差未知时，正态总体均值的参数估计与假设检验。

定理 6.2.4 设 $X_1, X_2, \cdots, X_{n_1}$ 和 $Y_1, Y_2, \cdots, Y_{n_2}$ 分别为来自正态总体 $N(\mu_1, \sigma_1)$ 和 $N(\mu_2, \sigma_2)$ 的样本，则

$$\overline{X} = \dfrac{1}{n_1}\sum_{i=1}^{n_1} X_i, \quad S_1^2 = \dfrac{1}{n_1-1}\sum_{i=1}^{n_1}(X_i-\overline{X})^2$$

和

$$\overline{Y} = \dfrac{1}{n_2}\sum_{i=1}^{n_2} Y_i, \quad S_2^2 = \dfrac{1}{n_2-1}\sum_{i=1}^{n_1}(Y_i-\overline{Y})^2$$

分别是两个样本的样本均值与样本方差，则

(1) $\dfrac{S_1^2/S_2^2}{\sigma_1^2/\sigma_2^2} \sim F(n_1-1, n_2-1)$；

(2) 当 $\sigma_1^2 = \sigma_2^2 = \sigma^2$ 时，

$$\dfrac{(\overline{X}-\overline{Y})-(\mu_1-\mu_2)}{S_w\sqrt{\dfrac{1}{n_1}+\dfrac{1}{n_2}}} \sim t(n_1+n_2-2)$$

其中 $S_w^2 = \dfrac{(n_1-1)S_1^2+(n_2-1)S_2^2}{n_1+n_2-2}$。

证明

(1) 由定理 6.2.2 可得

$$\chi_1^2 = \dfrac{(n_1-1)S_1^2}{\sigma_1^2} \sim \chi^2(n_1-1)$$

$$\chi_2^2 = \dfrac{(n_2-1)S_2^2}{\sigma_2^2} \sim \chi^2(n_2-1)$$

根据 F 分布的定义，有

$$\dfrac{\chi_1^2/(n_1-1)}{\chi_2^2/(n_2-1)} = \dfrac{\dfrac{(n_1-1)S_1^2}{\sigma_1^2}\dfrac{1}{n_1-1}}{\dfrac{(n_2-1)S_2^2}{\sigma_2^2}\dfrac{1}{n_2-1}} = \dfrac{S_1^2/S_2^2}{\sigma_1^2/\sigma_2^2} \sim F(n_1-1, n_2-1)$$

(2) 根据正态分布的可加性，易见 $\overline{X}-\overline{Y}$ 也服从正态分布，且

$$E(\overline{X}-\overline{Y})=\mu_1-\mu_2, \quad D(\overline{X}-\overline{Y})=\left(\frac{1}{n_1}+\frac{1}{n_2}\right)\sigma^2$$

故

$$U=\frac{(\overline{X}-\overline{Y})-(\mu_1-\mu_2)}{\sigma\sqrt{\frac{1}{n_1}+\frac{1}{n_2}}}\sim N(0,1)$$

根据已知条件,有

$$\frac{(n_1-1)S_1^2}{\sigma_1^2}\sim \chi^2(n_1-1), \quad \frac{(n_2-1)S_2^2}{\sigma_2^2}\sim \chi^2(n_2-1)$$

所以

$$V=\frac{(n_1-1)S_1^2}{\sigma_1^2}+\frac{(n_2-1)S_2^2}{\sigma_2^2}\sim \chi^2(n_1+n_2-2)$$

因为 U,V 相互独立(证明略),故由 t 分布的定义,得

$$\frac{\dfrac{(\overline{X}-\overline{Y})-(\mu_1-\mu_2)}{\sigma\sqrt{\dfrac{1}{n_1}+\dfrac{1}{n_2}}}}{\sqrt{\left[\dfrac{(n_1-1)S_1^2}{\sigma^2}+\dfrac{(n_2-1)S_2^2}{\sigma^2}\right]/(n_1+n_2-2)}}$$

$$=\frac{(\overline{X}-\overline{Y})-(\mu_1-\mu_2)}{\sqrt{\dfrac{1}{n_1}+\dfrac{1}{n_2}}\sqrt{[(n_1-1)S_1^2+(n_2-1)S_2^2]/(n_1+n_2-2)}}\sim t(n_1+n_2-2)$$

令 $S_w^2=\dfrac{(n_1-1)S_1^2+(n_2-1)S_2^2}{n_1+n_2-2}$,有

$$\frac{(\overline{X}-\overline{Y})-(\mu_1-\mu_2)}{S_w\sqrt{\dfrac{1}{n_1}+\dfrac{1}{n_2}}}\sim t(n_1+n_2-2)$$

从上面可以发现,正态总体的抽样分布实际上就是 χ^2 分布、t 分布和 F 分布,加上正态分布本身,共四大分布。这四大分布贯穿后面的章节,是后续的第 7 章与第 8 章的理论核心。清楚四大分布的由来、基本性质与上 α 分位点,是学好本书中数理统计部分的必要条件。

习题 6.2

1. 设某厂生产的灯泡的使用寿命 $X\sim N(3,\sigma^2)$(单位:小时),随机抽取一容量为 9 的样本,并测得其样本均值及样本方差,但是由于工作上的失误,事后失去了此试验的数据,只记得样本方差为 $S^2=9$,试求 $P\{\overline{X}>4.86\}$。

2. 假设总体 $X\sim N(0,4)$,X_1,X_2,X_3,X_4 为来自总体 X 的一个简单随机样本,$Y=a(X_1-2X_2)^2+b(3X_3-4X_4)^2$,已知 $Y\sim \chi^2(2)$,求 a,b 的值。

3. 设 X,Y 相互独立,且都来自服从 $N(0,9)$ 分布的两个正态总体,$X_1,X_2,\cdots,X_9$ 和

$Y_1, Y_2, \cdots, Y_9$ 分别为总体 X, Y 的一个样本，求统计量 $U = \dfrac{X_1 + X_2 + \cdots + X_9}{\sqrt{Y_1^2 + Y_2^2 + \cdots + Y_9^2}}$ 的分布。

4. 设 $T \sim t(8)$，且 $P\{|T| \leqslant a\} = 0.95$，求 a 的值。

5. 设 $X_1, X_2, \cdots, X_{20}$ 是来自总体 $X \sim N(0, \sigma^2)$ 的简单随机样本，求 $Y = \dfrac{X_1^2 + X_2^2 + \cdots + X_{10}^2}{X_{11}^2 + X_{12}^2 + \cdots + X_{20}^2}$ 的分布。

实 际 案 例

医保欺诈问题 医疗保险是政府为解决公民或劳动者因疾病和非因公负伤，丧失劳动力后的治疗费用及服务，给予物质帮助的一种社会保险制度。我国的保险分为社会医疗保险与商业医疗保险两大类。商业医疗保险是投保人根据合同约定向投保公司缴纳保险费，当投保人发生疾病、伤残、死亡或达到合同的年龄、期限时，保险公司承担给付保险金责任的保险合同。社会医疗保险是国家通过立法的形式，对社会成员强制征缴社会医疗保险基金，用以对其患病、伤残者给予基本医疗保障的一种社会经济保障制度。

随着我国医疗保险事业的迅速发展，医保的覆盖面不断扩大，其类型也逐渐增加，如城镇职工基本医疗保险、城镇居民基本医疗保险、新型农村合作医疗保险等。一方面，越来越多有需求的人从医疗保险中得到了帮助；另一方面，也出现了越来越多的医疗保险欺诈行为。医疗保险欺诈行为是指违反医疗保险管理法规和政策，采取虚构事实、隐瞒真相或其他方法，向医疗保险基金管理机构骗取医疗保险基金或医疗保险待遇的行为，这一行为具有两个基本特征：一是意识主观表现为直接故意，并且以非法占有医疗保险基金或医疗保险待遇为目的；二是实施手段主要是通过虚构事实或隐瞒真相，即故意虚构未曾发生的保险事故，或者对发生的保险事故编造虚假的原因，或者夸大损失的程度，以达到骗取医疗基金或医疗保险待遇的行为。

骗保人进行医保欺诈时采用的手段，一是采用别人的医保卡配药；二是在不同的医院和医生处重复配药，在判断是否为医保欺诈时，单张处方费用是否异常具有很重要的参考价值。表 6-1 给出了 2014 年某医院随机抽查的 160 张单张处方的费用数据。

表 6-1 单位：元

51.3	1.89	4.16	3.91	4.16	128.72	5.08	3.91	3.67	1.17
22.98	40	86.96	4.16	128.72	4.16	42.44	4.16	4.16	3.81
23.03	71.82	2.52	80.58	4.16	12.98	4.16	96	80.58	2.67
38.68	4.16	54.86	5.08	38.68	22.06	14.91	2.97	3.91	85.29
29.56	53.72	52.2	42.44	1.21	3.34	21.2	85.29	1.79	5.08
1.79	26.86	3.67	4.16	22.98	32.43	22.98	19.98	54.86	3.67
1.79	1.05	4.16	52.7	7.15	22.5	10.58	40	26.1	4.16
40	4.16	80.58	3.67	32.45	20.7	142.6	3.91	12.17	3.48
1.53	128.72	3.91	23.17	39.36	12.3	6.97	4.16	14.88	85.29
2.67	14.91	2.52	85.29	5.08	56.86	19.27	31.83	9.92	39.36
3.67	4.16	3.67	2.67	31.83	115.2	20.7	10.16	21.2	2.52

续表

5.08	19.27	2.35	2.52	19.51	42.07	10.84	15.67	22.98	15.67
71.3	14.14	3.81	19.98	4.16	77.16	3.67	15.3	2.35	4.16
3.91	5.08	3.67	19.27	14.91	11.33	2.52	20.74	1.87	86.96
3.88	22.5	86.96	46.26	4.16	39.36	88.14	19.34	26.3	20.7
3.67	22	4.16	2.67	80.58	3.48	66.44	11.33	22.96	4.16

根据上述数据讨论以下问题。

(1) 该数据的总体、样本。
(2) 计算数据的平均数、中位数及众数。
(3) 计算数据的极差、方差、标准差。
(4) 计算数据的偏度与峰度。
(5) 绘制数据的茎叶图。
(6) 绘制数据的直方图。

解

(1) 本题讨论的是医保病人的单张处方的费用问题，故数据对应的总体是单张处方的费用，记为 X。样本即是从总体 X 抽取的160张单张处方费用，记为 $X_1, X_2, \cdots, X_{160}$，表6-1的数据就是对应的样本值。

(2) 平均数：$\overline{X} = \frac{1}{n}\sum_{i=1}^{n} X_i$（计算过程略），由中位数与众数的定义可得中位数为14.51，众数为4.16。

(3) 极差：$R = 142.6 - 1.05 = 141.55$，样本方差：$S^2 = \frac{1}{n-1}\sum_{i=1}^{n}(X_i - \overline{X})^2 = 971.67$，样本标准差：$S = 31.17$。

(4) 偏度：$\mathrm{sk} = \dfrac{\frac{1}{n}\sum_{i=1}^{n}(X_i - \overline{X})^3}{S^3} = 1.711$，峰度：$\mathrm{ku} = \dfrac{\frac{1}{n}\sum_{i=1}^{n}(X_i - \overline{X})^4}{S^4} = 2.447$。

偏度反映数据的对称情况，偏度为0说明数据完全对称；偏度大于0说明数据向右（正方向）偏移；偏度小于0说明数据向左（负方向）偏移，且数值越大表示偏移的程度越大。本案例的偏度值远大于0，即数据是非对称性的，且呈现出较强的右偏趋势。

峰度反映概率密度曲线在平均值处峰值高低的特征数，即反映概率密度曲线的尖度。本案例的峰度远大于零，表明数据分布峰值高，尖度大。再结合数据的右偏趋势，可得到数据的极端值是数据中取较大的那一部分，从而可知单张处方费用较大是一种极端情况，可对这些处方进行深入考量。

(5) 绘制数据的茎叶图，利用统计软件，绘制数据的茎叶图，如图6-8所示。该图的"茎"为 $0, 1, \cdots, 14$，其中0表示数据的十位数为0，1表示数据的十位数为1，以此类推，再绘制叶，我们对数据中的小数进行四舍五入，原始数据中的 1.05, 1.17, 1.21, 1.53, 1.79 变为整数，即为 1, 1, 1, 2, 2，它们的十位数均为0，为了统一，记为 01, 01, 01, 02, 02。对应茎叶图便可写成 0|11122，其余数据作类似处理。从茎叶图易得取值较大的数为 143, 129, 129, 129, 115, 96，这些数对应的原始数据分别为 142.6, 128.72, 128.72, 128.72, 115.20, 96，这6个数由

4个不同的值组成,这将成为医保欺诈的重点怀疑对象。从茎叶图也能发现数据不对称,有强烈的右偏趋势。

```
 0 | 1112222222233333333333344444444444444444444444444455555
 1 | 001111223455555669999
 2 | 00011 1111223333333667
 3 | 0222299999
 4 | 0002226
 5 | 1234557
 6 | 6
 7 | 127
 8 | 111155557778
 9 | 6
10 |
11 | 5
12 | 999
13 |
14 | 3
```

图 6-8　医保单张处方费用茎叶图

(6) 利用统计软件,绘制样本数据的直方图,如图 6-9 所示。

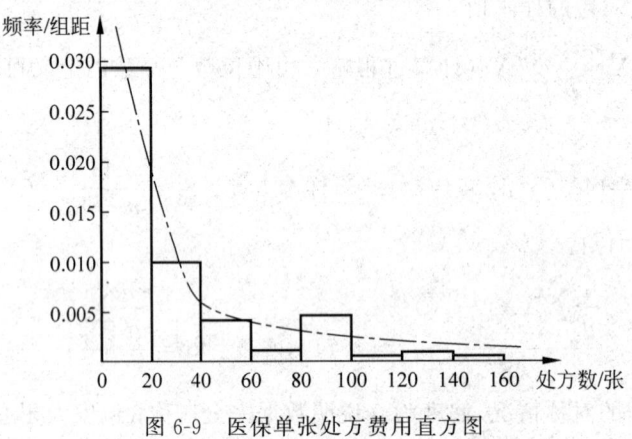

图 6-9　医保单张处方费用直方图

由图 6-9 呈现的直方图可大致推断医保数据对应的总体是近似服从指数分布的。在此基础上,进一步利用非参数检验的方法对总体分布进行检验,然后再利用第 7 章的参数估计方法对总体参数进行估计,从而对总体分布有较准确的把握。

考研题精选

1. 设总体 $X \sim N(\mu_1, \sigma^2)$,总体 $Y \sim N(\mu_2, \sigma^2)$,$X_1, X_2, \cdots, X_{n_1}$ 和 $Y_1, Y_2, \cdots, Y_{n_2}$ 分别是来自总体 X 和 Y 的简单随机样本,则 $E\left[\dfrac{\sum\limits_{i=1}^{n_1}(X_i-\overline{X})^2 + \sum\limits_{j=1}^{n_2}(Y_j-\overline{Y})^2}{n_1+n_2-2}\right] = $ _____。

2. 设随机变量 $X \sim t(n), Y \sim F(1,n)$，给定 α，其中 $0<\alpha<0.5$，常数 C 满足 $P\{X>c\}=\alpha$，则 $P\{Y>c^2\}=$ _____。

    A. α B. $1-\alpha$ C. 2α D. $1-2\alpha$

自 测 题

一、填空题（每题 5 分，共 30 分）

1. 设总体 $X \sim N(\mu, \sigma^2)$，$X_1, X_2, \cdots, X_n$ 为 X 的一个样本，则 $\sum_{i=1}^{n} X_i$ 服从的分布是 _____。

2. 设 $X_1, X_2, \cdots, X_{10}$ 是来自总体 $N(0,1)$ 的样本，$\overline{X}$ 与 S^2 分别是其样本均值与样本方差，统计量 $Y = \dfrac{10\overline{X}^2}{S^2}$，若 $P\{Y \geq \lambda\} = 0.01$，则 $\lambda =$ _____。

3. 设 $X_1, X_2, \cdots, X_{10}$ 是来自总体 $N(0,1)$ 的样本，$\overline{X}$ 是其样本均值，则 $\overline{X}$ 的概率密度是 _____。

4. 设总体 $X \sim N(30, 100)$，从总体 X 中抽取一个容量为 100 的样本，则 $P\{29 < \overline{X} < 31\} =$ _____。

5. 设 $X_1, X_2, \cdots, X_m$ 是来自二项分布总体 $b(n,p)$ 的简单随机样本，$\overline{X}$ 和 S^2 分别为样本均值和样本方差。记统计量 $T = \overline{X} - S^2$，则 $E(T) =$ _____。

6. 设总体 $X \sim \chi^2(n)$，$X_1, X_2, \cdots, X_{10}$ 是来自 X 的一个样本，则 $D(\overline{X}) =$ _____。

二、选择题（每题 5 分，共 30 分）

1. 设总体 $X \sim N(\mu, \sigma^2)$，其中 σ 已知，μ 未知，$X_1, X_2, \cdots, X_n$ 为总体 X 的一个样本，则下列量中不是统计量的是（   ）。

    A. $\dfrac{X_1^2 + X_2^2 + \cdots + X_n^2}{\sigma^2}$ B. $\dfrac{X_1^2 + X_2^2 + \cdots + X_n^2}{\mu}$

    C. $\sum_{i=1}^{n} X_i^2$ D. $\min\{X_1, X_2, \cdots, X_n\}$

2. 设 $X_1, X_2, \cdots, X_n (n \geq 2)$ 为来自总体 $N(0,1)$ 的简单随机样本，$\overline{X}$ 为样本均值，S^2 为样本方差，则有（   ）。

    A. $n\overline{X} \sim N(0,1)$ B. $nS^2 \sim \chi^2(n)$

    C. $\dfrac{(n-1)\overline{X}}{S} \sim t(n-1)$ D. $\dfrac{(n-1)X_1^2}{\sum_{i=2}^{n} X_i^2} \sim F(1, n-1)$

3. 设 $X_1, X_2, \cdots, X_n$ 为来自总体 $N(\mu, \sigma^2)$ 的一个样本，μ 已知，$\overline{X}$ 为样本均值，且

$$S_1^2 = \frac{1}{n-1} \sum_{i=1}^{n} (X_i - \overline{X})^2, \quad S_2^2 = \frac{1}{n} \sum_{i=1}^{n} (X_i - \overline{X})^2$$

$$S_3^2 = \frac{1}{n-1}\sum_{i=1}^{n}(X_i-\mu)^2, \quad S_4^2 = \frac{1}{n}\sum_{i=1}^{n}(X_i-\mu)^2$$

以下统计量服从 $t(n-1)$ 分布的是(　　)。

    A. $T=\dfrac{\overline{X}-\mu}{S_1/\sqrt{n-1}}$ B. $T=\dfrac{\overline{X}-\mu}{S_2/\sqrt{n-1}}$

    C. $T=\dfrac{\overline{X}-\mu}{S_3/\sqrt{n-1}}$ D. $T=\dfrac{\overline{X}-\mu}{S_4/\sqrt{n-1}}$

4. 下列选项中正确的是(　　)。

    A. $\Phi(z_\alpha)=\alpha$ B. $\chi_{1-\alpha}^2(n)=-\chi_\alpha^2(n)$

    C. $t_{1-\alpha}(n)=-t_\alpha(n)$ D. $F_{1-\alpha}(n,m)=\dfrac{1}{F_\alpha(n,m)}$

5. 设 $X_1,X_2,\cdots,X_n$ 是总体 $N(0,1)$ 的样本，$\overline{X}$ 和 S 分别为样本均值和样本标准差，则(　　)。

    A. $\overline{X}/S \sim t(n-1)$ B. $\overline{X} \sim N(0,1)$

    C. $(n-1)S^2 \sim \chi^2(n-1)$ D. $\sqrt{n}\overline{X} \sim t(n-1)$

6. 设随机变量 $X \sim t(n)(n>1)$，$Y=\dfrac{1}{X^2}$，则服从的分布是(　　)。

    A. $Y \sim \chi^2(n)$ B. $Y \sim \chi^2(n-1)$

    C. $Y \sim F(n,1)$ D. $Y \sim F(1,n)$

三、解答题（每题 10 分，共 40 分）

1. 设 $X_1,X_2,\cdots,X_6$ 是来自总体 $N(0,\sigma^2)$ 的样本，$Y=(X_1+X_2+X_3)^2+(X_4+X_5+X_6)^2$，若 $CY \sim \chi^2(2)$，求常数 C。

2. 从正态总体 $N(\mu,0.5^2)$（其中 μ 未知）中抽取一个样本 $X_1,X_2,\cdots,X_{10}$，求 $P\left\{\sum_{i=1}^{10}(X_i-\overline{X})^2 \geqslant 4.75\right\}$。

3. 从正态总体 $X \sim N(\mu,\sigma^2)$ 中抽取容量为 16 的样本，若 μ,σ^2 均未知，求：
(1) $P\left\{\dfrac{S^2}{\sigma^2} \leqslant 2.041\right\}$；(2) $D(S^2)$。

4. 设总体 $X \sim N(\mu,\sigma^2)$，从中抽取容量为 25 的样本，在下列两种情况下：(1) 已知 $\sigma=2$；(2) 未知 σ，但已知样本方差为 $s^2=5.72$，分别求样本均值 $\overline{X}$ 和总体均值 μ 的绝对值之差小于 0.622 的概率。

第 7 章

参 数 估 计

为了调查江西省鄱阳湖鸟类与鱼类的种类、数量与分布等信息,从而能够更好地保护它们,就需要在短时间内做同步调查。对鸟类的同步调查有个体计数法与集团统计法两种;对鱼类的同步调查有水声学统计法、标识放流统计法等,这些方法都涉及一个问题,就是不可能做到完全统计,只能进行抽样调查。这就需要对鸟类与鱼类的种类、数量与分布等指标做出估计,这些估计不是凭经验,而是需要用到数理统计中关于区间估计与假设检验的理论。

根据样本推断总体的分布或分布中的参数是统计推断的核心内容之一。本章将针对总体的分布形式已知,但它的某些参数未知,利用样本及其观察值对未知参数进行估计,这样的问题称为参数估计问题。

点估计的重点是矩估计法和最大似然估计法,同时还介绍了估计量优劣的评选标准。由于实际应用中往往需要的是估计参数的取值范围,而不是参数的具体取值,且点估计不易控制估计的准确度,因此引入参数的区间估计。区间估计是在点估计的基础上构造统计量,即枢轴量,得到由统计量构成的包含真值且满足一定可信度的区间,即置信区间。与点估计相比,区间估计的优点是置信度可控,求得的结果也更贴合实际需要;缺点是其精度(区间长度)与置信度是矛盾的,精度的提高必然伴随着置信度的降低,在实际应用中可根据需要保持两者之间的平衡。

本章学习要点:
- 点估计;
- 估计量的评选标准;
- 一个正态总体参数的区间估计;
- 两个正态总体参数的区间估计。

7.1 点 估 计

定义 7.1.1 设总体 X 的分布函数为 $F(x;\theta)$,其中 θ 为未知参数,$X_1,X_2,\cdots,X_n$ 是 X 的一个样本,$x_1,x_2,\cdots,x_n$ 是相应的一个样本值。参数的**点估计**问题就是要构造一个适当的统计量 $\hat{\theta}=\theta(X_1,X_2,\cdots,X_n)$,用它的观察值 $\hat{\theta}=\theta(x_1,x_2,\cdots,x_n)$ 作为未知参数 θ 的近似值,称 $\hat{\theta}=\theta(X_1,X_2,\cdots,X_n)$ 为 θ 的**估计量**;$\hat{\theta}=\theta(x_1,x_2,\cdots,x_n)$ 为 θ 的**估计值**。在不引起混淆的情况下,未知参数的估计量和估计值统称为未知参数的**估计**,并都简记为 $\hat{\theta}$。

更一般地，如果总体 X 的分布函数 $F(x;\theta_1,\theta_2,\cdots,\theta_k)$ 中含有 k 个未知参数，则必须构造 k 个统计量 $\hat{\theta}_i=\hat{\theta}_i(X_1,X_2,\cdots,X_n)(i=1,2,\cdots,k)$ 作为这 k 个未知参数的**估计量**。

下面介绍两种常用的构造估计量的方法：矩估计法和最大似然估计法。

7.1.1 矩估计法

引例 设某大学奶茶店一定时间段内的排队人数 X 服从参数为 λ 的泊松分布，其中 $\lambda>0$ 为未知参数。现在连续记录 10 个相同时间间隔内的排队人数，得到以下样本值：3、4、1、5、6、3、8、7、2、7，试求未知参数 λ 的估计值。

解 由于 $X\sim\pi(\lambda)$，故有 $\lambda=E(X)$。我们自然想到用样本均值来估计总体的均值 $E(X)$。由已知数据计算得到

$$\bar{x}=\frac{3+4+1+5+6+3+8+7+2+7}{10}=4.6$$

即 λ 的估计值为 4.6。

1. 基本思想

矩估计法由皮尔逊在 1894 年正式提出，它的理论依据是大数定律。概括来讲，即若 $X_1,X_2,\cdots,X_n$ 是总体 X 的一个样本，如果总体 X 的 k 阶原点矩 $E(X^k)$ 存在，由辛钦大数定律可知：

$$A_k=\frac{1}{n}\sum_{i=1}^{n}X_i^k\xrightarrow{P}\mu_k=E(X^k)$$

从而样本矩的连续函数依概率收敛到相应的总体矩的连续函数。

2. 矩估计法

设 X 为连续型随机变量，其概率密度为 $f(x;\theta_1,\theta_2,\cdots,\theta_k)$；或 X 为离散型随机变量，其分布律为 $P\{X=x\}=p(x;\theta_1,\theta_2,\cdots,\theta_k)$，其中 $\theta_1,\theta_2,\cdots,\theta_k$ 是待估参数，$X_1,X_2,\cdots,X_n$ 是来自总体 X 的一个样本。假设总体 X 的前 k 阶矩

$$\mu_l=E(X^l)=\int_{-\infty}^{+\infty}x^lf(x;\theta_1,\theta_2,\cdots,\theta_k)\mathrm{d}x\quad(X\text{ 为连续型})$$

或

$$\mu_l=E(X^l)=\sum_{x\in R_X}x^lp(x;\theta_1,\theta_2,\cdots,\theta_k)\quad(X\text{ 为离散型})$$

存在，其中 R_X 是 X 可能取值的范围，$l=1,2,\cdots,k$。一般来说，它们是 $\theta_1,\theta_2,\cdots,\theta_k$ 的函数。依据矩估计法的基本思想，就用样本矩作为相应的总体矩的估计量，而以样本矩的连续函数作为相应的总体矩的连续函数的估计量。这种估计方法称为**矩估计法**。具体做法如下。

如果 $k=1$，即总体 X 的概率密度（X 为连续型）或分布律（X 为离散型）中只含一个待估参数 θ_1，则 $\mu_1=\mu_1(\theta_1)$，解此方程，可得 $\theta_1=\theta_1(\mu_1)$，以 A_1 代替 μ_1，就以 $\hat{\theta}_1=\theta_1(A_1)$ 作为 θ_1 的估计量，这种估计量称为**矩估计量**。矩估计量的观察值称为**矩估计值**。

如果 $k=2$，即总体 X 的概率密度（X 为连续型）或分布律（X 为离散型）中含有两个待估参数 θ_1,θ_2，则

$$\mu_1=\mu_1(\theta_1,\theta_2),\quad \mu_2=\mu_2(\theta_1,\theta_2)$$

解此方程组,可得
$$\theta_1 = \theta_1(\mu_1, \mu_2), \quad \theta_2 = \theta_2(\mu_1, \mu_2)$$
以 A_1 代替 μ_1, A_2 代替 μ_2, 就以
$$\hat{\theta}_1 = \theta_1(A_1, A_2), \quad \hat{\theta}_2 = \theta_2(A_1, A_2)$$
作为 θ_1, θ_2 的估计量,同样地,这种估计量也称为**矩估计量**。矩估计量的观察值称为**矩估计值**。

以此类推,如果总体的概率密度(X 为连续型)或分布律(X 为离散型)含有 k 个待估参数 $\theta_1, \theta_2, \cdots, \theta_k$, 则
$$\begin{cases} \mu_1 = \mu_1(\theta_1, \theta_2, \cdots, \theta_k) \\ \mu_2 = \mu_2(\theta_1, \theta_2, \cdots, \theta_k) \\ \cdots \\ \mu_k = \mu_k(\theta_1, \theta_2, \cdots, \theta_k) \end{cases}$$
解此方程组,得
$$\begin{cases} \theta_1 = \theta_1(\mu_1, \mu_2, \cdots, \mu_k) \\ \theta_2 = \theta_2(\mu_1, \mu_2, \cdots, \mu_k) \\ \cdots \\ \theta_k = \theta_k(\mu_1, \mu_2, \cdots, \mu_k) \end{cases}$$
用 A_l 代替 μ_l, $l=1,2,\cdots,k$, 得到
$$\begin{cases} \hat{\theta}_1 = \theta_1(A_1, A_2, \cdots, A_k) \\ \hat{\theta}_2 = \theta_2(A_1, A_2, \cdots, A_k) \\ \cdots \\ \hat{\theta}_k = \theta_k(A_1, A_2, \cdots, A_k) \end{cases}$$
并把它们分别作为参数 $\theta_1, \theta_2, \cdots, \theta_k$ 的估计量,称其为**矩估计量**,矩估计量的观测值称为**矩估计值**。

【**例 7.1.1**】 设总体 X 服从 0-1 分布,即 $X \sim B(1,p)$, 其中 p 未知,$0<p<1$。$X_1, X_2, \cdots, X_n$ 是来自 X 的样本,求 p 的矩估计量。

解 总体 X 的分布律中只含一个待估参数 p。则由 4.1.1 小节的例 4.1.2 可得
$$\mu_1 = E(X) = p$$
解此方程,得
$$p = \mu_1$$
用 $A_1 = \frac{1}{n}\sum_{i=1}^{n}X_i = \overline{X}$ 代替 μ_1, 可得
$$\hat{p} = A_1$$
从而得到 p 的矩估计量为 $\hat{p} = A_1 = \overline{X}$。

【**例 7.1.2**】 设总体 X 在 $[a,b]$ 上服从均匀分布,其中 a,b 未知。$X_1, X_2, \cdots, X_n$ 是来自 X 的样本,求 a,b 的矩估计量。

解 总体 X 的概率密度含有两个待估参数 a,b, 由 4.1.1 小节的例 4.1.4 和例 4.2.3

可得

$$\mu_1 = E(X) = \frac{a+b}{2}$$

$$\mu_2 = E(X^2) = D(X) + [E(X)]^2 = \frac{(b-a)^2}{12} + \frac{(a+b)^2}{4}$$

即

$$\begin{cases} a+b = 2\mu_1 \\ b-a = \sqrt{12(\mu_2 - \mu_1^2)} \end{cases}$$

解此方程组得

$$a = \mu_1 - \sqrt{3(\mu_2 - \mu_1^2)}, \quad b = \mu_1 + \sqrt{3(\mu_2 - \mu_1^2)}$$

用 A_1 和 A_2 代替 μ_1 和 μ_2，从而得到 a, b 的矩估计量为

$$\hat{a} = A_1 - \sqrt{3(A_2 - A_1^2)} = \overline{X} - \sqrt{\frac{3}{n}\sum_{i=1}^{n}(X_i - \overline{X})^2}$$

$$\hat{b} = A_1 + \sqrt{3(A_2 - A_1^2)} = \overline{X} + \sqrt{\frac{3}{n}\sum_{i=1}^{n}(X_i - \overline{X})^2}$$

上面最后这一步用到了

$$\frac{1}{n}\sum_{i=1}^{n}X_i^2 - \overline{X}^2 = \frac{1}{n}\sum_{i=1}^{n}(X_i - \overline{X})^2$$

【例 7.1.3】 设总体 X 的均值 μ 和方差 σ^2 都存在，且有 $\sigma^2 > 0$，但 μ, σ^2 均未知。又设 $X_1, X_2, \cdots, X_n$ 是来自 X 的样本。求 μ, σ^2 的矩估计量。

解 总体 X 含有两个待估参数，由例 4.1.5 和例 4.2.5 可得

$$\begin{cases} \mu_1 = E(X) = \mu \\ \mu_2 = E(X^2) = D(X) + [E(X)]^2 = \sigma^2 + \mu^2 \end{cases}$$

解得

$$\begin{cases} \mu = \mu_1 \\ \sigma^2 = \mu_2 - \mu_1^2 \end{cases}$$

分别用 A_1 和 A_2 代替 μ_1 和 μ_2，得到 μ, σ^2 的矩估计量为

$$\hat{\mu} = A_1 = \overline{X}$$

$$\hat{\sigma}^2 = A_2 - A_1^2 = \frac{1}{n}\sum_{i=1}^{n}X_i^2 - \overline{X}^2 = \frac{1}{n}\sum_{i=1}^{n}(X_i - \overline{X})^2$$

本例表明，总体均值与方差的矩估计量的表达式不应不同的总体分布而异。例如，总体 $X \sim N(\mu, \sigma^2), \mu, \sigma^2$ 未知，即得 μ, σ^2 的矩估计量为

$$\hat{\mu}_1 = \overline{X}, \quad \hat{\sigma}^2 = \frac{1}{n}\sum_{i=1}^{n}(X_i - \overline{X})^2$$

7.1.2 最大似然估计法

引例 小王和小李是两名篮球爱好者，他们一次投篮的命中率分别为 0.9 和 0.5。如

果现在知道他们中的某人连续 3 次投篮都命中了,请估计这个投篮人是谁?

解 设一次投篮命中率为 p,则 p 的取值只有两种可能,即 $p=0.9$ 或 $p=0.5$。

当 $p=0.9$ 时,3 次投篮都命中的概率为 $p^3=0.9^3=0.729$,即小王连续 3 次投篮都命中的概率为 0.729。

当 $p=0.5$ 时,3 次投篮都命中的概率为 $p^3=0.5^3=0.125$,即小李连续 3 次投篮都命中的概率为 0.125。

而 $0.729 > 0.125$,因此小王连续 3 次投篮都命中的概率比小李连续 3 次投篮都命中的概率大,故估计投篮人是小王。

这个例子就是对未知参数 p 的最大似然推断,在 p 的所有备选取值假定下,比较样本发生概率的大小。使概率最大的 p 的取值即为 p 的最大似然估计。

1. 基本思想

最大似然估计法是在已知总体分布的条件下使用的一种参数估计方法,它首先是由德国数学家高斯(Gauss)在 1821 年提出的。后来,1922 年英国统计学家费歇(Fisher)重新提出了这一方法并研究了该方法的一些性质。

它的基本思想是,如果某个随机试验有若干结果,而在一次试验中出现其中某一个结果,则认为该结果发生的概率是最大的。

2. 最大似然估计法

设 $X_1, X_2, \cdots, X_n$ 是取自总体 X 的一个样本,$x_1, x_2, \cdots, x_n$ 为样本值。

如果总体 X 是离散型随机变量,其分布律 $P\{X=x\}=p(x;\theta), \theta \in \Theta$ 的形式已知,θ 为待估参数,Θ 是 θ 可能取值的范围。设 $X_1, X_2, \cdots, X_n$ 是取自 X 的一个样本,则样本的联合分布律为

$$\prod_{i=1}^{n} p(x_i; \theta)$$

又设 $x_1, x_2, \cdots, x_n$ 是对应于 $X_1, X_2, \cdots, X_n$ 的一个样本值。易知样本 $X_1, X_2, \cdots, X_n$ 取到观察值 $x_1, x_2, \cdots, x_n$ 的概率,即事件 $\{X_1=x_1, X_2=x_2, \cdots, X_n=x_n\}$ 发生的概率为

$$L(\theta) = L(x_1, x_2, \cdots, x_n; \theta) = \prod_{i=1}^{n} p(x_i; \theta), \quad \theta \in \Theta$$

这一概率随 θ 取值的变化而变化,它是 θ 的函数,$L(\theta)$ 称为样本的**似然函数**。

如果总体 X 是连续型随机变量,其概率密度 $f(x;\theta), \theta \in \Theta$ 的形式已知,θ 为待估参数,Θ 是 θ 可能取值的范围。设 $X_1, X_2, \cdots, X_n$ 是取自总体 X 的一个样本,则样本的联合概率密度为

$$\prod_{i=1}^{n} f(x_i; \theta)$$

又设 $x_1, x_2, \cdots, x_n$ 是对应于 $X_1, X_2, \cdots, X_n$ 的一个样本值。则随机点 $(X_1, X_2, \cdots, X_n)$ 落在点 $(x_1, x_2, \cdots, x_n)$ 的邻域(边长分别为 $dx_1, dx_2, \cdots, dx_n$ 的 n 维长方体)内的概率近似地为 $\prod_{i=1}^{n} f(x_i; \theta) dx_i$,其值随 θ 取值的变化而变化,它是 θ 的函数,但 $\prod_{i=1}^{n} dx_i$ 不随 θ 而变化,故只需考虑函数 $L(\theta) = L(x_1, x_2, \cdots, x_n; \theta) = \prod_{i=1}^{n} f(x_i; \theta), \theta \in \Theta$。$L(\theta)$ 称为样本的**似然**

函数。

最大似然估计法就是找 θ 的估计值 $\hat{\theta}=\hat{\theta}(x_1,x_2,\cdots,x_n)$，使得似然函数 $L(\theta)$ 取到最大值。若 $L(x_1,x_2,\cdots,x_n;\hat{\theta})=\max\limits_{\theta\in\Theta}L(x_1,x_2,\cdots,x_n;\theta)$，则称 $\hat{\theta}(x_1,x_2,\cdots,x_n)$ 为 θ 的**最大似然估计值**，称 $\hat{\theta}(X_1,X_2,\cdots,X_n)$ 为 θ 的**最大似然估计量**。

这样，确定最大似然估计量的问题就转化为求函数的最大值的问题了。

在大部分情形下，$p(x;\theta)$ 和 $f(x;\theta)$ 关于 θ 可微，这时 $\hat{\theta}$ 常可从方程 $\dfrac{\mathrm{d}}{\mathrm{d}\theta}L(\theta)=0$ 解得。

又因 $L(\theta)$ 与 $\ln L(\theta)$ 在同一 θ 处取到极值，因此，θ 的最大似然估计 $\hat{\theta}$ 也可以从方程 $\dfrac{\mathrm{d}}{\mathrm{d}\theta}\ln L(\theta)=0$ 解得，上面的方程称为**对数似然方程**。

最大似然估计法也适用于分布中含多个未知参数 $\theta_1,\theta_2,\cdots,\theta_k$ 的情况。这时，似然函数 $L(\theta)$ 是这些未知参数的函数。分别令 $\dfrac{\partial}{\partial\theta_i}L=0, i=1,2,\cdots,k$ 或令 $\dfrac{\partial}{\partial\theta_i}\ln L=0, i=1,2,\cdots,k$。解上述由 k 个方程组成的方程组，即可得到各未知参数 $\theta_i, i=1,2,\cdots,k$ 的最大似然估计值 $\hat{\theta}_i$。上式称为**对数似然方程组**。

【例 7.1.4】 设总体 $X\sim B(1,p)$，其中 p 未知，$0<p<1$。$X_1,X_2,\cdots,X_n$ 是来自 X 的样本，求 p 的最大似然估计量。

解 设 $x_1,x_2,\cdots,x_n$ 是对应于样本 $X_1,X_2,\cdots,X_n$ 的一个样本值。X 的分布律为
$$P\{X=x\}=p^x(1-p)^{1-x}, \quad x=0,1$$

故似然函数为
$$L(p)=\prod_{i=1}^n p^{x_i}(1-p)^{1-x_i}=p^{\sum\limits_{i=1}^n x_i}(1-p)^{n-\sum\limits_{i=1}^n x_i}$$

而
$$\ln L(p)=\left(\sum_{i=1}^n x_i\right)\ln p+\left(n-\sum_{i=1}^n x_i\right)\ln(1-p)$$

令
$$\frac{\mathrm{d}}{\mathrm{d}p}\ln L(p)=\frac{1}{p}\sum_{i=1}^n x_i-\frac{1}{1-p}\left(n-\sum_{i=1}^n x_i\right)=0$$

解得 p 的最大似然估计值为
$$\hat{p}=\frac{1}{n}\sum_{i=1}^n x_i=\bar{x}$$

p 的最大似然估计量为
$$\hat{p}=\frac{1}{n}\sum_{i=1}^n X_i=\overline{X}$$

由此可见，这一估计量与相应的矩估计量是相同的。

【例 7.1.5】 设总体 $X\sim N(\mu,\sigma^2)$，μ,σ^2 为未知参数，$x_1,x_2,\cdots,x_n$ 是来自 X 的一个样本值。求 μ,σ^2 的最大似然估计量。

解 X 的概率密度为

$$f(x;\mu,\sigma^2)=\frac{1}{\sqrt{2\pi}\sigma}\exp\left\{-\frac{1}{2\sigma^2}(x-\mu)^2\right\}$$

从而可得似然函数为

$$L(\mu,\sigma^2)=\prod_{i=1}^{n}\frac{1}{\sqrt{2\pi}\sigma}\exp\left\{-\frac{1}{2\sigma^2}(x_i-\mu)^2\right\}$$

$$=(2\pi)^{-\frac{n}{2}}(\sigma^2)^{-\frac{n}{2}}\exp\left\{-\frac{1}{2\sigma^2}\sum_{i=1}^{n}(x_i-\mu)^2\right\}$$

而

$$\ln L=-\frac{n}{2}\ln(2\pi)-\frac{n}{2}\ln\sigma^2-\frac{1}{2\sigma^2}\sum_{i=1}^{n}(x_i-\mu)^2$$

令

$$\begin{cases}\dfrac{\partial}{\partial\mu}\ln L=\dfrac{1}{\sigma^2}\left(\sum_{i=1}^{n}x_i-n\mu\right)=0\\[2mm]\dfrac{\partial}{\partial\sigma^2}\ln L=-\dfrac{n}{2\sigma^2}+\dfrac{1}{2(\sigma^2)^2}\sum_{i=1}^{n}(x_i-\mu)^2=0\end{cases}$$

解得

$$\begin{cases}\mu=\dfrac{1}{n}\sum_{i=1}^{n}x_i=\overline{x}\\[2mm]\sigma^2=\dfrac{1}{n}\sum_{i=1}^{n}(x_i-\mu)^2\end{cases}$$

因此得 μ,σ^2 的最大似然估计量为

$$\begin{cases}\hat{\mu}=\dfrac{1}{n}\sum_{i=1}^{n}X_i=\overline{X}\\[2mm]\hat{\sigma}^2=\dfrac{1}{n}\sum_{i=1}^{n}(X_i-\overline{X})^2\end{cases}$$

它们与相应的矩估计量相同。

【**例 7.1.6**】 设总体 X 在 $[a,b]$ 上服从均匀分布，a,b 为未知参数，$x_1,x_2,\cdots,x_n$ 是来自 X 的一个样本值。求 a,b 的最大似然估计量。

解 记 $x_{(1)}=\min\{x_1,x_2,\cdots,x_n\}$，$x_{(n)}=\max\{x_1,x_2,\cdots,x_n\}$。$X$ 的概率密度是

$$f(x;a,b)=\begin{cases}\dfrac{1}{b-a},&a\leqslant x\leqslant b\\0,&\text{其他}\end{cases}$$

似然函数为

$$L(a,b)=\begin{cases}\dfrac{1}{(b-a)^n},&a\leqslant x_1,x_2,\cdots,x_n\leqslant b\\0,&\text{其他}\end{cases}$$

由于 $a\leqslant x_1,x_2,\cdots,x_n\leqslant b$ 等价于 $a\leqslant x_{(1)},x_{(n)}\leqslant b$。似然函数可写成

$$L(a,b) = \begin{cases} \dfrac{1}{(b-a)^n}, & a \leqslant x_{(1)}, b \geqslant x_{(n)} \\ 0, & \text{其他} \end{cases}$$

于是对于满足条件 $a \leqslant x_{(1)}, b \geqslant x_{(n)}$ 的任意 a,b 有

$$L(a,b) = \frac{1}{(b-a)^n} \leqslant \frac{1}{(x_{(n)} - x_{(1)})^n}$$

即 $L(a,b)$ 在 $a = x_{(1)}, b = x_{(n)}$ 时取到最大值 $(x_{(n)} - x_{(1)})^{-n}$。故 a,b 的最大似然估计值为

$$\hat{a} = x_{(1)} = \min_{1 \leqslant i \leqslant n} x_i, \quad \hat{b} = x_{(n)} = \max_{1 \leqslant i \leqslant n} x_i$$

a,b 的最大似然估计量为

$$\hat{a} = \min_{1 \leqslant i \leqslant n} X_i, \quad \hat{b} = \max_{1 \leqslant i \leqslant n} X_i$$

【例 7.1.7】 设总体 X 的分布律如表 7-1 所示。

表 7-1

X	1	2	3
P	θ^2	$2\theta(1-\theta)$	$(1-\theta)^2$

其中 $\theta(0<\theta<1)$ 为未知参数。已知取得了样本值 $x_1 = 1, x_2 = 2, x_3 = 1$,试求 θ 的最大似然估计值。

解 似然函数为

$$L(\theta) = L(x_1, x_2, x_3; \theta) = \prod_{i=1}^{3} p\{x = x_i, \theta\} = \theta^2 \cdot 2\theta(1-\theta) \cdot \theta^2 = 2\theta^5(1-\theta)$$

取对数,得

$$\ln L(\theta) = \ln 2\theta^5(1-\theta) = \ln 2 + 5\ln\theta + \ln(1-\theta)$$

令

$$\frac{d}{d\theta}\ln L(\theta) = \frac{5}{\theta} - \frac{1}{1-\theta} = 0$$

解得 $\theta = \dfrac{5}{6}$,故 θ 的最大似然估计值为 $\hat{\theta} = \dfrac{5}{6}$。

习题 7.1

1. 设总体 X 的概率密度为

$$f(x) = \begin{cases} (\alpha+1)x^\alpha, & 0 < x < 1 \\ 0, & \text{其他} \end{cases}$$

其中 $\alpha > -1$,是未知参数。$X_1, X_2, \cdots, X_n$ 是来自 X 的样本,求参数 α 的矩估计量。

2. 设总体 X 的概率密度为

$$f(x) = \begin{cases} \dfrac{2}{\theta^2}(\theta - x), & 0 < x < \theta \\ 0, & \text{其他} \end{cases}$$

其中 $\theta>0$，是未知参数。$X_1,X_2,\cdots,X_n$ 是来自 X 的一个样本，求参数 θ 的矩估计量。

3. 设总体 X 的概率密度为

$$f(x)=\begin{cases}\theta e^{-\theta x}, & x\geqslant 0\\ 0, & 其他\end{cases}$$

其中 $\theta>0$，是未知参数。$X_1,X_2,\cdots,X_n$ 是来自 X 的一个样本，求参数 θ 的最大似然估计量。

4. 设总体 X 的分布律如表 7-2 所示。

表 7-2

X	0	1	2
P	$1-\theta$	$\theta-\theta^2$	θ^2

其中 $0<\theta<1$，为未知参数。如果样本的一个观察值为 1,0,2,0,0,2，求 θ 的最大似然估计值。

5. 设总体 X 的概率密度为

$$f(x)=\begin{cases}\theta c^{\theta}x^{-(\theta+1)}, & x>c\\ 0, & x\leqslant c\end{cases}$$

其中 $c>0$，为已知参数；$\theta>1$，为未知参数。$X_1,X_2,\cdots,X_n$ 是来自 X 的样本，求：(1)参数 θ 的矩估计量；(2)参数 θ 的最大似然估计量。

6. 设总体 X 的概率密度为

$$f(x)=\begin{cases}\dfrac{1}{\theta}e^{-(x-\mu)/\theta}, & x>\mu\\ 0, & x\leqslant \mu\end{cases}$$

其中 $\theta>0$，θ,μ 均为未知参数。$X_1,X_2,\cdots,X_n$ 是来自 X 的样本，求：(1)参数 θ 和 μ 的矩估计量；(2)参数 θ 和 μ 的最大似然估计量。

7.2 估计量的评选标准

从上节例 7.1.2 和例 7.1.6 可以看到，同一个参数可能有不同的估计量，那么这些估计量中哪一个会更好呢？这就需要从数学的角度去评价。本节将介绍三种常用的估计量的评选标准：无偏性、有效性、一致性。

7.2.1 无偏性

定义 7.2.1 设 $\hat{\theta}=\hat{\theta}(X_1,X_2,\cdots,X_n)$ 是 θ 的一个估计量，θ 的取值范围为 Θ. 若估计量 $\hat{\theta}$ 的数学期望存在，且对任意的 $\theta\in\Theta$，有

$$E(\hat{\theta})=\theta$$

则称 $\hat{\theta}$ 是 θ 的**无偏估计量**。

【**例 7.2.1**】 设总体 X 服从区间 $[0,\theta]$ 上的均匀分布，其中 $\theta>0$，为未知参数，X_1，

$X_2,\cdots,X_n$ 是来自 X 的样本，讨论 θ 的矩估计量 $\hat{\theta}_1$ 和最大似然估计量 $\hat{\theta}_2$ 的无偏性。

解 因为 $\mu_1=E(X)=\dfrac{\theta}{2}$，则 $\theta=2\mu_1$，故 θ 的矩估计量 $\hat{\theta}_1=2\overline{X}$。而 $E(\hat{\theta}_1)=E(2\overline{X})=2E(\overline{X})=\theta$，故 θ 的矩估计量 $\hat{\theta}_1=2\overline{X}$ 是 θ 的无偏估计。

易知似然函数

$$L(\theta)=\begin{cases}\dfrac{1}{\theta^n}, & 0<x_i<\theta, i=1,2,\cdots,n\\ 0, & \text{其他}\end{cases}$$

显然似然函数关于 θ 单调减少，故 θ 越小 $L(\theta)$ 越大，又 $\theta\geqslant\max\limits_{1\leqslant i\leqslant n}X_i$，故 $\theta=\max\limits_{1\leqslant i\leqslant n}X_i$ 时，$L(\theta)$ 取到最大值，即 θ 的最大似然估计量 $\hat{\theta}_2=\max\limits_{1\leqslant i\leqslant n}X_i$。

而根据 3.5 节可知 $\hat{\theta}_2=\max\limits_{1\leqslant i\leqslant n}X_i$ 的概率密度为

$$f_{\max}(x)=\begin{cases}\dfrac{nx^{n-1}}{\theta^n}, & 0<x<\theta\\ 0, & \text{其他}\end{cases}$$

因此 $E(\hat{\theta}_2)=E(\max\limits_{1\leqslant i\leqslant n}X_i)=\int_0^\theta x\dfrac{nx^{n-1}}{\theta^n}\mathrm{d}x=\dfrac{n}{n+1}\theta\neq\theta$，即 θ 的最大似然估计量 $\hat{\theta}_2=\max\limits_{1\leqslant i\leqslant n}X_i$ 不是 θ 的无偏估计。

但是，可以得到 $E\left(\dfrac{n+1}{n}\hat{\theta}_2\right)=\dfrac{n+1}{n}E(\hat{\theta}_2)=\dfrac{n+1}{n}\cdot\dfrac{n}{n+1}\theta=\theta$，即修正后的估计量 $\dfrac{n+1}{n}\hat{\theta}_2$ 是 θ 的无偏估计。这一过程称为**无偏化**。

【**例 7.2.2**】 设总体 X 的概率密度为

$$f(x;\theta)=\begin{cases}\dfrac{1}{\theta}\mathrm{e}^{-x/\theta}, & x>0\\ 0, & \text{其他}\end{cases}$$

其中 $\theta>0$ 且为未知参数，又设 $X_1,X_2,\cdots,X_n$ 是来自 X 的样本，证明 $\overline{X}$ 和 $nZ=n(\min\limits_{1\leqslant i\leqslant n}X_i)$ 都是 θ 的无偏估计量。

证明 因为 $E(\overline{X})=E(X)=\theta$，所以 $\overline{X}$ 是 θ 的无偏估计量。而 $Z=\min\limits_{1\leqslant i\leqslant n}X_i$ 的概率密度为

$$f_{\min}(x;\theta)=\begin{cases}\dfrac{n}{\theta}\mathrm{e}^{-nx/\theta}, & x>0\\ 0, & \text{其他}\end{cases}$$

故知 $E(Z)=\dfrac{\theta}{n}$，$E(nZ)=\theta$，即 nZ 也是 θ 的无偏估计量。

由此可见，一个未知参数可以有不同的无偏估计量。事实上，在本例中，$X_1,X_2,\cdots,X_n$ 中的每一个都可以作为 θ 的无偏估计量。

7.2.2 有效性

由上面的例子可以看到，一个未知参数的无偏估计量不止一个，对于不同的无偏估计

量,如何来评价它们的优劣,我们可采用下面的方法。

定义 7.2.2 设 $\hat{\theta}_1, \hat{\theta}_2$ 是 θ 的两个无偏估计量,若对于任意的 $\theta \in \Theta$,有
$$D(\hat{\theta}_1) \leqslant D(\hat{\theta}_2)$$
且至少有一个 $\theta \in \Theta$ 使得上式中的不等式严格成立,则称 $\hat{\theta}_1$ 比 $\hat{\theta}_2$ **有效**。

【例 7.2.3】 接例 7.2.2,证明当 $n > 1$ 时,θ 的无偏估计量 $\overline{X}$ 较 θ 的无偏估计量 nZ 有效。

证明 由于 $D(X) = \theta^2$,故有 $D(\overline{X}) = \dfrac{\theta^2}{n}$。由于 $D(Z) = \dfrac{\theta^2}{n^2}$,故有 $D(nZ) = \theta^2$。

当 $n > 1$ 时,$D(nZ) > D(\overline{X})$,故 $\overline{X}$ 较 nZ 有效。

7.2.3 一致性(相合性)

定义 7.2.3 设 $\hat{\theta} = \hat{\theta}(X_1, X_2, \cdots, X_n)$ 是未知参数 θ 的估计量,若对于任意的 $\theta \in \Theta$,当 $n \to \infty$ 时,$\hat{\theta}(X_1, X_2, \cdots, X_n)$ 依概率收敛于 θ,则称 $\hat{\theta}$ 为 θ 的**一致(相合)估计量**。

即若对于任意的 $\theta \in \Theta$ 都满足:对于任意的 $\varepsilon > 0$,有
$$\lim_{n \to \infty} P\{|\hat{\theta} - \theta| < \varepsilon\} = 1$$
则称 $\hat{\theta}$ 为 θ 的**一致(相合)估计量**。

一致性是对一个估计量的基本要求,若估计量不具有一致性,那么不论将样本容量 n 取得多么大,都不能将 θ 估计得足够准确,这样的估计量是不可取的。由第 6 章可得,样本 $k(k \geqslant 1)$ 阶矩是总体 X 的 k 阶矩 $\mu_k = E(X^k)$ 的一致估计量。

习题 7.2

1. 设总体 $X \sim N(\mu, 1)$,X_1, X_2, X_3 为来自 X 的样本,证明
$$\hat{\mu}_1 = \frac{1}{5}X_1 + \frac{3}{10}X_2 + \frac{1}{2}X_3, \quad \hat{\mu}_2 = \frac{1}{3}X_1 + \frac{1}{4}X_2 + \frac{5}{12}X_3, \quad \hat{\mu}_3 = \frac{1}{3}X_1 + \frac{1}{6}X_2 + \frac{1}{2}X_3$$
三个估计量都是 μ 的无偏估计量。并进一步判断这三个估计量,哪个有效。

2. 设总体 X 的分布律如表 7-3 所示。

表 7-3

X	-1	0	1
P	$\dfrac{\theta}{2}$	$1-\theta$	$\dfrac{\theta}{2}$

其中 $0 < \theta < 1$ 为未知参数,$X_1, X_2, \cdots, X_n$ 是来自 X 的样本。讨论 θ 的矩估计量 $\hat{\theta}_1$ 和最大似然估计量 $\hat{\theta}_2$ 的无偏性。

3. 设总体 $X \sim B(n, p)$,$X_1, X_2, \cdots, X_n$ 是来自 X 的样本。$\overline{X}$ 和 S^2 分别为样本均值和样本方差。若 $\overline{X} + kS^2$ 为 np^2 的无偏估计量,求 k 的值。

4. 设总体 X 的数学期望为 $E(X) = \mu$,方差 $D(X) = \sigma^2$ 存在,$X_1, X_2, \cdots, X_n$ 是来自 X 的一个样本,常数 $c_i, i = 1, 2, \cdots, n$ 满足 $\sum_{i=1}^{n} c_i = 1$,证明:

(1) $\sum_{i=1}^{n} c_i X_i$ 是 μ 的无偏估计(称为线性无偏估计);

(2) 在 μ 的线性无偏估计中,以 $\overline{X}$ 最有效。

5. 设 $X_1, X_2, \cdots, X_n$ 是来自正态总体 $N(\mu, \sigma^2)$ 的一个样本,证明 S^2 是 σ^2 的一致估计量。

7.3 一个正态总体参数的区间估计

参数的点估计是通过样本观察值计算得到参数的具体估计值。例如,估计某天的紫外线指数,若根据一个实际样本观测值,利用最大似然估计法估计出指数值为 10,但实际上指数的真值可能大于 10,也可能小于 10,并且可能偏差较大。如果能够给出一个区间,将当天的紫外线指数的真值含在该区间内,这样的估计就显得更有实用价值,也更加可信,因为我们把可能出现的偏差也考虑在内了。

引例 某高校大一新生的身高 $X \sim N(\mu, 16)$(单位:厘米),现随机抽取 100 名学生进行观测,测得每名学生的身高 $x_1, x_2, \cdots, x_{100}$,由此算出 $\bar{x} = 172$,那么 μ 的矩估计值为 172。由于抽样的随机性,μ 的真值和 $\bar{x}$ 的值总是可能存在偏差。所以希望算得一个最大偏差,保证 $\bar{x}$ 和 μ 的真值的偏差不超过这个最大偏差的概率为 0.95,即

$$P\{|\overline{X} - \mu| < c\} = 0.95$$

其中 c 即为最大偏差。上式可等价转化为

$$P\{\overline{X} - c < \mu < \overline{X} + c\} = 0.95$$

上面的概率表达式也表明区间 $(\overline{X} - c, \overline{X} + c)$ 包含真值 μ 的概率达到 0.95,因此称其为 μ 的区间估计。下面给出区间估计的定义。

定义 7.3.1 设总体 X 的分布函数 $F(x; \theta)$ 含有一个未知参数 $\theta, \theta \in \Theta, \Theta$ 是 θ 可能取值的范围。对于给定值 $\alpha(0 < \alpha < 1)$,若由来自 X 的样本 $X_1, X_2, \cdots, X_n$ 确定的两个统计量 $\underline{\theta} = \underline{\theta}(X_1, X_2, \cdots, X_n)$ 和 $\bar{\theta} = \bar{\theta}(X_1, X_2, \cdots, X_n)(\underline{\theta} < \bar{\theta})$,对于任意 $\theta \in \Theta$,满足

$$P\{\underline{\theta}(X_1, X_2, \cdots, X_n) < \theta < \bar{\theta}(X_1, X_2, \cdots, X_n)\} \geqslant 1 - \alpha$$

则称随机区间 $(\underline{\theta}, \bar{\theta})$ 是 θ 的置信水平为 $1-\alpha$ 的**置信区间**,$1-\alpha$ 称为**置信水平**,$\underline{\theta}$ 和 $\bar{\theta}$ 分别称为置信水平为 $1-\alpha$ 的双侧置信区间的**置信下限**和**置信上限**。

参数 θ 的置信区间的求解方法如下。

(1) 寻求一个样本 $X_1, X_2, \cdots, X_n$ 和 θ 的函数 $W = W(X_1, X_2, \cdots, X_n; \theta)$,$W$ 分布已知,且不依赖于 θ 以及其他未知参数,称具有这种性质的函数 W 为**枢轴量**。

(2) 对于给定的置信水平 $1-\alpha$,确定两个常数 a, b 使得

$$P\{a < W(X_1, X_2, \cdots, X_n; \theta) < b\} = 1 - \alpha$$

若能从 $a < W(X_1, X_2, \cdots, X_n; \theta) < b$ 得到与之等价的 θ 的不等式 $\underline{\theta} < \theta < \bar{\theta}$,其中 $\underline{\theta} = \underline{\theta}(X_1, X_2, \cdots, X_n)$ 和 $\bar{\theta} = \bar{\theta}(X_1, X_2, \cdots, X_n)$ 都是统计量,那么 $(\underline{\theta}, \bar{\theta})$ 就是 θ 的一个置信水平为 $1-\alpha$ 的置信区间。

在上述讨论中,对于未知参数 θ,我们给出两个统计量 $\underline{\theta}, \bar{\theta}$,得到 θ 的双侧置信区间

$(\underline{\theta}, \bar{\theta})$。但在某些实际问题中,例如,对于设备、元件的寿命,我们关心的是平均寿命 θ 的"下限";与之相反,在考虑次品率的时候,我们最关心参数的"上限"。这就引出了单侧置信区间的概念。

定义 7.3.2 对于给定值 $\alpha(0<\alpha<1)$,若由样本 $X_1, X_2, \cdots, X_n$ 确定的统计量 $\underline{\theta}=\underline{\theta}(X_1, X_2, \cdots, X_n)$,对于任意 $\theta \in \Theta$,满足

$$P\{\theta > \underline{\theta}\} \geqslant 1-\alpha$$

则称随机区间 $(\underline{\theta}, \infty)$ 是 θ 的置信水平为 $1-\alpha$ 的**单侧置信区间**,$\underline{\theta}$ 称为 θ 的置信水平为 $1-\alpha$ 的**单侧置信下限**。

又若由样本 $X_1, X_2, \cdots, X_n$ 确定的统计量 $\bar{\theta}=\bar{\theta}(X_1, X_2, \cdots, X_n)$,对于任意 $\theta \in \Theta$,满足

$$P\{\theta < \bar{\theta}\} \geqslant 1-\alpha$$

则称随机区间 $(-\infty, \bar{\theta})$ 是 θ 的置信水平为 $1-\alpha$ 的**单侧置信区间**,$\bar{\theta}$ 称为 θ 的置信水平为 $1-\alpha$ 的**单侧置信上限**。

正态总体是最常见的总体,本节主要考虑一个正态总体均值 μ 和方差 σ^2 的区间估计问题。

7.3.1 一个正态总体均值的区间估计

设已给定置信水平为 $1-\alpha$,并设 $X_1, X_2, \cdots, X_n$ 为总体 $N(\mu, \sigma^2)$ 的样本。$\bar{X}$ 和 S^2 分别是样本均值和样本方差。

1. σ^2 为已知

我们知道 $\bar{X}$ 是 μ 的无偏估计,且由定理 6.2.1 知 $\dfrac{\bar{X}-\mu}{\sigma/\sqrt{n}} \sim N(0,1)$。$\dfrac{\bar{X}-\mu}{\sigma/\sqrt{n}}$ 所服从的分布 $N(0,1)$ 不依赖于任何未知参数。按标准正态分布的上 α 分位点的定义(见图 7-1),有如图 7-2 所示,有

$$P\left\{\left|\frac{\bar{X}-\mu}{\sigma/\sqrt{n}}\right| < z_{\alpha/2}\right\} = 1-\alpha$$

即

$$P\left\{\bar{X} - \frac{\sigma}{\sqrt{n}} z_{\alpha/2} < \mu < \bar{X} + \frac{\sigma}{\sqrt{n}} z_{\alpha/2}\right\} = 1-\alpha$$

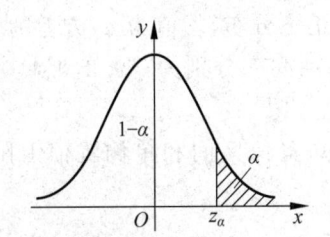

图 7-1 标准正态分布的上 α 分位点

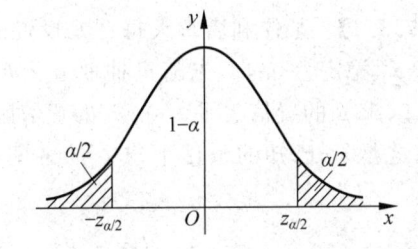

图 7-2 标准正态分布的上 $\alpha/2$ 分位点和上 $1-\alpha/2$ 分位点

这样就得到了 μ 的一个置信水平为 $1-\alpha$ 的置信区间(见图 7-2)

$$\left(\overline{X}-\frac{\sigma}{\sqrt{n}}z_{\alpha/2},\ \overline{X}+\frac{\sigma}{\sqrt{n}}z_{\alpha/2}\right) \tag{7.3.1}$$

这样的置信区间常写成 $\left(\overline{X}\pm\frac{\sigma}{\sqrt{n}}z_{\alpha/2}\right)$。

置信水平为 $1-\alpha$ 的置信区间并不是唯一的。一般取对称的区间作为置信区间，这时区间长度最小。

下面计算 μ 的置信水平为 $1-\alpha$ 的单侧置信区间。

按标准正态分布的上 α 分位点的定义（见图 7-1），有

$$P\left\{\frac{\overline{X}-\mu}{\sigma/\sqrt{n}}<z_{\alpha}\right\}=1-\alpha$$

即

$$P\left\{\mu>\overline{X}-\frac{\sigma}{\sqrt{n}}z_{\alpha}\right\}=1-\alpha$$

这样就得到了 μ 的置信水平为 $1-\alpha$ 的置信下限为 $\overline{X}-\frac{\sigma}{\sqrt{n}}z_{\alpha}$。相应的，$\mu$ 的置信水平为 $1-\alpha$ 的单侧置信区间为

$$\left(\overline{X}-\frac{\sigma}{\sqrt{n}}z_{\alpha},\ +\infty\right)$$

同理，如图 7-30 所示，有

$$P\left\{\frac{\overline{X}-\mu}{\sigma/\sqrt{n}}>-z_{\alpha}\right\}=1-\alpha$$

即

$$P\left\{\mu<\overline{X}+\frac{\sigma}{\sqrt{n}}z_{\alpha}\right\}=1-\alpha$$

这样就得到了 μ 的置信水平为 $1-\alpha$ 的置信上限为 $\overline{X}+\frac{\sigma}{\sqrt{n}}z_{\alpha}$。相应的，$\mu$ 的置信水平为 $1-\alpha$ 的单侧置信区间为

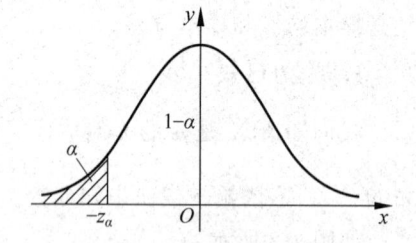

图 7-3　标准正态分布的上 $1-\alpha$ 分位点

$$\left(-\infty,\ \overline{X}+\frac{\sigma}{\sqrt{n}}z_{\alpha}\right)$$

【例 7.3.1】 某便利店每天每百元投资的利润率服从正态分布，均值为 μ，方差为 σ^2，长期以来 σ^2 稳定为 0.4。先随机抽取五天观测，这五天的利润率分别为 $-0.2, 0.1, 0.8, -0.6, 0.9$，求 μ 的置信水平为 0.95 的置信区间和单侧置信上限。

解　这是 σ^2 已知的条件下求 μ 的区间估计问题，可知置信区间和单侧置信上限分别为

$$\left(\overline{X}\pm\frac{\sigma}{\sqrt{n}}z_{\alpha/2}\right),\quad \overline{X}+\frac{\sigma}{\sqrt{n}}z_{\alpha}$$

这里 $1-\alpha=0.95, \alpha=0.05, \alpha/2=0.025, \sigma^2=0.4, \sigma=\sqrt{0.4}, n=5$。经计算得 $\bar{x}=0.2$，查正态分布表得 $z_{0.025}=1.96, z_{0.05}=1.645$，故 μ 的置信水平为 0.95 的置信区间为 $\left(0.2\pm\dfrac{\sqrt{0.4}}{\sqrt{5}}\times1.96\right)$，即 $(-0.3544, 0.7544)$；单侧置信上限为 0.6653。

2. σ^2 为未知

此时不能使用式 (7.3.1) 给出的区间，因其中含有未知参数 σ。考虑到 S^2 是 σ^2 的无偏估计，将其中的 σ 换成 $S=\sqrt{S^2}$，由定理 6.2.3 知

$$\frac{\bar{X}-\mu}{S/\sqrt{n}}\sim t(n-1)$$

并且右边的分布 $t(n-1)$ 不依赖于任何未知参数。使用 $\dfrac{\bar{X}-\mu}{S/\sqrt{n}}$ 作为枢轴量，如图 7-4 所示，可得

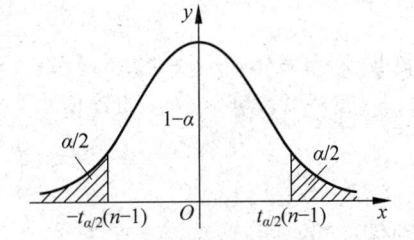

图 7-4 t 分布的上 $\alpha/2$ 分位点和上 $1-\alpha/2$ 分位点

$$P\left\{-t_{\alpha/2}(n-1)<\frac{\bar{X}-\mu}{S/\sqrt{n}}<t_{\alpha/2}(n-1)\right\}=1-\alpha$$

即

$$P\left\{\bar{X}-\frac{S}{\sqrt{n}}t_{\alpha/2}(n-1)<\mu<\bar{X}+\frac{S}{\sqrt{n}}t_{\alpha/2}(n-1)\right\}=1-\alpha$$

于是得 μ 的一个置信水平为 $1-\alpha$ 的置信区间

$$\left(\bar{X}\pm\frac{S}{\sqrt{n}}t_{\alpha/2}(n-1)\right)$$

类似上面的讨论如图 7-5 和图 7-6 所示，可得

$$P\left\{\frac{\bar{X}-\mu}{S/\sqrt{n}}>-t_{\alpha}(n-1)\right\}=1-\alpha, \quad P\left\{\frac{\bar{X}-\mu}{S/\sqrt{n}}<t_{\alpha}(n-1)\right\}=1-\alpha$$

即

$$P\left\{\mu<\bar{X}+\frac{S}{\sqrt{n}}t_{\alpha}(n-1)\right\}=1-\alpha, \quad P\left\{\mu>\bar{X}-\frac{S}{\sqrt{n}}t_{\alpha}(n-1)\right\}=1-\alpha$$

于是得 μ 的置信水平为 $1-\alpha$ 的单侧置信区间为

$$\left(-\infty, \bar{X}+\frac{S}{\sqrt{n}}t_{\alpha}(n-1)\right), \quad \left(\bar{X}-\frac{S}{\sqrt{n}}t_{\alpha}(n-1), +\infty\right)$$

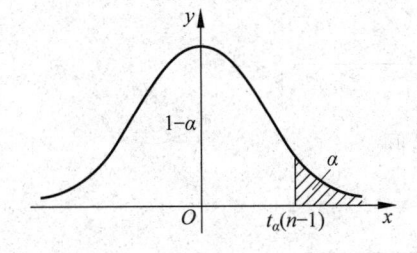

图 7-5 t 分布的上 α 分位点

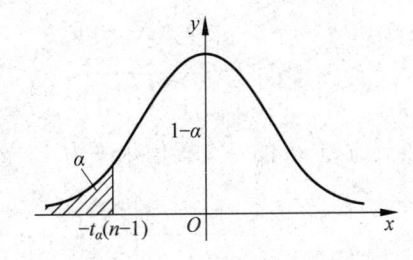

图 7-6 t 分布的上 $1-\alpha$ 分位点

【例 7.3.2】 设有一大批袋装方便面。现从中随机抽取 9 袋,称得质量(以克计)分别为 98,99,108,111,96,99,104,106,97。设袋装方便面的质量近似服从正态分布,试求总体均值 μ 的一个置信水平为 0.95 的置信区间。

解 这是 σ 在未知的条件下求 μ 的置信区间问题。从条件可知置信区间为

$$\left(\overline{X} \pm \frac{S}{\sqrt{n}} t_{\alpha/2}(n-1)\right)$$

这里 $1-\alpha=0.95, \alpha=0.05, \alpha/2=0.025, n=9$,经计算得 $\overline{x}=102, s^2=29$,查 t 分布表得 $t_{0.025}(8)=2.3060$,故 μ 的置信水平为 0.95 的置信区间为

$$\left(102 \pm \frac{\sqrt{29}}{\sqrt{9}} \times 2.3060\right)$$

即 (97.86, 106.14)。

7.3.2 一个正态总体方差的区间估计

*1. μ 为已知

当 μ 已知时,σ^2 的无偏估计为 $\frac{1}{n}\sum_{i=1}^{n}(X_i-\mu)^2$,由于

$$\frac{1}{\sigma^2}\sum_{i=1}^{n}(X_i-\mu)^2 \sim \chi^2(n)$$

并且上式右端的分布不依赖于任何未知参数,取 $\frac{1}{\sigma^2}\sum_{i=1}^{n}(X_i-\mu)^2$ 作为枢轴量(见图 7-7),即得

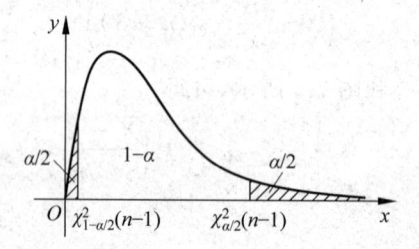

图 7-7 χ^2 分布的上 $\alpha/2$ 分位点和上 $1-\alpha/2$ 分位点

$$P\left\{\chi^2_{1-\alpha/2}(n) < \frac{1}{\sigma^2}\sum_{i=1}^{n}(X_i-\mu)^2 < \chi^2_{\alpha/2}(n)\right\} = 1-\alpha$$

即

$$P\left\{\frac{\sum_{i=1}^{n}(X_i-\mu)^2}{\chi^2_{\alpha/2}(n)} < \sigma^2 < \frac{\sum_{i=1}^{n}(X_i-\mu)^2}{\chi^2_{1-\alpha/2}(n)}\right\} = 1-\alpha$$

从而得到方差 σ^2 的一个置信水平为 $1-\alpha$ 的置信区间

$$\left(\frac{\sum_{i=1}^{n}(X_i-\mu)^2}{\chi^2_{\alpha/2}(n)}, \frac{\sum_{i=1}^{n}(X_i-\mu)^2}{\chi^2_{1-\alpha/2}(n)}\right)$$

注 在概率密度函数不对称时，习惯上仍是取对称的分位点确定置信区间。

还可得到标准差 σ 的一个置信水平为 $1-\alpha$ 的置信区间

$$\left(\sqrt{\frac{\sum_{i=1}^{n}(X_i-\mu)^2}{\chi^2_{\alpha/2}(n)}}, \sqrt{\frac{\sum_{i=1}^{n}(X_i-\mu)^2}{\chi^2_{1-\alpha/2}(n)}}\right)$$

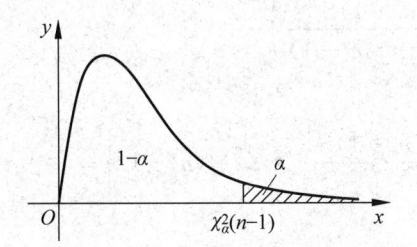

同样可得方差 σ^2 的置信水平为 $1-\alpha$ 的单侧置信区间如图 7-8 和图 7-9 所示，为

$$\left(\frac{\sum_{i=1}^{n}(X_i-\mu)^2}{\chi^2_{\alpha}(n)}, +\infty\right), \quad \left(0, \frac{\sum_{i=1}^{n}(X_i-\mu)^2}{\chi^2_{1-\alpha}(n)}\right)$$

还可得到标准差 σ 的一个置信水平为 $1-\alpha$ 的置信区间

$$\left(\sqrt{\frac{\sum_{i=1}^{n}(X_i-\mu)^2}{\chi^2_{\alpha}(n)}}, +\infty\right), \quad \left(0, \sqrt{\frac{\sum_{i=1}^{n}(X_i-\mu)^2}{\chi^2_{1-\alpha}(n)}}\right)$$

图 7-8 χ^2 分布的上 α 分位点

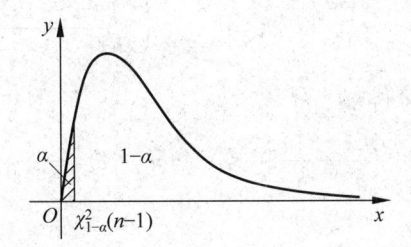

图 7-9 χ^2 分布的上 $1-\alpha$ 分位点

【例 7.3.3】 已知某品牌袋装饼干的重量服从正态分布。现从中随机抽取 10 袋，称得重量(单位：克)为 105,98,99,103,101,95,97,104,109,96。已知总体的均值为 100，试求总体方差 σ^2 的置信水平为 0.95 的置信区间和单侧置信上限。

解 这是 μ 已知的条件下求 σ^2 的置信区间问题。可知置信区间和单侧置信上限分别为

$$\left(\frac{\sum_{i=1}^{n}(X_i-\mu)^2}{\chi^2_{\alpha/2}(n)}, \frac{\sum_{i=1}^{n}(X_i-\mu)^2}{\chi^2_{1-\alpha/2}(n)}\right), \quad \frac{\sum_{i=1}^{n}(X_i-\mu)^2}{\chi^2_{1-\alpha}(n)}$$

这里 $1-\alpha=0.95, \alpha=0.05, \alpha/2=0.025, n=10, \mu=100$，经计算得 $\sum_{i=1}^{n}(X_i-\mu)^2=187$，查 χ^2 分布表得 $\chi^2_{0.025}(10)=20.483, \chi^2_{0.975}(10)=3.247, \chi^2_{0.95}(10)=3.940$，故 σ^2 的置信水平为 0.95 的置信区间为 $\left(\dfrac{187}{20.483}, \dfrac{187}{3.247}\right)$，即 $(9.1295, 57.5916)$，单侧置信上限为 $\dfrac{187}{3.940}$，即 47.4619。

2. μ 为未知

当 μ 未知时，σ^2 的无偏估计为 S^2，由定理 6.2.2 可知，

$$\frac{(n-1)S^2}{\sigma^2} \sim \chi^2(n-1)$$

并且上式右端的分布不依赖于任何未知参数，取 $\dfrac{(n-1)S^2}{\sigma^2}$ 作为枢轴量，可得

$$P\left\{\chi^2_{1-\alpha/2}(n-1) < \frac{(n-1)S^2}{\sigma^2} < \chi^2_{\alpha/2}(n-1)\right\} = 1-\alpha$$

即

$$P\left\{\frac{(n-1)S^2}{\chi^2_{\alpha/2}(n-1)} < \sigma^2 < \frac{(n-1)S^2}{\chi^2_{1-\alpha/2}(n-1)}\right\} = 1-\alpha$$

这就得到方差 σ^2 的一个置信水平为 $1-\alpha$ 的置信区间

$$\left(\frac{(n-1)S^2}{\chi^2_{\alpha/2}(n-1)}, \frac{(n-1)S^2}{\chi^2_{1-\alpha/2}(n-1)}\right)$$

还可得到标准差 σ 的一个置信水平为 $1-\alpha$ 的置信区间

$$\left(\sqrt{\frac{(n-1)S^2}{\chi^2_{\alpha/2}(n-1)}}, \sqrt{\frac{(n-1)S^2}{\chi^2_{1-\alpha/2}(n-1)}}\right)$$

同理可得

$$P\left\{\frac{(n-1)S^2}{\sigma^2} < \chi^2_\alpha(n-1)\right\} = 1-\alpha, \quad P\left\{\frac{(n-1)S^2}{\sigma^2} > \chi^2_{1-\alpha}(n-1)\right\} = 1-\alpha$$

即

$$P\left\{\sigma^2 < \frac{(n-1)S^2}{\chi^2_{1-\alpha}(n-1)}\right\} = 1-\alpha, \quad P\left\{\sigma^2 > \frac{(n-1)S^2}{\chi^2_\alpha(n-1)}\right\} = 1-\alpha$$

得到方差 σ^2 的置信水平为 $1-\alpha$ 的单侧置信区间

$$\left(\frac{(n-1)S^2}{\chi^2_\alpha(n-1)}, +\infty\right), \quad \left(0, \frac{(n-1)S^2}{\chi^2_{1-\alpha}(n-1)}\right)$$

【例 7.3.4】 已知某品牌袋装饼干的重量服从正态分布。现从中随机抽取 10 袋，称得重量（单位：克）为 105,98,99,103,101,95,97,104,109,96。若总体的均值 μ 未知，试求总体方差 σ^2 的置信水平为 0.95 的置信区间。

解 这是 μ 未知的条件下求 σ^2 的置信区间问题。可知置信区间为

$$\left(\frac{(n-1)S^2}{\chi^2_{\alpha/2}(n-1)}, \frac{(n-1)S^2}{\chi^2_{1-\alpha/2}(n-1)}\right)$$

这里 $1-\alpha = 0.95, \alpha = 0.05, \alpha/2 = 0.025, n = 10$，经计算得 $\bar{x} = 100.7, s^2 = 20.23$，查 χ^2 分布表得 $\chi^2_{0.025}(9) = 19.022, \chi^2_{0.975}(9) = 2.700$，故 σ^2 的置信水平为 0.95 的置信区间为 $\left(\dfrac{9 \times 20.23}{19.022}, \dfrac{9 \times 20.23}{2.700}\right)$，即 $(9.5715, 67.4333)$。

习题 7.3

1. 从某高校男生中随机抽取 9 人,其体重分别为(单位:千克)65,78,52,63,84,79,77,54,60。设体重 X 服从正态分布 $N(\mu,49)$,求平均体重 μ 的置信水平为 0.95 的置信区间。

2. 已知某种小麦的株高服从正态分布 $N(\mu,\sigma^2)$,从该小麦中随机抽取 9 株,测得其株高(单位:厘米)分别为 60,57,58,65,70,63,56,61,50,求小麦的平均株高的置信水平为 0.95 的置信区间。

3. 若在某学校中随机抽取 25 名同学测量身高数据,假设所测身高近似服从正态分布 $N(\mu,\sigma^2)$,经计算得标准差为 $S=12$。试求该校学生身高标准差 σ 的置信水平为 0.95 的置信区间。

4. 为研究某种汽车轮胎的磨损情况,随机抽取 16 只轮胎,每只轮胎行驶到磨损为止,记录所行驶的里程(单位:千米),算出 $\bar{x}=41000, s=1352$。假设汽车轮胎的行驶里程服从正态分布,均值和方差均未知。求 μ 和 σ 的置信水平为 0.99 的置信区间。

5. 假设某地职工工资(单位:元)服从正态分布,已知工资标准差为 400,从中抽取 16 名职工了解其工资情况,计算得出平均工资为 4002。求该地区职工平均工资 μ 的置信水平为 0.95 的单侧置信下限。

6. 为考虑某种香烟的尼古丁含量(单位:毫克),随机抽取 10 支香烟并测得尼古丁的平均含量为 $\bar{x}=0.25$。设该香烟尼古丁含量服从正态分布 $N(\mu,2.25)$,求 μ 的置信水平为 0.95 的单侧置信上限。

7. 设某种新型材料的抗压力服从正态分布 $N(\mu,\sigma^2)$,现对四个零件做压力试验,得到试验数据(单位:10MPa),并由此计算出 $\sum_{i=1}^{4} x_i = 32, \sum_{i=1}^{4} x_i^2 = 268$,分别求 μ 和 σ 的置信水平为 0.90 的单侧置信下限。

8. 从一家工厂生产的 5 个批次的消毒液中随机抽取若干,测得每个批次的次品率分别为 0.01,0.03,0.06,0.04,0.01。设次品率服从正态分布,求次品率的置信水平为 0.95 的单侧置信上限。

7.4 两个正态总体参数的区间估计

设已给定置信水平为 $1-\alpha$,并设 $X_1, X_2, \cdots, X_{n_1}$ 是来自第一个总体 $N(\mu_1, \sigma_1^2)$ 的样本;$Y_1, Y_2, \cdots, Y_{n_2}$ 是来自第二个总体 $N(\mu_2, \sigma_2^2)$ 的样本,这两个样本相互独立。且设 $\bar{X}, \bar{Y}$ 为第一、第二个总体的样本均值;S_1^2, S_2^2 分别是第一、第二个总体的样本方差。本节主要讨论两个正态总体均值差 $\mu_1 - \mu_2$ 和方差比 σ_1^2/σ_2^2 的区间估计问题。

7.4.1 两个正态总体均值差的区间估计

1. σ_1^2, σ_2^2 均为已知

因 $\bar{X}, \bar{Y}$ 分别为 μ_1, μ_2 的无偏估计,故 $\bar{X} - \bar{Y}$ 是 $\mu_1 - \mu_2$ 的无偏估计。由 $\bar{X}, \bar{Y}$ 的独立性及 $\bar{X} \sim N(\mu_1, \sigma_1^2/n_1), \bar{Y} \sim N(\mu_2, \sigma_2^2/n_2)$ 得

$$\overline{X}-\overline{Y} \sim N\left(\mu_1-\mu_2, \frac{\sigma_1^2}{n_1}+\frac{\sigma_2^2}{n_2}\right)$$

或

$$\frac{(\overline{X}-\overline{Y})-(\mu_1-\mu_2)}{\sqrt{\frac{\sigma_1^2}{n_1}+\frac{\sigma_2^2}{n_2}}} \sim N(0,1)$$

取

$$\frac{(\overline{X}-\overline{Y})-(\mu_1-\mu_2)}{\sqrt{\frac{\sigma_1^2}{n_1}+\frac{\sigma_2^2}{n_2}}}$$

为枢轴量，即得 $\mu_1-\mu_2$ 的一个置信水平为 $1-\alpha$ 的置信区间

$$\left(\overline{X}-\overline{Y} \pm z_{\alpha/2}\sqrt{\frac{\sigma_1^2}{n_1}+\frac{\sigma_2^2}{n_2}}\right)$$

$\mu_1-\mu_2$ 的置信水平为 $1-\alpha$ 的单侧置信区间

$$\left(-\infty, \overline{X}-\overline{Y}+z_\alpha\sqrt{\frac{\sigma_1^2}{n_1}+\frac{\sigma_2^2}{n_2}}\right), \quad \left(\overline{X}-\overline{Y}-z_\alpha\sqrt{\frac{\sigma_1^2}{n_1}+\frac{\sigma_2^2}{n_2}}, +\infty\right)$$

【例 7.4.1】 已知某学校男生和女生的身高（单位：厘米）分别服从正态分布 $N(\mu_1,\sigma_1^2)$ 和 $N(\mu_2,\sigma_2^2)$，其中 $\sigma_1^2=18, \sigma_2^2=22$ 为已知参数。现随机抽取 10 名男生和 10 名女生，测得平均身高分别为 172 和 165，求男生和女生身高均值差 $\mu_1-\mu_2$ 的一个置信水平为 0.90 的置信区间。

解 这是 σ_1^2, σ_2^2 均为已知的条件下 $\mu_1-\mu_2$ 的置信区间问题。从条件可得置信区间为

$$\left(\overline{X}-\overline{Y} \pm z_{\alpha/2}\sqrt{\frac{\sigma_1^2}{n_1}+\frac{\sigma_2^2}{n_2}}\right)$$

这里 $1-\alpha=0.090, \alpha=0.10, \alpha/2=0.05, \sigma_1^2=18, \sigma_2^2=22, n_1=10, n_2=10, \bar{x}=172, \bar{y}=165$，查正态分布表得 $z_{0.05}=1.645$，故 $\mu_1-\mu_2$ 的一个置信水平为 0.90 的置信区间为 $\left(172-165 \pm 1.645 \times \sqrt{\frac{18}{10}+\frac{22}{10}}\right)$，即 $(3.71, 10.29)$。

2. $\sigma_1^2=\sigma_2^2=\sigma^2$，但 σ^2 为未知

此时，由定理 6.2.4 知

$$\frac{(\overline{X}-\overline{Y})-(\mu_1-\mu_2)}{S_w\sqrt{\frac{1}{n_1}+\frac{1}{n_2}}} \sim t(n_1+n_2-2)$$

取

$$\frac{(\overline{X}-\overline{Y})-(\mu_1-\mu_2)}{S_w\sqrt{\frac{1}{n_1}+\frac{1}{n_2}}}$$

为枢轴量，可得 $\mu_1-\mu_2$ 的一个置信水平为 $1-\alpha$ 的置信区间

$$\left(\overline{X}-\overline{Y} \pm t_{\alpha/2}(n_1+n_2-2)S_w\sqrt{\frac{1}{n_1}+\frac{1}{n_2}}\right)$$

$\mu_1-\mu_2$ 的置信水平为 $1-\alpha$ 的单侧置信区间

$$\left(-\infty,\overline{X}-\overline{Y}+t_\alpha(n_1+n_2-2)S_w\sqrt{\frac{1}{n_1}+\frac{1}{n_2}}\right),$$

$$\left(\overline{X}-\overline{Y}-t_\alpha(n_1+n_2-2)S_w\sqrt{\frac{1}{n_1}+\frac{1}{n_2}}+\infty\right)$$

此处 $S_w^2=\dfrac{(n_1-1)S_1^2+(n_2-1)S_2^2}{n_1+n_2-2},S_w=\sqrt{S_w^2}$。

【例 7.4.2】已知某学校男生和女生的身高（单位：厘米）分别服从正态分布 $N(\mu_1,\sigma_1^2)$ 和 $N(\mu_2,\sigma_2^2)$，其中 σ_1^2,σ_2^2 为未知参数但是 $\sigma_1^2=\sigma_2^2$。现随机抽取 10 名男生，测得平均身高为 $\bar{x}_1=172$，标准差为 $s_1=4$，随机抽取 10 名女生，测得平均身高 $\bar{x}_2=162$，标准差为 $s_2=5$，求男生和女生身高均值差 $\mu_1-\mu_2$ 的一个置信水平为 0.90 的置信区间。

解 这是 σ_1^2,σ_2^2 均为未知但 $\sigma_1^2=\sigma_2^2$ 的条件下 $\mu_1-\mu_2$ 的置信区间问题。从条件可得置信区间为

$$\left(\overline{X}-\overline{Y} \pm t_{\alpha/2}(n_1+n_2-2)S_w\sqrt{\frac{1}{n_1}+\frac{1}{n_2}}\right)$$

这里

$$1-\alpha=0.90,\quad \alpha=0.10,\quad \alpha/2=0.05,\quad s_1=4,\quad s_2=5$$

$$s_w^2=\frac{9\times 4^2+9\times 5^2}{10+10-2}=20.5,\quad n_1=10,\quad n_2=10,\quad \bar{x}=172,\quad \bar{y}=165$$

查 t 分布表得 $t_{0.05}(18)=1.7341$，故 $\mu_1-\mu_2$ 的一个置信水平为 0.90 的置信区间为 $\left(172-165\pm 1.7341\times\sqrt{20.5}\times\sqrt{\frac{1}{10}+\frac{1}{10}}\right)$，即 $(3.4887,10.5113)$。

7.4.2 两个正态总体方差比的区间估计

*1. μ_1,μ_2 为已知

由于 $\dfrac{1}{\sigma_1^2}\sum\limits_{i=1}^{n_1}(X_i-\mu_1)^2\sim\chi^2(n_1),\dfrac{1}{\sigma_2^2}\sum\limits_{i=1}^{n_2}(X_i-\mu_2)^2\sim\chi^2(n_2)$，从而

$$\frac{\dfrac{1}{\sigma_1^2}\sum\limits_{i=1}^{n_1}(X_i-\mu_1)^2\Big/n_1}{\dfrac{1}{\sigma_2^2}\sum\limits_{i=1}^{n_2}(X_i-\mu_2)^2\Big/n_2}\sim F(n_1,n_2)$$

记 $\hat{\sigma}_1^2=\dfrac{1}{n_1}\sum\limits_{i=1}^{n_1}(X_i-\mu_1)^2,\hat{\sigma}_2^2=\dfrac{1}{n_2}\sum\limits_{i=1}^{n_2}(X_i-\mu_2)^2$，可得 $\dfrac{\hat{\sigma}_1^2/\hat{\sigma}_2^2}{\sigma_1^2/\sigma_2^2}\sim F(n_1,n_2)$，并且右边的分布 $F(n_1,n_2)$ 不依赖任何未知参数。取 $\dfrac{\hat{\sigma}_1^2/\hat{\sigma}_2^2}{\sigma_1^2/\sigma_2^2}$ 作为枢轴量（见图 7-10），得

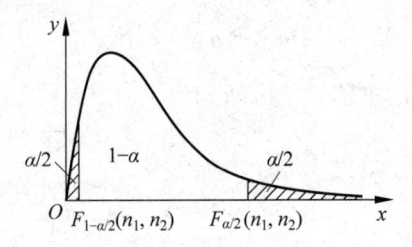

图 7-10 F 分布的上 $\alpha/2$ 分位点和上 $1-\alpha/2$ 分位点

$$P\left\{F_{1-\alpha/2}(n_1,n_2)<\frac{\hat{\sigma}_1^2/\hat{\sigma}_2^2}{\sigma_1^2/\sigma_2^2}<F_{\alpha/2}(n_1,n_2)\right\}=1-\alpha$$

即

$$P\left\{\frac{\hat{\sigma}_1^2}{\hat{\sigma}_2^2}\cdot\frac{1}{F_{\alpha/2}(n_1,n_2)}<\frac{\sigma_1^2}{\sigma_2^2}<\frac{\hat{\sigma}_1^2}{\hat{\sigma}_2^2}\cdot\frac{1}{F_{1-\alpha/2}(n_1,n_2)}\right\}=1-\alpha$$

于是得 σ_1^2/σ_2^2 的一个置信水平为 $1-\alpha$ 的置信区间为

$$\left(\frac{\hat{\sigma}_1^2}{\hat{\sigma}_2^2}\cdot\frac{1}{F_{\alpha/2}(n_1,n_2)},\frac{\hat{\sigma}_1^2}{\hat{\sigma}_2^2}\cdot\frac{1}{F_{1-\alpha/2}(n_1,n_2)}\right)$$

σ_1^2/σ_2^2 的置信水平为 $1-\alpha$ 的单侧置信区间如图 7-11 和图 7-12 所示,为

$$\left(0,\frac{\hat{\sigma}_1^2}{\hat{\sigma}_2^2}\cdot\frac{1}{F_{1-\alpha}(n_1,n_2)}\right),\quad\left(\frac{\hat{\sigma}_1^2}{\hat{\sigma}_2^2}\cdot\frac{1}{F_{\alpha}(n_1,n_2)},+\infty\right)$$

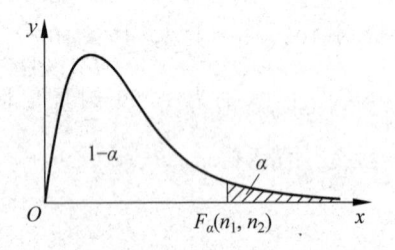

图 7-11 F 分布的上 α 分位点 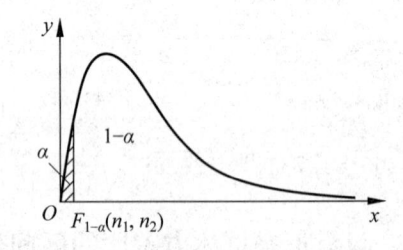   图 7-12 F 分布的上 $1-\alpha$ 分位点

【例 7.4.3】 设甲、乙两个班学生的高等数学期末成绩都服从正态分布。甲班学生有 24 人,测得期末考试平均成绩为 $\bar{x}_1=71$ 分,$\hat{\sigma}_1^2=\frac{1}{n_1}\sum_{i=1}^{n_1}(X_i-\mu_1)^2=18$,乙班学生有 30 人,测得期末考试平均成绩为 $\bar{x}_2=73$ 分,$\hat{\sigma}_2^2=\frac{1}{n_2}\sum_{i=1}^{n_2}(X_i-\mu_2)^2=25$,求两班考试成绩方差比 σ_1^2/σ_2^2 的一个置信水平为 0.90 的置信区间。

解 这是 μ_1,μ_2 已知的条件下方差比 σ_1^2/σ_2^2 的置信区间问题。从条件可知置信区间为

$$\left(\frac{\hat{\sigma}_1^2}{\hat{\sigma}_2^2}\times\frac{1}{F_{\alpha/2}(n_1,n_2)},\frac{\hat{\sigma}_1^2}{\hat{\sigma}_2^2}\times\frac{1}{F_{1-\alpha/2}(n_1,n_2)}\right)$$

这里 $1-\alpha=0.90, \alpha=0.10, \alpha/2=0.05, \hat{\sigma}_1^2=18, \hat{\sigma}_2^2=25, n_1=24, n_2=30$，查 F 分布表得 $F_{0.05}(24,30)=1.89, F_{0.95}(24,30)=\dfrac{1}{F_{0.05}(30,24)}=\dfrac{1}{1.94}=0.5155$，故方差比 σ_1^2/σ_2^2 的一个置信水平为 0.90 的置信区间为 $\left(\dfrac{18}{25}\times\dfrac{1}{1.89},\dfrac{18}{25}\times 1.94\right)$，即 $(0.3810, 1.3968)$。

2. μ_1, μ_2 为未知

由定理 6.2.4 得

$$\frac{S_1^2/S_2^2}{\sigma_1^2/\sigma_2^2}\sim F(n_1-1, n_2-1)$$

并且右边的分布 $F(n_1-1, n_2-1)$ 不依赖任何未知参数。取 $\dfrac{S_1^2/S_2^2}{\sigma_1^2/\sigma_2^2}$ 作为枢轴量，有

$$P\left\{F_{1-\alpha/2}(n_1-1, n_2-1)<\frac{S_1^2/S_2^2}{\sigma_1^2/\sigma_2^2}<F_{\alpha/2}(n_1-1, n_2-1)\right\}=1-\alpha$$

即

$$P\left\{\frac{S_1^2}{S_2^2}\times\frac{1}{F_{\alpha/2}(n_1-1, n_2-1)}<\frac{\sigma_1^2}{\sigma_2^2}<\frac{S_1^2}{S_2^2}\times\frac{1}{F_{1-\alpha/2}(n_1-1, n_2-1)}\right\}=1-\alpha$$

于是得 σ_1^2/σ_2^2 的一个置信水平为 $1-\alpha$ 的置信区间为

$$\left(\frac{S_1^2}{S_2^2}\times\frac{1}{F_{\alpha/2}(n_1-1, n_2-1)},\frac{S_1^2}{S_2^2}\times\frac{1}{F_{1-\alpha/2}(n_1-1, n_2-1)}\right)$$

σ_1^2/σ_2^2 的置信水平为 $1-\alpha$ 的单侧置信区间为

$$\left(0,\frac{S_1^2}{S_2^2}\times\frac{1}{F_{1-\alpha}(n_1-1, n_2-1)}\right),\quad\left(\frac{S_1^2}{S_2^2}\times\frac{1}{F_\alpha(n_1-1, n_2-1)},+\infty\right)$$

【例 7.4.4】 设甲、乙两个班学生的线性代数期末成绩都服从正态分布，甲班学生有 25 人，测得期末考试成绩的样本方差 $s_1^2=16$，乙班学生有 31 人，测得期末考试成绩的样本方差为 $s_2^2=25$，求两班考试成绩方差比 σ_1^2/σ_2^2 的一个置信水平为 0.90 的置信区间。

解 这是 μ_1, μ_2 未知的条件下方差比 σ_1^2/σ_2^2 的置信区间问题。从条件可知置信区间为

$$\left(\frac{S_1^2}{S_2^2}\times\frac{1}{F_{\alpha/2}(n_1-1, n_2-1)},\frac{S_1^2}{S_2^2}\times\frac{1}{F_{1-\alpha/2}(n_1-1, n_2-1)}\right)$$

这里 $1-\alpha=0.90, \alpha=0.10, \alpha/2=0.05, s_1^2=16, s_2^2=25, n_1=25, n_2=31$，查 F 分布表得 $F_{0.05}(24,30)=1.89, F_{0.95}(24,30)=\dfrac{1}{F_{0.05}(30,24)}=\dfrac{1}{1.94}=0.5155$，故方差比 σ_1^2/σ_2^2 的一个置信水平为 0.90 的置信区间为 $\left(\dfrac{16}{25}\times\dfrac{1}{1.89},\dfrac{16}{25}\times 1.94\right)$，即 $(0.3386, 1.2416)$。

我们将区间估计各种情况进行了总结，如表 7-4 所示。

表 7-4

参数	其他参数	枢轴量的分布	置信区间	单侧置信限
μ	σ^2 已知	$Z = \dfrac{\overline{X} - \mu}{\sigma/\sqrt{n}} \sim N(0,1)$	$\left(\overline{X} \pm \dfrac{\sigma}{\sqrt{n}} z_{\alpha/2}\right)$	$\overline{\mu} = \overline{X} + \dfrac{\sigma}{\sqrt{n}} z_\alpha$, $\underline{\mu} = \overline{X} - \dfrac{\sigma}{\sqrt{n}} z_\alpha$
μ	σ^2 未知	$t = \dfrac{\overline{X} - \mu}{S/\sqrt{n}} \sim t(n-1)$	$\left[\overline{X} \pm \dfrac{S}{\sqrt{n}} t_{\alpha/2}(n-1)\right]$	$\overline{\mu} = \overline{X} + \dfrac{S}{\sqrt{n}} t_\alpha(n-1)$, $\underline{\mu} = \overline{X} - \dfrac{S}{\sqrt{n}} t_\alpha(n-1)$
σ^{2*}	μ 已知*	$\chi^2 = \dfrac{1}{\sigma^2} \sum_{i=1}^{n}(X_i - \mu)^2 \sim \chi^2(n)$	$\left[\dfrac{\sum_{i=1}^{n}(X_i-\mu)^2}{\chi^2_{\alpha/2}(n)}, \dfrac{\sum_{i=1}^{n}(X_i-\mu)^2}{\chi^2_{1-\alpha/2}(n)}\right]$	$\overline{\sigma^2} = \dfrac{\sum_{i=1}^{n}(X_i - \mu)^2}{\chi^2_{1-\alpha}(n)}$, $\underline{\sigma^2} = \dfrac{\sum_{i=1}^{n}(X_i - \mu)^2}{\chi^2_\alpha(n)}$
σ^2	μ 未知	$\chi^2 = \dfrac{(n-1)S^2}{\sigma^2} \sim \chi^2(n-1)$	$\left[\dfrac{(n-1)S^2}{\chi^2_{\alpha/2}(n-1)}, \dfrac{(n-1)S^2}{\chi^2_{1-\alpha/2}(n-1)}\right]$	$\overline{\sigma^2} = \dfrac{(n-1)S^2}{\chi^2_{1-\alpha}(n-1)}$, $\underline{\sigma^2} = \dfrac{(n-1)S^2}{\chi^2_\alpha(n-1)}$
$\mu_1 - \mu_2$	σ_1^2, σ_2^2 已知	$Z = \overline{X} - \overline{Y} \sim N\left(\mu_1 - \mu_2, \dfrac{\sigma_1^2}{n_1} + \dfrac{\sigma_2^2}{n_2}\right)$	$\left(\overline{X} - \overline{Y} \pm z_{\alpha/2}\sqrt{\dfrac{\sigma_1^2}{n_1} + \dfrac{\sigma_2^2}{n_2}}\right)$	$\overline{\mu_1 - \mu_2} = \overline{X} - \overline{Y} + z_\alpha\sqrt{\dfrac{\sigma_1^2}{n_1} + \dfrac{\sigma_2^2}{n_2}}$, $\underline{\mu_1 - \mu_2} = \overline{X} - \overline{Y} - z_\alpha\sqrt{\dfrac{\sigma_1^2}{n_1} + \dfrac{\sigma_2^2}{n_2}}$

续表

参数	其他参数	枢轴量的分布	置信区间	单侧置信限
$\mu_1-\mu_2$	$\sigma_1^2=\sigma_2^2=\sigma^2$ 未知	$t=\dfrac{(\overline{X}-\overline{Y})-(\mu_1-\mu_2)}{S_w\sqrt{\dfrac{1}{n_1}+\dfrac{1}{n_2}}}\sim t(n_1+n_2-2)$	$\left[\overline{X}-\overline{Y}\pm t_{\alpha/2}(n_1+n_2-2)\cdot S_w\sqrt{\dfrac{1}{n_1}+\dfrac{1}{n_2}}\right]$	$\overline{\mu_1-\mu_2}=\overline{X}-\overline{Y}+t_\alpha(n_1+n_2-2)\cdot S_w\sqrt{\dfrac{1}{n_1}+\dfrac{1}{n_2}}$ $\underline{\mu_1-\mu_2}=\overline{X}-\overline{Y}-t_\alpha(n_1+n_2-2)\cdot S_w\sqrt{\dfrac{1}{n_1}+\dfrac{1}{n_2}}$
$\dfrac{\sigma_1^2}{\sigma_2^2}$	μ_1,μ_2 已知	$F=\dfrac{\dfrac{1}{\sigma_1^2}\sum\limits_{i=1}^{n_1}(X_i-\mu_1)^2/n_1}{\dfrac{1}{\sigma_2^2}\sum\limits_{i=1}^{n_2}(X_i-\mu_2)^2/n_2}\sim F(n_1,n_2)$	$\left[\dfrac{\hat\sigma_1^2}{\hat\sigma_2^2}\times\dfrac{1}{F_{\alpha/2}(n_1,n_2)},\dfrac{\hat\sigma_1^2}{\hat\sigma_2^2}\times\dfrac{1}{F_{1-\alpha/2}(n_1,n_2)}\right]$	$\overline{\dfrac{\sigma_1^2}{\sigma_2^2}}=\dfrac{\hat\sigma_1^2}{\hat\sigma_2^2}\times\dfrac{1}{F_{1-\alpha}(n_1,n_2)}$ $\underline{\dfrac{\sigma_1^2}{\sigma_2^2}}=\dfrac{\hat\sigma_1^2}{\hat\sigma_2^2}\times\dfrac{1}{F_\alpha(n_1,n_2)}$
$\dfrac{\sigma_1^2}{\sigma_2^2}$	μ_1,μ_2 未知	$F=\dfrac{S_1^2/S_2^2}{\sigma_1^2/\sigma_2^2}\sim F(n_1-1,n_2-1)$	$\left[\dfrac{S_1^2}{S_2^2}\times\dfrac{1}{F_{\alpha/2}(n_1-1,n_2-1)},\dfrac{S_1^2}{S_2^2}\times\dfrac{1}{F_{1-\alpha/2}(n_1-1,n_2-1)}\right]$	$\overline{\dfrac{\sigma_1^2}{\sigma_2^2}}=\dfrac{S_1^2}{S_2^2}\times\dfrac{1}{F_{1-\alpha}(n_1-1,n_2-1)}$ $\underline{\dfrac{\sigma_1^2}{\sigma_2^2}}=\dfrac{S_1^2}{S_2^2}\times\dfrac{1}{F_\alpha(n_1-1,n_2-1)}$

注:$S_w^2=\dfrac{1}{n_1+n_2-2}[(n_1-1)S_1^2+(n_2-1)S_2^2]$;$\hat\sigma_1^2=\dfrac{1}{n_1}\sum\limits_{i=1}^{n_1}(X_i-\mu_1)^2,\hat\sigma_2^2=\dfrac{1}{n_2}\sum\limits_{i=1}^{n_2}(X_i-\mu_2)^2$。

习题 7.4

1. 从某专业一班中随机抽取 8 个学生，二班中随机抽取 7 个学生。根据他们的概率论考试成绩，可算出 $\bar{x}_1=70$ 分，$s_1^2=112$，$\bar{x}_2=68$ 分，$s_2^2=36$，设两班的成绩都服从正态分布，且方差相等。求一、二两班概率论平均成绩差 $\mu_1-\mu_2$ 的置信水平为 0.95 的置信区间。

2. 某饮料加工厂有甲、乙两条灌装生产线。设灌装质量服从正态分布并假设甲、乙两条生产线互不影响。从甲生产线随机抽取 10 瓶饮料，测得其平均质量（单位：克）为 $\bar{x}=501$，已知其总体标准差 $\sigma_1=5$；从乙生产线随机抽取 20 瓶饮料，测得其平均质量为 $\bar{y}=498$，已知其总体标准差 $\sigma_2=4$，求甲、乙两条生产线生产饮料质量的均值差 $\mu_1-\mu_2$ 的置信水平为 0.90 的置信区间。

3. 从甲和乙两地分别随机抽取成年女子 20 名，假设两地成年女子身高（单位：米）均服从正态分布且方差相等。测得甲地区女子的平均身高及标准差分别为 $\bar{x}_1=1.57,s_1=0.035$，测得乙地区女子的平均身高及标准差分别为 $\bar{x}_2=1.55,s_2=0.038$，求这两个地区女子身高的总体均值差的置信水平为 0.95 的单侧置信上限。

4. 两个正态总体 $N(\mu_1,\sigma_1^2)$，$N(\mu_2,\sigma_2^2)$ 的参数均未知，分别从两个总体中随机抽取容量为 $n_1=25$ 和 $n_2=15$ 的两个独立样本，测得样本方差分别为 $s_1^2=6.38,s_2^2=5.15$，求 σ_1^2/σ_2^2 的置信水平为 0.90 的置信区间。

5. 两个正态总体 $N(\mu_1,\sigma_1^2)$，$N(\mu_2,\sigma_2^2)$ 的参数均未知，分别从两个总体中随机抽取容量为 13 和 16 的两个独立样本，测得样本方差分别为 4.38，2.15，求 σ_1^2/σ_2^2 的置信水平为 0.90 的单侧置信下限。

实 际 案 例

鄱阳湖鱼类数量估计问题 2020 年，我国开展了第七次全国人口普查。人口普查是为了了解我国人口在数量、结构、分布和居住环境等方面的变化，为更好地进行社会主义现代化建设、做好民生工作提供科学的统计信息基础。

与人口普查一样，了解一个大范围的生态区内鸟类的种类、数量和分布等信息，可以更好地保护鸟类。在短时间内同步开展鸟类调查，避免因种群的迁移导致重复计数和漏数，称为鸟类同步调查。鄱阳湖是中国最大的淡水湖，也是亚洲重要的候鸟越冬地。据鄱阳湖保护区管理局保护监测站站长介绍，统计鸟的数量时，有两种办法：第一种是**个体计数法**，对比较珍稀的物种一只一只地数；第二种是**集团统计法**，对数量较大的物种，每个月固定几天，每个站、每一条路线都是同一天出发进行监测。

现在已经不仅仅依靠人工的巡护监测，整个鄱阳湖区可以通过高清探头、5G 慢直播、无人机监测、人工巡护等方式，时刻关注鄱阳湖候鸟的生活状态和动向。

同样地，如果要考查鄱阳湖中鱼类的数量，显然无法采用对鸟类监测同样的方法，那么应该如何监测呢？

为了采样，调查人员在不同的选定水域分别设立调查站位，然后将覆盖的流域分成一块一块的正方形,即网格,在这些网格中,通过水声学探测方法可以估算出鱼类的数量。

除了水声学调查法,还有一些其他方法作为补充,如数学分析法、标识放流估算法、生物学法、营养动态法、拖网扫海面积法、鱼卵及仔鱼估算法等。其中标识放流估算法就是统计中较常用的一种方法。

标识放流估算法,简单来说就是在一定的水域中随机捞取一定数量的鱼,做标记后再放回原来水域,间隔一定时间之后再捞取一定数量的鱼,观察做标记的鱼在其中所占比例,以此来估计该水域中的鱼类总量。

根据标识放流估算法正确评估鱼类资源数量需要满足以下前提条件。

(1) 假设在观测时间段内,鱼类不在产卵期且不处于洄游期,一定时期内鱼类数量不会产生明显变化。

(2) 标记准确、可重复、数量适度,标记的方法对鱼类的适应性良好,并对其生存、生长和繁殖能力没有过多干扰。

(3) 收集标记后的数据,包括标记数量、再次捕获的数量、捕获时间、地点和方式等相关信息。

(4) 如果鱼类在选定水域中满足一定的统计分布规律,那么可选择合适的统计学方法对标记数据进行分析,以评估目标鱼类的种群数量、种群增长率和死亡率等指标。这些分析方法包括马尔可夫链模型、移动平均模型、指数平滑模型等。

(5) 评估结果的有效性和准确性。需要对分析结果进行验证,确保其准确性和可靠性,并与其他数据进行比较、印证。在评估结果的基础上,还需要进一步考虑不同因素对鱼类资源数量变化的影响,并对其采取合理的保护措施。

据统计,某年 9 月鄱阳湖通江水道鱼类平均密度为 $53.7\pm63.2\text{ind.}/1000\text{m}^3$,范围为 $0\sim441.7\text{ind.}/1000\text{m}^3$。在空间分布上,鱼类主要分布在 3 个水域:①湖口县附近通江水域;②鞋山附近水域;③屏峰山附近水域。其中鱼类分布最集中的区域位于鄱阳湖铁路桥至鞋山之间的水域,长江中下游水域大多数鱼类的繁殖期为 5—7 月。

在水平方向,对 3 个水域的鱼类密度差异进行统计检验。结果表明,区域Ⅰ(平均密度为 $62.2\pm63.4\text{ind.}/1000\text{m}^3$)和区域Ⅲ(平均密度为 $72.2\pm68.0\text{ind.}/1000\text{m}^3$)之间的鱼类密度无显著性差异,而区域Ⅱ(平均密度为 $30.2\pm52.3\text{ind.}/1000\text{m}^3$)的鱼类密度显著小于区域Ⅰ和区域Ⅲ。在水体垂直方向,将数据分析单元的水深分为 3 层,水深 $0\sim33\%$ 为上层,$33\%\sim66\%$ 为中层,$66\%\sim100\%$ 为下层。结果显示,86.9% 的鱼类栖息于水体下层,9.9% 的鱼类栖息于水体中层,3.2% 的鱼类栖息于水体上层。回归分析显示,鱼类数量分布与水深呈显著正相关。综合可知,多数鱼类栖息在主河槽的深水区,且较大个体更倾向于深水区。鄱阳湖通江水道水体下层的生物量高于中上层。

我们在非繁殖期内,按照水平方向三个区域的鱼类分布密度和垂直方向鱼类的分布,分别在三个区域的不同水深处等比例捞取一定数量的鱼。比如,在区域Ⅰ捞取 200 条鱼,其中水深 $0\sim33\%$ 中 174 条,$33\%\sim66\%$ 中 20 条,$66\%\sim100\%$ 中 6 条;在区域Ⅱ捞取 232 条鱼,其中水深 $0\sim33\%$ 中 202 条,$33\%\sim66\%$ 中 23 条,$66\%\sim100\%$ 中 7 条;在区域Ⅲ捞取 97 条鱼,其中水深 $0\sim33\%$ 中 84 条,$33\%\sim66\%$ 中 10 条,$66\%\sim100\%$ 中 3 条。捞取后在鱼身上作标记,然后再放入原来所在的区域。待一定时间之后,假设作标记的鱼在各个区域内分布是均匀的,我们再在各个区域内捞取相同数量的鱼,观察作标记的鱼在其中所占比例,据此即可估算出该区域鱼类的总量。比如在区域Ⅰ再次捞取 200 条鱼,其中水深 0~33% 中 174 条,33%~66% 中 20 条,66%~100% 中 6 条。如果其中做标记的鱼分别为 20 条、3 条、1 条,则可以估计该区域内不同水深处鱼的总量分别为 1514 条、133 条、36 条。同理可以估计出另两个区域内的鱼类总量。

考研题精选

1. 设总体 X 的概率密度为 $f(x) = \begin{cases} \dfrac{6x}{\theta^3}(\theta-x), & 0<x<\theta \\ 0, & 其他 \end{cases}$,$X_1, X_2, \cdots, X_n$ 是取自总体 X 的简单随机样本。求:

(1) θ 的矩估计量 $\hat{\theta}$;

(2) $D(\hat{\theta})$。

2. 设总体 X 的概率如表 7-5 所示。

表 7-5

X	0	1	2	3
p	θ^2	$2\theta(1-\theta)$	θ^2	$1-2\theta$

其中 $\theta\left(0<\theta<\dfrac{1}{2}\right)$ 是未知参数。利用总体 X 的样本值:3,1,3,0,3,1,2,3,求 θ 的矩估计值和最大似然估计值。

3. 已知一批零件的长度(单位:厘米)X 服从正态分布 $N(\mu,1)$,从中随机抽取 16 个零件,得到长度的平均值为 40,则 μ 的置信度为 0.95 的置信区间是_____。

注 标准正态分布函数值 $\Phi(1.96)=0.975$,$\Phi(1.645)=0.95$。

4. 设总体 X 的概率密度为

$$f(x) = \begin{cases} 2e^{-2(x-\theta)}, & x>\theta \\ 0, & x\leqslant\theta \end{cases}$$

其中 $\theta>0$ 且是未知参数。从总体 X 中抽取简单随机样本 $X_1, X_2, \cdots, X_n$,记 $\hat{\theta}=\min(X_1, X_2, \cdots, X_n)$。求:

(1) 总体 X 的分布函数 $F(x)$;

(2) 统计量 $\hat{\theta}$ 的分布函数 $F(x)$。

如果用 $\hat{\theta}$ 作为 θ 的估计量,讨论它是否具有无偏性。

5. 设总体 X 的概率密度为

$$f(x,\lambda) = \begin{cases} \lambda\alpha x^{\alpha-1}e^{-\lambda x^{\alpha}}, & x>0 \\ 0, & x\leqslant 0 \end{cases}$$

其中 $\lambda>0$ 且是未知参数,$\alpha>0$ 是已知常数。试根据来自总体 X 的简单随机样本 $X_1, X_2, \cdots$,

X_n,求 λ 的最大似然估计量 $\hat{\lambda}$。

6. 设 n 个随机变量 $X_1, X_2, \cdots, X_n$ 独立同分布，$D(X_1) = \sigma^2$，$\overline{X} = \frac{1}{n}\sum_{i=1}^{n} X_i$，$S^2 = \frac{1}{n-1}\sum_{i=1}^{n}(X_i - \overline{X})^2$，则（　　）。

  A. S 是 σ 的无偏估计量

  B. S 是 σ 的最大似然估计量

  C. S 是 σ 的相合估计量（即一致估计量）

  D. S 与 $\overline{X}$ 相互独立

7. 设 0.50, 1.25, 0.80, 2.00 是来自总体 X 的简单随机样本值。已知 $Y = \ln X$ 服从正态分布 $N(\mu, 1)$。求：

  (1) X 的数学期望 EX（记 EX 为 b）；

  (2) μ 的置信度为 0.95 的置信区间；

  (3) 利用上述结果求 b 的置信度为 0.95 的置信区间。

8. 设随机变量 X 的分布函数为

$$F(x,\alpha,\beta) = \begin{cases} 1 - \left(\frac{\alpha}{x}\right)^\beta, & x > \alpha \\ 0, & x \leqslant \alpha \end{cases}$$

其中参数 $\alpha > 0, \beta > 1$。设 $X_1, X_2, \cdots, X_n$ 为来自总体 X 的简单随机样本。求：

  (1) 当 $\alpha = 1$ 时，未知参数 β 的矩估计量；

  (2) 当 $\alpha = 1$ 时，未知参数 β 的最大似然估计量；

  (3) 当 $\beta = 2$ 时，未知参数 α 的最大似然估计量。

9. 设一批零件的长度（单位：厘米）服从正态分布 $N(\mu, \sigma^2)$，其中 μ, σ^2 均未知。现从中随机抽取 16 个零件，测得样本均值 $\bar{x} = 20$，样本标准差 $s = 1$，则 μ 的置信水平为 0.90 的置信区间是（　　）。

  A. $\left(20 - \frac{1}{4}t_{0.05}(16), 20 + \frac{1}{4}t_{0.05}(16)\right)$

  B. $\left(20 - \frac{1}{4}t_{0.1}(16), 20 + \frac{1}{4}t_{0.1}(16)\right)$

  C. $\left(20 - \frac{1}{4}t_{0.05}(15), 20 + \frac{1}{4}t_{0.05}(15)\right)$

  D. $\left(20 - \frac{1}{4}t_{0.1}(15), 20 + \frac{1}{4}t_{0.1}(15)\right)$

10. 设总体 X 的概率密度为

$$f(x,\theta) = \begin{cases} \theta, & 0 < x < 1 \\ 1-\theta, & 1 \leqslant x < 2 \\ 0, & 其他 \end{cases}$$

其中 $\theta(0 < \theta < 1)$ 且是未知参数，$X_1, X_2, \cdots, X_n$ 为来自总体的随机样本，记 N 为样本值 $X_1, X_2, \cdots, X_n$ 中小于 1 的个数，求：

(1) θ 的矩估计；

(2) θ 的最大似然估计。

自 测 题

一、选择题（每题 4 分，共 20 分）

1. 设总体 $X \sim N(\mu, 4)$，其中 μ 为未知参数，X_1, X_2, X_3 为样本，下面四个关于 μ 的无偏估计中，采用有效性这一标准衡量，最好的是（　　）。

  A. $\frac{1}{6}X_1 + \frac{1}{3}X_2 + \frac{1}{2}X_3$ B. $\frac{1}{5}X_1 + \frac{2}{5}X_2 + \frac{2}{5}X_3$

  C. $\frac{1}{4}X_1 + \frac{1}{4}X_2 + \frac{1}{2}X_3$ D. $\frac{1}{3}X_1 + \frac{1}{3}X_2 + \frac{1}{3}X_3$

2. 设总体 X 服从参数为 λ 的泊松分布，$X_1, X_2, \cdots, X_n$ 是其简单随机样本，均值为 $\overline{X}$，方差为 S^2。已知 $\hat{\lambda} = a\overline{X} + (2-3a)S^2$ 为 λ 的无偏估计，则 $a = $（　　）。

  A. -1 B. 0   C. $\frac{1}{2}$ D. 1

3. 设 $X \sim N(\mu, \sigma^2)$，已知 σ^2 的值，若样本容量 n 和置信水平 $1-\alpha$ 均不变，则对于不同的样本观测值，μ 的置信区间长度（　　）。

  A. 变长   B. 变短   C. 保持不变   D. 不能确定

4. 设 θ 是总体 X 中的参数，称 $(\underline{\theta}, \overline{\theta})$ 为 θ 的置信水平为 $1-\alpha$ 的置信区间，即（　　）。

  A. $(\underline{\theta}, \overline{\theta})$ 以概率 $1-\alpha$ 包含 θ

  B. θ 以概率 $1-\alpha$ 落入 $(\underline{\theta}, \overline{\theta})$

  C. θ 以概率 α 落在 $(\underline{\theta}, \overline{\theta})$ 之外

  D. 以 $(\underline{\theta}, \overline{\theta})$ 估计 θ 的范围，不正确的概率为 $1-\alpha$

5. 设 $X_1, X_2, \cdots, X_n$ 是来自总体 X 的样本，则 $\frac{1}{n}\sum_{i=1}^{n} X_i^k$ 是 $E(X^k)$ 的（　　）。

  A. 一致估计和无偏估计

  B. 一致估计但未必是无偏估计

  C. 无偏估计但未必是一致估计

  D. 未必是无偏估计，也未必是一致估计

二、填空题（每题 4 分，共 20 分）

1. 设总体 $X \sim N(\mu, \sigma^2)$，$X_1, X_2, \cdots, X_n$ 是取自总体 X 的一个样本，均值 μ 未知，方差 σ^2 已知，则样本容量 n 至少为_____时，才能保证 μ 的置信水平为 0.95 的置信区间长度不大于 l。（附数据：$z_{0.025} = 1.96$）

2. 设 $X_1, X_2, \cdots, X_n$ 为来自正态总体 $N(\mu, \sigma^2)$ 的简单随机样本，测得样本均值为 $\overline{x} = 9.5$，参数 μ 的置信水平为 0.95 的置信区间的上限为 10.8，则 μ 的置信水平为 0.95 的置信区间为_____。

3. 设总体 X 服从区间 $[a, 8]$ 上的均匀分布，则 a 的矩估计量 $\hat{a} = $_____。

4. 设总体 $X \sim N(\mu, \sigma^2)$，其中 σ^2 未知，$X_1, X_2, \cdots, X_n$ 是取自总体的一个样本，样本均值为 $\overline{X}$，样本方差为 S^2，则参数 μ 的置信水平为 $1-\alpha$ 的单侧置信上限 $\bar{\mu} = $ _____。

5. 设总体 X 的一个样本如下：1.70, 1.75, 1.70, 1.65, 1.75, 则该样本的数学期望 $E(X)$ 和方差 $D(X)$ 的矩估计值分别为 _____。

三、解答题（每题 10 分，共 60 分）

1. 设总体 X 的概率密度为

$$f(x, \theta) = \begin{cases} \dfrac{3x^2}{\theta^3}, & 0 < x < \theta \\ 0, & \text{其他} \end{cases}$$

其中 $\theta \in (0, +\infty)$ 为未知参数，X_1, X_2, X_3 为总体 X 的简单随机抽样，令 $T = \max(X_1, X_2, X_3)$，求：

(1) T 的概率密度；

(2) a，使 aT 为 θ 的无偏估计。

2. 设总体 X 的分布函数为

$$F(x, \beta) = \begin{cases} 1 - \dfrac{1}{x^\beta}, & x > 1 \\ 0, & x \leqslant 1 \end{cases}$$

其中未知参数 $\beta > 1$，$X_1, X_2, \cdots, X_n$ 为来自总体 X 的简单随机样本，求：

(1) β 的矩估计量；

(2) β 的最大似然估计量。

3. 设总体 X 的概率密度为

$$f(x, \theta) = \frac{1}{2\theta} e^{-\frac{|x|}{\theta}} \quad (-\infty < x < +\infty)$$

其中 $\theta > 0$ 为未知参数，$X_1, X_2, \cdots, X_n$ 是取自总体的样本，求参数 θ 的最大似然估计量 $\hat{\theta}$，并求 $E(\hat{\theta})$ 和 $D(\hat{\theta})$。

4. 设某种鲜牛奶的冰点服从正态分布 $N(\mu, \sigma^2)$。为了得到该鲜牛奶的冰点，对其冰点进行了 21 次相互独立、重复的测量，计算可得样本均值观测值（单位：℃）为 $\bar{x} = -0.546$，样本方差观测值为 $S^2 = 0.0015$。求：

(1) 若由以往经验知 $\sigma^2 = 0.0048$，求 μ 的置信水平为 0.95 的置信区间；

(2) 若 σ^2 未知，分别求 μ 和 σ^2 的置信水平为 0.95 的置信区间。

5. 设 $X_1, X_2, \cdots, X_n$ 是来自正态分布总体 $N(\mu, \sigma^2)$ 的一个样本，μ 已知，σ 未知。要求：

(1) 验证 $\sum\limits_{i=1}^{n}(X_i - \mu)^2 / \sigma^2 \sim \chi^2(n)$。利用这一结果构造 σ^2 的置信水平为 $1-\alpha$ 的置信区间；

(2) 设 $\mu = 6.5$，且有样本值 7.5, 2.0, 12.1, 8.8, 9.4, 7.3, 1.9, 2.8, 7.0, 7.3。求 σ 的置信水平为 0.95 的置信区间。

6. 研究两种固体燃料火箭推进器的燃烧率，设两者都服从正态分布，并且已知燃烧率的标准差均近似地为 0.05cm/s，取样本容量为 $n_1 = n_2 = 20$，得燃烧率的样本均值分别为 $\bar{x}_1 = 18$ cm/s，$\bar{x}_2 = 24$ cm/s，求两种固体燃料燃烧率总体均值差 $\mu_1 - \mu_2$ 的置信水平为 0.99 的置信区间和单侧置信下限。

第 8 章

假 设 检 验

在企业的生产过程中,常常需要判断生产状况是否正常,这就需要进行检验。这里有两个假设:一是生产过程正常,二是生产过程不正常。实际工作中不能轻易认为生产过程不正常,若因判断失误造成停产,损失很大;也不能总认为生产过程正常,若真的不正常,会生产出大量残次品,一样损失巨大,所以若发现不正常就要及时做出调整。这里就涉及假设检验的问题。

假设检验问题是统计推断的另一类重要问题,是对总体的参数或分布类型提出假设,再通过对样本的处理对假设进行验证,从而对原假设做出接受或拒绝的推断。假设检验根据所要检验的问题分为参数假设检验和非参数假设检验两大类,本章仅讨论第一类——参数假设检验。

参数假设检验的思想是"概率意义的反证法",即小概率事件被认为不会发生。具体做法是先给出一个原假设和一个备择假设,在原假设为真的情况下,通过一个参数的无偏估计量构造一个合适的检验统计量,在给定的显著性水平(小概率)下,求出检验统计量的取值范围,即拒绝域。如果统计量的观察值落在拒绝域中,说明小概率事件已经发生,由实际推断原理,即可拒绝原假设,反之接受原假设。这样的假设检验又称为显著性检验,它可控制犯第一类错误的概率不超过显著性水平。

本章重点介绍正态总体参数的假设检验。具体分为一个总体的假设检验与两个总体的假设检验两大类。最后要注意单侧检验与双侧检验的差别,相同情况下针对同一个参数的单侧检验与双侧检验的检验统计量是一样的,不同的是原假设与备择假设的设法,导致拒绝域有所差别。

本章学习要点:

- 假设检验的基本概念;
- 一个正态总体参数(均值、方差)的假设检验;
- 两个正态总体参数(均值、方差)的假设检验。

8.1 假设检验的基本概念

8.1.1 假设检验的基本思想和概念

什么是假设检验,如何进行假设检验,下面先看一个引例。

引例 某天下午,一群人在品茶,这时候有位女士提出了一个有趣的想法:把茶加到奶里和把奶加到茶里,最后得到的奶茶的味道是不一样的。大部分人不同意这位女士的观点,因为两者混在一起后,其成分是一样的。只有其中一位男士提出了要用科学的方法证明到底一样不一样。10 杯调制好的奶茶随机放到女士的面前,结果女士连续答对了 8 次。那么,我们是否可以判断该女士说法是正确的?

该问题实质上是判断下面两个假设哪个成立。

H_0:女士不具有鉴别能力,是瞎猜的。

H_1:女士具有鉴别能力。

我们称 H_0 为原假设或零假设,H_1 为备择假设或对立假设。原假设与备择假设是对立的,两者只能有一个成立。

根据问题的需要,假设检验有以下几种形式。

形式 1:$H_0:\mu=\mu_0$,$H_1:\mu\neq\mu_0$。

形式 2:$H_0:\mu\leqslant\mu_0$,$H_1:\mu>\mu_0$。

形式 3:$H_0:\mu\geqslant\mu_0$,$H_1:\mu<\mu_0$。

形式 1:因为备择假设分布在零假设两侧,称为双侧假设检验。

形式 2:因为备择假设分布在零假设右侧,称为右侧假设检验。

形式 3:因为备择假设分布在零假设左侧,称为左侧假设检验。

右侧假设检验和左侧假设检验统称为单侧假设检验。

假设检验的核心其实就是**小概率反证法**。先给出假设 H_0,认为其是真的,在此前提下得到一个很小的概率事件发生了。根据实际推断原理,小概率事件在一次试验中不发生或者几乎不发生,如果小概率事件发生了就导致了一种不合理现象的出现,我们有理由认为假设 H_0 不成立。小概率 $\alpha=0.01,0.05,0.1$ 等,具体取值可以根据实际情况确定。

有了上面的准备后,继续回到女士品茶问题。不妨假设 H_0 是真的,即认为女士不具有鉴别能力,是瞎猜的。这时每次蒙对的概率 $p=0.5$,此时女士蒙对次数 X 服从 $B(10,0.5)$ 二项分布,$P\{X=8\}=C_{10}^8 0.5^8 0.5^2=0.0439$。这个概率非常小,依据小概率原理,有理由认为我们的判断是错误的,否定原假设 H_0。依据小概率原理做出的判断并不能保证逻辑上的绝对正确,仅仅是一个概率意义上的判断。实际上可能出现女士运气特别好的情况,连续蒙对了 8 次,这时做出的判断就是错误的,这样我们就犯了错误,称为**第一类错误**。

第一类错误也称为弃真错误或 α 错误,是指原假设 H_0 实际上是真的(女士具有鉴别能力),但通过样本估计总体后,拒绝了原假设(根据样本抽样的信息,做出判断女士不具备鉴别能力)。这个错误的概率记为 α。α 也称为检验的显著性水平,即

$$P\{拒绝\ H_0\ |\ H_0\ 为真\}=\alpha$$

假设检验还可能犯另一类错误,我们称为第二类错误。

第二类错误也称为取伪错误或 β 错误,是指原假设实际上是假的(女士不具有鉴别能力),但通过样本估计总体后,接受了原假设(根据样本抽样的信息,做出判断女士具备鉴别能力)。这个错误的概率记为 β,即

$$P\{接受\ H_0\ |\ H_0\ 为假\}=\beta$$

α,β 都是犯错误的概率,自然希望其越小越好。通常,当样本容量给定时,若减小其中一类犯错误的概率,则往往会增大另一类犯错误的概率。如果要使犯两类错误的概率都降低,必须增加样本容量,这往往会增加工作量和成本。因此,实际中通过增加样本容量来减小两类错误同时变小是不现实的。一般在样本容量给定的情况下,总是控制犯第一类错误的概率,

使它不超过 α。

上面例子,女士猜对了 8 次,我们就认为其具有鉴别能力。自然地,猜对 9 次、10 次也应认为其具有鉴别能力。一般给出原假设以后,需要确定什么情况下接受原假设 H_0,什么情况下拒绝原假设 H_0。我们把拒绝接受原假设的情况组成一个集合,称为**拒绝域**;反之,称为**接受域**。拒绝域的边界点称为**临界点**。

8.1.2 假设检验的基本步骤

下面以一个例子说明假设检验的具体方法。

【例 8.1.1】 某车间用一台包装机包装葡萄糖,包好的袋装糖重(单位:千克)是一个随机变量,它服从正态分布。当机器正常时,其均值为 0.5,标准差为 0.015。某日开工后为检验包装机是否正常,随机抽取了 9 袋葡萄糖,称得净重为 0.497,0.506,0.518,0.524,0.498,0.511,0.520,0.515,0.512,问机器是否正常?

(1) 建立假设

$$H_0: \mu = \mu_0 = 0.5, \quad H_1: \mu \neq \mu_0$$

(2) 在假定 H_0 为真的情况下,选择合适的统计量

$$\frac{\overline{X} - \mu_0}{\sigma / \sqrt{n}} \sim N(0, 1)$$

样本的信息过于分散,通常不能直接使用,必须经过加工处理(统计量),才能变成有用的信息。

(3) 构造小概率事件

$$P\left\{\left|\frac{\overline{X} - \mu_0}{\sigma / \sqrt{n}}\right| \geqslant k\right\} = \alpha$$

查标准正态分布表,得 $k = z_{\alpha/2}$,如图 8-1 所示。

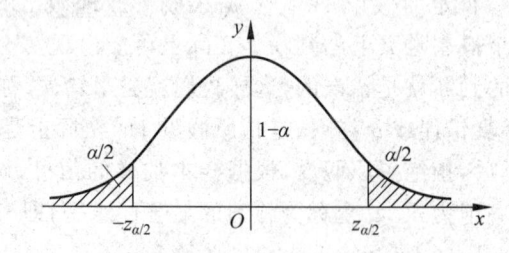

图 8-1 正态分布的双侧分位数

若取定 $\alpha = 0.05$,则 $k = z_{\alpha/2} = z_{0.025} = 1.96$。又已知 $n = 9, \sigma = 0.015$,由样本算得 $\overline{x} = 0.511$,即有 $\frac{|\overline{x} - \mu_0|}{\sigma / \sqrt{n}} = 2.2 > 1.96$ 于是拒绝假设 H_0,认为包装机工作不正常。

根据例 8.1.1 处理问题的思想与方法,总结假设检验的基本步骤如下。

(1) 根据实际问题,提出原假设与备择假设。

(2) 从所研究总体中抽取一个随机样本。

(3) 根据原假设选择合适的待检验统计量。

(4) 根据显著性水平确定拒绝域临界值。

(5) 计算检验统计量与临界值进行比较。

习题 8.1

1. 简述假设检验的一般步骤。
2. 简述单侧检验与双侧检验的区别。
3. 怎样正确运用单侧检验和双侧检验？
4. 第一类错误和第二类错误分别指什么，它们发生的概率之间存在怎样的关系？
5. 简述参数估计和假设检验的联系和区别。

8.2 一个正态总体参数的假设检验

8.2.1 一个正态总体均值的假设检验

1. 方差 σ^2 已知，关于均值 μ 的检验

1) 双侧假设检验

设总体 $X \sim N(\mu, \sigma^2)$，σ^2 已知，$X_1, X_2, \cdots, X_n$ 为来自正态总体 $N(\mu, \sigma^2)$ 的样本，检验假设

$$H_0: \mu = \mu_0, \quad H_1: \mu \neq \mu_0$$

其中 μ_0 是一个已知的常数。

选取与 μ 的无偏估计量 $\overline{X}$ 相关的统计量 $\dfrac{\overline{X} - \mu}{\sigma/\sqrt{n}}$ 作为检验统计量。由定理 6.2.1，在原假设 $H_0: \mu = \mu_0$ 成立的条件下，统计量

$$Z = \frac{\overline{X} - \mu}{\sigma/\sqrt{n}} = \frac{\overline{X} - \mu_0}{\sigma/\sqrt{n}} \sim N(0,1)$$

对于给定的显著性水平 α，当 H_0 为真时，$\bar{x}$ 与 μ 取值不应相差太大，其拒绝域应为

$$\frac{|\bar{x} - \mu_0|}{\sigma/\sqrt{n}} \geq k$$

满足

$$P\left\{\frac{|\overline{X} - \mu_0|}{\sigma/\sqrt{n}} \geq k\right\} = \alpha$$

查标准正态分布表，得 $k = z_{\alpha/2}$（见图 8-1），求得拒绝域为 $|z| \geq z_{\alpha/2}$。

最后把抽样得到的样本观察值 $x_1, x_2, \cdots, x_n$ 代入统计量 Z 中计算，得其观察值 z。若观察值 $|z| > z_{\alpha/2}$，则拒绝原假设 H_0；否则接受原假设 H_0。

这种利用 H_0 为真时服从 $N(0,1)$ 分布的统计量 $Z = \dfrac{\overline{X} - \mu_0}{\sigma/\sqrt{n}}$ 确定拒绝域的检验法称为 Z 检验法。

2) 单侧假设检验

设总体 $X \sim N(\mu, \sigma^2)$，σ^2 已知，$X_1, X_2, \cdots, X_n$ 为来自正态总体 $N(\mu, \sigma^2)$ 的样本，先求

右侧假设检验 $H_0:\mu\leqslant\mu_0$, $H_1:\mu>\mu_0$ 的拒绝域。

在原假设 $H_0:\mu\leqslant\mu_0$ 成立的条件下，仍选取 $Z=\dfrac{\overline{X}-\mu_0}{\sigma/\sqrt{n}}$ 作为检验统计量来确定拒绝域，即

$$P\{拒绝\ H_0\mid H_0\ 为真\}=P_{\mu\in H_0}\{\overline{X}\geqslant k\}=P_{\mu\in H_0}\left\{\dfrac{\overline{X}-\mu}{\sigma/\sqrt{n}}\geqslant\dfrac{k-\mu}{\sigma/\sqrt{n}}\right\}$$

$$=1-\Phi\left(\dfrac{k-\mu}{\sigma/\sqrt{n}}\right)$$

$$\leqslant 1-\Phi\left(\dfrac{k-\mu_0}{\sigma/\sqrt{n}}\right)$$

因为要控制 $P\{拒绝\ H_0\mid H_0\ 为真\}\leqslant\alpha$，所以只需 $1-\Phi\left(\dfrac{k-\mu_0}{\sigma/\sqrt{n}}\right)=\alpha$，查附表 1 得 $\dfrac{k-\mu_0}{\sigma/\sqrt{n}}=z_\alpha$，如图 8-2 所示，$k=\mu_0+\dfrac{\sigma}{\sqrt{n}}z_\alpha$，即得检验问题拒绝域为

$$\overline{x}\geqslant\mu_0+\dfrac{\sigma}{\sqrt{n}}z_\alpha \quad 或 \quad \dfrac{\overline{x}-\mu_0}{\sigma/\sqrt{n}}\geqslant z_\alpha$$

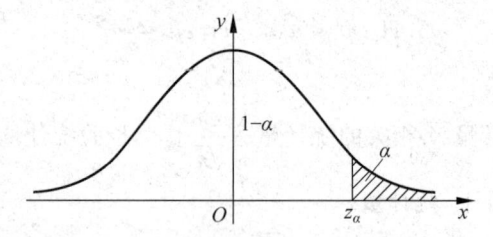

图 8-2 正态分布的上侧分位数

最后把抽样得到的样本观察值 $x_1,x_2,\cdots,x_n$ 代入统计量 Z 中计算，得其观察值 z。若观察值 $z>z_\alpha$，则拒绝原假设 H_0；否则接受原假设 H_0。

仿照上面求解方法，可得左侧假设检验 $H_0:\mu\geqslant\mu_0$, $H_1:\mu<\mu_0$ 的拒绝域为

$$z=\dfrac{\overline{x}-\mu_0}{\sigma/\sqrt{n}}\leqslant -z_\alpha$$

【例 8.2.1】 某纺织厂进行轻浆试验。根据长期正常生产的累积资料，知道该厂单台布机的经纱断头率（每小时平均断经根数）的数学期望值为 9.73，标准差为 1.60。现在把经纱上浆率降低 20%，抽取 200 台布机进行试验，结果平均每台布机的经纱断头数为 9.89 根，如果认为上浆率降低后均方差不变，问断头率是否受到显著影响（$\alpha=0.05$）？

解　设经纱断头率为总体 X，根据题意检验假设为

$$H_0:\mu=9.73,\quad H_1:\mu\neq 9.73$$

现 $\mu=E(X)=9.73$, $\sigma=\sqrt{D(X)}=1.6$，从中选取容量为 200 的样本，测得 $\overline{x}=9.89$，$\alpha=0.05$ 下，$z_{\alpha/2}=z_{0.025}=1.96$。

由 Z 检验法，拒绝域为 $|z|\geqslant z_{0.025}=1.96$。

因$|z|=\dfrac{|\bar{x}-\mu_0|}{\sigma/\sqrt{n}}=\dfrac{|9.89-9.73|}{1.6/\sqrt{200}}=1.4142<z_{0.025}=1.96$,所以接受原假设 H_0,认为断头率没有受到显著影响。

【例 8.2.2】 某厂生产需用玻璃纸做包装,按规定供应商供应的玻璃纸的横向延伸率不低于65。已知该指标服从正态分布 $N(\mu,\sigma^2)$,$\sigma=5.5$。从近期来货中抽查了100个样品,得样本均值 $\bar{x}=55.06$,试问在 $\alpha=0.05$ 水平上能否接受这批玻璃纸?

解 根据题意,检验假设为

$$H_0:\mu\geqslant 65,\quad H_1:\mu<65$$

现 $n=100$,$\bar{x}=55.06$,$\alpha=0.05$,查附表1可得 $z_\alpha=z_{0.05}=1.6449$。

由 Z 检验法得拒绝域为 $z\leqslant -z_{0.05}=-1.6449$。

因 $z=\dfrac{\bar{x}-\mu_0}{\sigma/\sqrt{n}}=\dfrac{55.06-65}{5.5/\sqrt{100}}=-18.0727<-z_{0.05}=-1.6449$,所以拒绝原假设 H_0,接受备择假设 H_1,不能接受该批玻璃纸。

2. 方差 σ^2 未知,关于均值 μ 的检验

1) 双侧假设检验

设总体 $X\sim N(\mu,\sigma^2)$,σ^2 未知,$X_1,X_2,\cdots,X_n$ 为来自正态总体 $N(\mu,\sigma^2)$ 的样本,检验假设

$$H_0:\mu=\mu_0,\quad H_1:\mu\neq\mu_0$$

其中 μ_0 是一个已知的常数。

在原假设 $H_0:\mu=\mu_0$ 成立条件下,仍选取 μ 的无偏估计量 $\bar{X}$ 为相应的检验统计量,由于方差 σ^2 未知,$\dfrac{\bar{X}-\mu}{\sigma/\sqrt{n}}$ 不再是统计量。于是,用 σ^2 的无偏估计量 S^2 代替 σ^2,选择 $T=\dfrac{\bar{X}-\mu}{S/\sqrt{n}}$ 作为检验统计量。

由定理6.2.3,得统计量

$$T=\dfrac{\bar{X}-\mu}{S/\sqrt{n}}\sim t(n-1)$$

对于给定的显著性水平 α,当 H_0 为真时,$\bar{x}$ 与 μ 取值不应相差太大,其拒绝域应为

$$\dfrac{|\bar{x}-\mu_0|}{S/\sqrt{n}}\geqslant k$$

满足

$$P\left\{\dfrac{|\bar{X}-\mu_0|}{S/\sqrt{n}}\geqslant k\right\}=\alpha$$

由 t 分布分位数定义,得 $k=t_{\alpha/2}(n-1)$,如图8-3所示。求得拒绝域为 $|t|\geqslant t_{\alpha/2}(n-1)$。

最后把抽样得到的样本观察值 $x_1,x_2,\cdots,x_n$ 代入统计量 T 中计算,得其观察值 t。若观察值 $|t|\geqslant t_{\alpha/2}(n-1)$,则拒绝原假设 H_0;否则接受原假设 H_0。

这种利用 H_0 为真时服从 $t(n-1)$ 分布的统计量 $T=\dfrac{\bar{X}-\mu}{S/\sqrt{n}}$ 确定拒绝域的检验法称为 **T**

检验法。

2）单侧假设检验

设总体 $X \sim N(\mu,\sigma^2)$，σ^2 未知，$X_1,X_2,\cdots,X_n$ 为来自正态总体 $N(\mu,\sigma^2)$ 的样本，类似前面的推导，可得右侧假设检验 $H_0:\mu\leqslant\mu_0,H_1:\mu>\mu_0$ 的拒绝域为

$$t \geqslant t_\alpha,\quad (n-1)$$

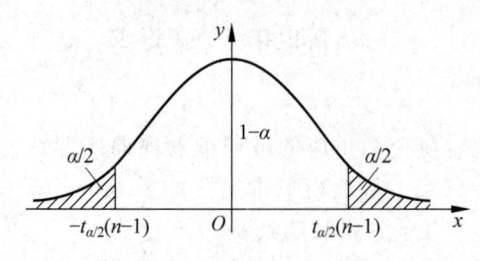

图 8-3 T 检验拒绝域

左侧假设检验 $H_0:\mu\geqslant\mu_0,H_1:\mu<\mu_0$ 的拒绝域为

$$t \leqslant -t_\alpha(n-1)$$

【例 8.2.3】 在正常情况下，某炼钢厂的铁水含碳量(%)$X \sim N(4.55,\sigma^2)$。一日测得 5 炉铁水含碳量为 $4.48,4.40,4.42,4.45,4.47$。在显著性水平 $\alpha=0.05$ 下，试问该日铁水含碳量的均值是否有明显变化。

解 根据题意，检验假设为

$$H_0:\mu=4.55,\quad H_1:\mu\neq 4.55$$

现在 $n=5,\alpha=0.05,t_{\alpha/2}(4)=t_{0.025}(4)=2.7764$。计算 $\bar{x}=4.444,S^2=0.0011$。由 T 检验法得拒绝域为 $|t|\geqslant t_{0.025}(4)=2.7764$。

因为

$$|t|=\frac{|\bar{x}-\mu_0|}{S/\sqrt{n}}=\frac{|4.444-4.55|}{\sqrt{0.0011}/\sqrt{5}}=7.051>2.7764$$

所以拒绝原假 H_0，即认为有显著性变化。

【例 8.2.4】 某种电子元件的寿命 X（单位：小时）服从正态分布，μ,σ^2 均为未知。现测得 16 只元件的寿命为 $159,280,101,212,224,379,179,264,222,362,168,250,149,260,485,170$，问：是否有理由认为元件的平均寿命大于 225 小时（$\alpha=0.05$）？

解 根据题意，检验假设为

$$H_0:\mu\leqslant\mu_0=225,\quad H_1:\mu>225$$

由已知条件得

$$\alpha=0.05,\quad \bar{x}=241.5,\quad S=98.7259,\quad t_{0.05}(15)=1.753$$

由 T 检验法，得拒绝域为

$$t\geqslant t_{0.05}(15)=1.753$$

因为

$$t=\frac{\bar{x}-\mu_0}{S/\sqrt{n}}=0.6685<t_{0.05}(15)=1.753$$

所以接受 H_0，认为元件的平均寿命不大于 225 小时。

8.2.2 一个正态总体方差的假设检验

1. 均值 μ 已知，关于方差 σ^2 的检验

1）双侧假设检验

设总体 $X \sim N(\mu,\sigma^2)$，μ 已知，$X_1,X_2,\cdots,X_n$ 为来自正态总体 $N(\mu,\sigma^2)$ 的样本，检验

假设
$$H_0: \sigma^2 = \sigma_0^2, \quad H_1: \sigma^2 \neq \sigma_0^2$$
其中,σ_0 是一个已知的常数。

在原假设 $H_0: \sigma^2 = \sigma_0^2$ 成立条件下,$\chi^2 = \dfrac{\sum_{i=1}^n (X_i - \mu)^2}{\sigma_0^2}$ 作为检验统计量。由第 6 章 χ^2 分布定义,计算统计量为

$$\chi^2 = \frac{\sum_{i=1}^n (X_i - \mu)^2}{\sigma_0^2} \sim \chi^2(n)$$

对于给定的显著性水平 α,当 H_0 为真时,$\chi^2 = \dfrac{\sum_{i=1}^n (X_i - \mu)^2}{\sigma_0^2}$ 的取值与 n 不应相差太大,故其拒绝域应为

$$\frac{\sum_{i=1}^n (x_i - \mu)^2}{\sigma_0^2} \leqslant k_1 \quad \text{或} \quad \frac{\sum_{i=1}^n (x_i - \mu)^2}{\sigma_0^2} \geqslant k_2$$

满足

$$P\left\{ \frac{\sum_{i=1}^n (X_i - \mu)^2}{\sigma_0^2} \leqslant k_1 \quad \text{或} \quad \frac{\sum_{i=1}^n (X_i - \mu)^2}{\sigma_0^2} \geqslant k_2 \right\} = \alpha$$

常取

$$P\left\{ \frac{\sum_{i=1}^n (X_i - \mu)^2}{\sigma_0^2} \leqslant k_1 \right\} = P\left\{ \frac{\sum_{i=1}^n (X_i - \mu)^2}{\sigma_0^2} \geqslant k_2 \right\} = \frac{\alpha}{2}$$

由 χ^2 分布分位数定义(见图 8-4),得 $k_1 = \chi^2_{1-\alpha/2}(n)$,$k_2 = \chi^2_{\alpha/2}(n)$。由此得拒绝域为

$$\chi^2 = \frac{\sum_{i=1}^n (x_i - \mu)^2}{\sigma_0^2} \leqslant \chi^2_{1-\alpha/2}(n) \quad \text{或} \quad \frac{\sum_{i=1}^n (x_i - \mu)^2}{\sigma_0^2} \geqslant \chi^2_{\alpha/2}(n)$$

最后把抽样得到的样本观察值 $x_1, x_2, \cdots, x_n$ 代入统计量 χ^2 中计算,得其观察值 χ^2。若 $\chi^2 = \dfrac{\sum_{i=1}^n (x_i - \mu)^2}{\sigma_0^2} \leqslant \chi^2_{1-\alpha/2}(n)$ 或 $\dfrac{\sum_{i=1}^n (x_i - \mu)^2}{\sigma_0^2} \geqslant \chi^2_{\alpha/2}(n)$,则拒绝原假设 H_0,否则接受原假设 H_0。

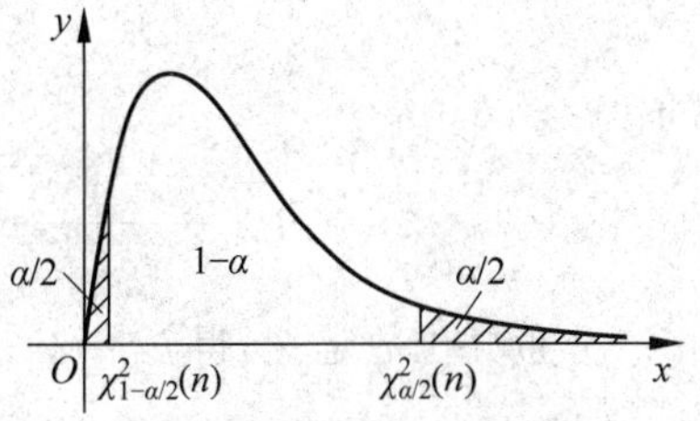

图 8-4 卡方检验拒绝域

这种利用 H_0 为真时服从 $\chi^2(n)$ 分布的统计量 $\chi^2 = \dfrac{\sum\limits_{i=1}^{n}(X_i - \mu)^2}{\sigma_0^2}$ 确定拒绝域的检验法称为 χ^2 检验法。

2）单侧假设检验

设总体 $X \sim N(\mu, \sigma^2)$，均值 μ 未知，σ^2 未知，$X_1, X_2, \cdots, X_n$ 为来自正态总体 $N(\mu, \sigma^2)$ 的样本。类似前面的推导，可得右侧假设检验 $H_0: \sigma^2 \leqslant \sigma_0^2, H_1: \sigma^2 > \sigma_0^2$ 的拒绝域为

$$\chi^2 = \frac{\sum\limits_{i=1}^{n}(x_i - \mu)^2}{\sigma_0^2} \geqslant \chi_\alpha^2(n)$$

左侧假设检验 $H_0: \sigma^2 \geqslant \sigma_0^2, H_1: \sigma^2 < \sigma_0^2$ 的拒绝域为

$$\chi^2 = \frac{\sum\limits_{i=1}^{n}(x_i - \mu)^2}{\sigma_0^2} \leqslant \chi_{1-\alpha}^2(n)$$

2. 均值 μ 未知，关于方差 σ^2 的检验

1）双侧假设检验

设总体 $X \sim N(\mu, \sigma^2)$，μ 未知，$X_1, X_2, \cdots, X_n$ 为来自正态总体 $N(\mu, \sigma^2)$ 的样本，检验假设 $H_0: \sigma^2 = \sigma_0^2, H_1: \sigma^2 \neq \sigma_0^2$（$\sigma_0$ 是一个已知的常数）。

在原假设 $H_0: \sigma^2 = \sigma_0^2$ 成立条件下，选取 σ^2 的无偏估计量 S^2 来衡量，常用 $\chi^2 = \dfrac{(n-1)S^2}{\sigma^2} = \dfrac{(n-1)S^2}{\sigma_0^2}$ 作为检验统计量。由定理 6.2.2，统计量为

$$\chi^2 = \frac{(n-1)S^2}{\sigma_0^2} \sim \chi^2(n-1)$$

对于给定的显著性水平 α，当 H_0 为真时，$\dfrac{S^2}{\sigma_0^2}$ 的取值与 1 不应相差太大，故其拒绝域应为

$$\frac{(n-1)S^2}{\sigma_0^2} \leqslant k_1 \quad \text{或} \quad \frac{(n-1)S^2}{\sigma_0^2} \geqslant k_2$$

满足

$$P\left\{\frac{(n-1)S^2}{\sigma_0^2} \leqslant k_1 \text{ 或 } \frac{(n-1)S^2}{\sigma_0^2} \geqslant k_2\right\} = \alpha$$

常取

$$P\left\{\frac{(n-1)S^2}{\sigma_0^2} \leqslant k_1\right\} = P\left\{\frac{(n-1)S^2}{\sigma_0^2} \geqslant k_2\right\} = \frac{\alpha}{2}$$

由 χ^2 分布分位数定义，得 $k_1 = \chi_{1-\alpha/2}^2(n-1)$，$k_2 = \chi_{\alpha/2}^2(n-1)$。由此得拒绝域为

$$\chi^2 = \frac{(n-1)S^2}{\sigma_0^2} \leqslant \chi_{1-\alpha/2}^2(n-1) \quad \text{或} \quad \frac{(n-1)S^2}{\sigma_0^2} \geqslant \chi_{\alpha/2}^2(n-1)$$

最后把抽样得到的样本观察值 $x_1, x_2, \cdots, x_n$ 代入统计量 χ^2 中计算，得其观察值 χ^2。

若 $\chi^2 = \dfrac{(n-1)S^2}{\sigma_0^2} \leqslant \chi_{1-\alpha/2}^2(n-1)$ 或 $\dfrac{(n-1)S^2}{\sigma_0^2} \geqslant \chi_{\alpha/2}^2(n-1)$，则拒绝原假设 H_0；否则接受原假设 H_0。

这种利用 H_0 为真时服从 $\chi^2(n-1)$ 分布的统计量 $\chi^2 = \dfrac{(n-1)S^2}{\sigma^2}$ 确定拒绝域的检验法称为 χ^2 检验法。

2) 单侧假设检验

设总体 $X \sim N(\mu, \sigma^2)$，均值 μ 未知，σ^2 未知，$X_1, X_2, \cdots, X_n$ 为来自正态总体 $N(\mu, \sigma^2)$ 的样本。类似前面的推导，可得右侧假设检验 $H_0: \sigma^2 \leqslant \sigma_0^2, H_1: \sigma^2 > \sigma_0^2$ 的拒绝域为

$$\chi^2 = \frac{(n-1)S^2}{\sigma_0^2} \geqslant \chi_\alpha^2(n-1)$$

左侧假设检验 $H_0: \sigma^2 \geqslant \sigma_0^2, H_1: \sigma^2 < \sigma_0^2$ 的拒绝域为

$$\chi^2 = \frac{(n-1)S^2}{\sigma_0^2} \leqslant \chi_{1-\alpha}^2(n-1)$$

【例 8.2.5】 某厂生产的某种型号的电池，其寿命（单位：小时）长期以来服从方差 $\sigma^2 = 5000$ 的正态分布。现有一批电池，从它的生产情况来看，寿命的波动性有所变化。现随机抽取 26 只电池，测出其寿命的样本方差 $S^2 = 9200$。问：根据这一数据能否推断这批电池寿命的波动性较以往有显著变化？$(\alpha = 0.02)$

解 根据题意，检验假设为

$$H_0: \sigma^2 = 5000, \quad H_1: \sigma^2 \neq 5000$$

现在 $n=26, \alpha=0.02, \sigma_0^2=5000, \chi_{\alpha/2}^2(n-1) = \chi_{0.01}^2(25) = 44.314, \chi_{1-\alpha/2}^2(n-1) = \chi_{0.99}^2(25) = 11.524$。

由 χ^2 检验法得拒绝域为 $\dfrac{(n-1)S^2}{\sigma_0^2} \leqslant 11.524$ 或 $\dfrac{(n-1)S^2}{\sigma_0^2} \geqslant 44.314$。因为 $\dfrac{(n-1)S^2}{\sigma_0^2} = \dfrac{25 \times 9200}{5000} = 46 > 44.314$，所以拒绝 H_0，故认为这批电池寿命的波动性较以往有显著变化。

【例 8.2.6】 某种导线，要求其电阻的标准不得超过 0.005（单位：Ω）。今在生产的一批导线中取样品 9 根，测得 $s = 0.007$。设总体为正态分布，问在水平 $\alpha = 0.05$ 下，能否认为这批导线的标准差显著性偏大？

解 根据题意，检验假设为

$$H_0: \sigma \leqslant \sigma_0 = 0.005, \quad H_1: \sigma > \sigma_0 = 0.005$$

现在 $n=9, \alpha=0.05, S=0.007, \chi_\alpha^2(n-1) = \chi_{0.05}^2(8) = 15.507$。

由 χ^2 检验法得拒绝域为 $\dfrac{(n-1)S^2}{\sigma_0^2} \geqslant 15.507$。

因为 $\chi^2 = \dfrac{(n-1)S^2}{\sigma^2} = \dfrac{8 \times 0.007^2}{0.005^2} = 15.68 > \chi_{0.05}^2(8) = 15.507$，所以拒绝原假设 H_0，认为这批导线的标准差显著性偏大。

习题 8.2

1. 一种罐装饮料采用自动生产线生产,每罐的容量(单位:毫升)是 255,标准差为 5。为检验每罐容量是否符合要求,质检人员在某天生产的饮料中随机抽取了 40 罐进行检验,测得每罐平均容量为 255.8。取显著性水平 $\alpha=0.05$,检验该天生产的饮料容量是否符合标准要求。

2. 一种元件,要求其使用寿命(单位:小时)不得低于 700 小时。现从一批这种元件中随机抽取 36 件,测得其平均寿命为 680 小时。已知该元件寿命服从正态分布,$\sigma=60$ 小时,试在显著性水平 $\alpha=0.05$ 下确定这批元件是否合格。

3. 糖厂用自动打包机打包,每包标准重量(单位:千克)是 100。每天开工后需要检验一次打包机工作是否正常。某日开工后测得 9 包重量为 99.3,98.7,100.5,101.2,98.3,99.7,99.5,102.1,100.5。已知包重服从正态分布,试检验该日打包机工作是否正常($\alpha=0.05$)。

4. 某种电子元件的寿命 x(单位:小时)服从正态分布。现测得 16 只元件的寿命为 159,280,101,212,224,379,179,264,222,362,168,250,149,260,485,170。问:是否有理由认为元件的平均寿命显著大于 225($\alpha=0.05$)。

5. 在正常情况下,某肉类加工厂生产的小包装精肉每包重量(单位:克)X 服从正态分布,标准差 $\sigma=10$。某日抽取 12 包,测得其重量为 501,497,483,492,510,503,478,494,483,496,502,513。问:该日生产的纯精肉每包重量的标准差是否正常($\alpha=0.10$)。

6. 2007 年,某个航线往返机票的平均折扣是 258 元。2008 年,随机抽取了 16 个往返机票的折扣作为一个简单随机样本,结果得到以下数据:265,280,290,240,285,250,260,245,310,260,265,255,300,310,230,263。问:

(1) 取显著性水平 $\alpha=0.05$,检验 2008 年往返机票的平均折扣是否有显著增加;

(2) 在上述检验中,基本假定是什么?

8.3 两个正态总体参数的假设检验

设总体 $X \sim N(\mu_1, \sigma_1^2), Y \sim N(\mu_2, \sigma_2^2), X_1, X_2, \cdots, X_{n_1}$ 为来自正态总体 $N(\mu_1, \sigma_1^2)$ 的样本,$Y_1, Y_2, \cdots, Y_{n_2}$ 为来自正态总体 $N(\mu_2, \sigma_2^2)$ 的样本且设两样本独立,又设 $\overline{X}, \overline{Y}$ 分别是总体的 X 与 Y 样本均值,S_1^2, S_2^2 是总体的 X 与 Y 样本方差,$\mu_1, \mu_2, \sigma_1^2, \sigma_2^2$ 均为未知。

8.3.1 两个正态总体均值差的假设检验

1. 方差 σ_1^2, σ_2^2 均为已知,关于均值 $\mu_1 - \mu_2$ 的检验

1) 双侧假设检验

检验假设
$$H_0: \mu_1 - \mu_2 = \delta, \quad H_1: \mu_1 - \mu_2 \neq \delta$$

其中 δ 是一个已知的常数。

因 $\overline{X} - \overline{Y}$ 是 $\mu_1 - \mu_2$ 的无偏估计量,所以取统计量为

$$Z = \frac{(\overline{X} - \overline{Y}) - (\mu_1 - \mu_2)}{\sqrt{\dfrac{\sigma_1^2}{n_1} + \dfrac{\sigma_2^2}{n_2}}} = \frac{(\overline{X} - \overline{Y}) - \delta}{\sqrt{\dfrac{\sigma_1^2}{n_1} + \dfrac{\sigma_2^2}{n_2}}}$$

由定理 6.2.4 的证明过程可知

$$Z = \frac{(\overline{X} - \overline{Y}) - \delta}{\sqrt{\dfrac{\sigma_1^2}{n_1} + \dfrac{\sigma_2^2}{n_2}}} \sim N(0,1)$$

对于给定的显著性水平 α,当 H_0 为真时,其拒绝域形式为

$$|Z| = \left| \frac{(\overline{X} - \overline{Y}) - \delta}{\sqrt{\dfrac{\sigma_1^2}{n_1} + \dfrac{\sigma_2^2}{n_2}}} \right| > k$$

查标准正态分布表,得 $k = z_{\alpha/2}$,其拒绝域为

$$|z| \geqslant z_{\alpha/2}$$

这种利用 H_0 为真时服从 $N(0,1)$ 分布的统计量

$$Z = \frac{(\overline{X} - \overline{Y}) - \delta}{\sqrt{\dfrac{\sigma_1^2}{n_1} + \dfrac{\sigma_2^2}{n_2}}}$$

确定拒绝域的检验法称为 **Z 检验法**。

2) 单侧假设检验

类似前面的推导,可得右侧假设检验 $H_0: \mu_1 - \mu_2 \leqslant \delta$,$H_1: \mu_1 - \mu_2 > \delta$ 的拒绝域为

$$z = \frac{(\overline{x} - \overline{y}) - (\mu_1 - \mu_2)}{\sqrt{\dfrac{\sigma_1^2}{n_1} + \dfrac{\sigma_2^2}{n_2}}} \geqslant z_\alpha$$

左侧假设检验 $H_0: \mu_1 - \mu_2 \geqslant \delta$,$H_1: \mu_1 - \mu_2 < \delta$ 的拒绝域为

$$z = \frac{(\overline{x} - \overline{y}) - (\mu_1 - \mu_2)}{\sqrt{\dfrac{\sigma_1^2}{n_1} + \dfrac{\sigma_2^2}{n_2}}} \leqslant -z_\alpha$$

2. 方差 $\sigma_1^2 = \sigma_2^2 = \sigma^2$,但 σ^2 未知,关于均值 $\mu_1 - \mu_2$ 的检验

1) 双侧假设检验

检验假设

$$H_0: \mu_1 - \mu_2 = \delta, \quad H_1: \mu_1 - \mu_2 \neq \delta$$

其中 δ 是一个已知的常数。

因 $\sigma_1^2 = \sigma_2^2 = \sigma^2$ 未知,此时 $Z = \dfrac{(\overline{X} - \overline{Y}) - \delta}{\sqrt{\dfrac{\sigma_1^2}{n_1} + \dfrac{\sigma_2^2}{n_2}}}$ 不是统计量。注意到 $S_w^2 = \dfrac{(n_1-1)S_1^2 + (n_2-1)S_2^2}{n_1 + n_2 - 2}$ 是 σ^2 的无偏估计量,选取检验统计量为

$$T = \frac{(\overline{X}-\overline{Y})-\delta}{S_w\sqrt{\frac{1}{n_1}+\frac{1}{n_2}}}$$

由定理 6.2.4 得

$$T = \frac{(\overline{X}-\overline{Y})-\delta}{S_w\sqrt{\frac{1}{n_1}+\frac{1}{n_2}}} \sim t(n_1+n_2-2)$$

对于给定的显著性水平 α，当 H_0 为真时，其拒绝域形式为

$$|t| = \left|\frac{(\overline{X}-\overline{Y})-\delta}{S_w\sqrt{\frac{1}{n_1}+\frac{1}{n_2}}}\right| \geq k$$

查 t 分布表，得 $k = t_{\alpha/2}(n_1+n_2-2)$，其拒绝域为

$$|t| \geq t_{\alpha/2}(n_1+n_2-2)$$

这种利用 H_0 为真时服从 $t(n_1+n_2-2)$ 分布的统计量

$$T = \frac{(\overline{X}-\overline{Y})-\delta}{S_w\sqrt{\frac{1}{n_1}+\frac{1}{n_2}}}$$

确定拒绝域的检验法仍称为 T 检验法。

2) 单侧假设检验

类似前面的推导，可得右侧假设检验 $H_0: \mu_1-\mu_2 \leq \delta$, $H_1: \mu_1-\mu_2 > \delta$ 的拒绝域为

$$t = \frac{(\overline{X}-\overline{Y})-\delta}{S_w\sqrt{\frac{1}{n_1}+\frac{1}{n_2}}} \geq t_\alpha(n_1+n_2-2)$$

左侧假设检验 $H_0: \mu_1-\mu_2 \geq \delta$, $H_1: \mu_1-\mu_2 < \delta$ 的拒绝域为

$$t = \frac{(\overline{X}-\overline{Y})-\delta}{S_w\sqrt{\frac{1}{n_1}+\frac{1}{n_2}}} \leq -t_\alpha(n_1+n_2-2)$$

【例 8.3.1】 在平炉上进行一项试验以确定改变操作方法是否可以增加钢的得率，试验在同一只平炉上进行。每炼一炉钢除操作方法外，其他条件都尽可能做到相同。先采用标准方法炼一炉，然后用建议的方法炼一炉，以后交替进行，各炼 10 炉，其得率分别如下。

(1) 标准方法：

　　78.1　72.4　76.2　74.3　77.4　78.4　76.0　75.5　76.7　77.3

(2) 新方法：

　　79.1　81.0　77.3　79.1　80.0　78.1　79.1　77.3　80.2　82.1

设两个样本相互独立且分别来自正态总体。问：新的操作方法能否提高得率（$\alpha=0.05$）？

解 根据题意，检验假设为

$$H_0: \mu_1-\mu_2 \geq 0, \quad H_1: \mu_1-\mu_2 < 0$$

由已知条件可知，$n_1=10, \bar{x}=76.23$，计算得 $S_1^2=3.325, n_2=10, \bar{y}=79.33, S_2^2=2.3979$,

且 $S_w^2 = \dfrac{(10-1)S_1^2 + (10-1)S_2^2}{10+10-2} = 2.861$。$\alpha = 0.05$，$t_{0.05}(18) = 1.7341$。

由 T 检验法得拒绝域为 $t \leqslant -t_\alpha(n_1+n_2-2) = -t_{0.05}(18) = -1.7341$。

因为 $t = \dfrac{\overline{X}-\overline{Y}}{S_w\sqrt{\dfrac{1}{10}+\dfrac{1}{10}}} = -4.098 \leqslant -t_{0.05}(18) = -1.7341$，所以拒绝 H_0，即认为建议的新操作方法能够显著提升得率。

8.3.2 两个正态总体方差比的假设检验

1. μ_1, μ_2 未知，关于方差比 $\dfrac{\sigma_1^2}{\sigma_2^2}$ 的检验

1）双侧假设检验

设总体 $X \sim N(\mu_1, \sigma_1^2)$，$Y \sim N(\mu_2, \sigma_2^2)$，$X_1, X_2, \cdots, X_{n_1}$ 为来自正态总体 $N(\mu_1, \sigma_1^2)$ 的样本，设 $Y_1, Y_2, \cdots, Y_{n_2}$ 为来自正态总体 $N(\mu_2, \sigma_2^2)$ 的样本，且设两样本独立。又设 $\overline{X}, \overline{Y}$ 分别是总体的 X 与 Y 样本均值，S_1^2, S_2^2 是总体的 X 与 Y 样本方差，$\mu_1, \mu_2, \sigma_1^2, \sigma_2^2$ 均为未知，需要检验假设

$$H_0: \sigma_1^2 = \sigma_2^2, \quad H_1: \sigma_1^2 \neq \sigma_2^2$$

在原假设 $H_0: \sigma_1^2 = \sigma_2^2$ 成立条件下，选取 S_1^2, S_2^2 分别是 σ_1^2, σ_2^2 的无偏估计量，取 $F = \dfrac{S_1^2/S_2^2}{\sigma_1^2/\sigma_2^2} = \dfrac{S_1^2}{S_2^2}$ 作为检验统计量。

由定理 6.2.4，统计量 $F = \dfrac{S_1^2}{S_2^2} \sim F(n_1-1, n_2-1)$。对于给定的显著性水平 α，当 H_0 为真时，$\dfrac{S_1^2}{S_2^2}$ 的取值与 1 不应相差太大，故其拒绝域形式应是

$$F = \dfrac{S_1^2}{S_2^2} \leqslant k_1 \quad \text{或} \quad F = \dfrac{S_1^2}{S_2^2} \geqslant k_2$$

得 $P\left\{F = \dfrac{S_1^2}{S_2^2} \leqslant k_1 \text{ 或 } F = \dfrac{S_1^2}{S_2^2} \geqslant k_2\right\} = \alpha$。取

$$P\left\{F = \dfrac{S_1^2}{S_2^2} \leqslant k_1\right\} = P\left\{F = \dfrac{S_1^2}{S_2^2} \geqslant k_2\right\} = \dfrac{\alpha}{2}$$

由 F 分布分位数定义（见图 8-5），得

$$k_1 = F_{1-\alpha/2}(n_1-1, n_2-1), \quad k_2 = F_{\alpha/2}(n_1-1, n_2-1)$$

由此得，拒绝域为 $F = \dfrac{S_1^2}{S_2^2} \leqslant F_{1-\alpha/2}(n_1-1, n_2-1)$ 或 $F = \dfrac{S_1^2}{S_2^2} \geqslant F_{\alpha/2}(n_1-1, n_2-1)$。

最后把抽样得到的样本观察值 $x_1, x_2, \cdots, x_n$ 代入统计量 F 中计算，得其观察值 F。

若 $F = \dfrac{S_1^2}{S_2^2} \leq F_{1-\alpha/2}(n_1-1, n_2-1)$ 或 $F = \dfrac{S_1^2}{S_2^2} \geq F_{\alpha/2}(n_1-1, n_2-1)$，则拒绝原假设 H_0，否则接受原假设 H_0。

这种利用 H_0 为真时服从 $F(n_1-1, n_2-1)$ 分布的统计量 $F = \dfrac{S_1^2}{S_2^2}$ 确定拒绝域的检验法称为 **F 检验法**。

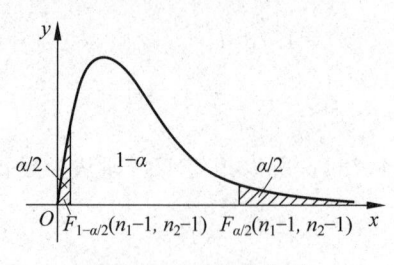

图 8-5 F 检验拒绝域

2) 单侧假设检验

类似前面的推导，可得右侧假设检验 $H_0: \sigma_1^2 \leq \sigma_2^2$，$H_1: \sigma_1^2 > \sigma_2^2$ 的拒绝域为

$$F = \dfrac{S_1^2/S_2^2}{\sigma_1^2/\sigma_2^2} \geq F_\alpha(n_1-1, n_2-1)$$

左侧假设检验 $H_0: \sigma_1^2 \geq \sigma_2^2$，$H_1: \sigma_1^2 < \sigma_2^2$ 的拒绝域为

$$F = \dfrac{S_1^2/S_2^2}{\sigma_1^2/\sigma_2^2} \leq F_{1-\alpha}(n_1-1, n_2-1)$$

【**例 8.3.2**】 某卷烟厂生产甲、乙两种香烟，分别对它们的尼古丁含量(单位：毫克)作了六次测定，获得样本观察值如下。

甲：25　28　23　26　29　22

乙：28　23　30　25　21　27

假设这两种烟的尼古丁含量都服从正态分布，且方差相等。检验它们的方差有无显著差异(显著性水平 $\alpha = 0.1$)。

解 根据题意，检验假设为

$$H_0: \sigma_1^2 = \sigma_2^2, \quad H_1: \sigma_1^2 \neq \sigma_2^2$$

现在 $n_1 = 6, n_2 = 6$，计算得 $S_1^2 = 7.5, S_2^2 = 11.0667, \alpha = 0.1, F_{1-\alpha/2}(5,5) = F_{0.95}(5,5) = 0.1980, F_{\alpha/2}(5,5) = F_{0.05}(5,5) = 5.0503$。

由 F 检验法得拒绝域为 $F \leq 0.1980$ 或 $F \geq 5.0503$。

因为 $F = \dfrac{S_1^2}{S_2^2} = \dfrac{7.5}{11.0667} = 0.6777$，所以 $F_{\alpha/2}(5,5) < F < F_{1-\alpha/2}(5,5)$。即接受原假设 H_0，认为它们的方差无显著差异。

正态总体的假设检验表如表 8-1 所示。

表 8-1

检验名称	条件	原假设 H_0	备择假设 H_1	检验统计量	拒绝域
Z 检验	σ^2 已知	$\mu \leq \mu_0$	$\mu > \mu_0$	$Z = \dfrac{\overline{X} - \mu_0}{\sigma/\sqrt{n}}$	$z \geq z_\alpha$
		$\mu \geq \mu_0$	$\mu < \mu_0$		$z \leq -z_\alpha$
		$\mu = \mu_0$	$\mu \neq \mu_0$		$|z| \geq z_{\alpha/2}$
T 检验	σ^2 未知	$\mu \leq \mu_0$	$\mu > \mu_0$	$T = \dfrac{\overline{X} - \mu_0}{S/\sqrt{n}}$	$t \geq t_\alpha(n-1)$
		$\mu \geq \mu_0$	$\mu < \mu_0$		$t \leq -t_\alpha(n-1)$
		$\mu = \mu_0$	$\mu \neq \mu_0$		$|t| \geq t_{\alpha/2}(n-1)$

续表

检验名称	条件	原假设 H_0	备择假设 H_1	检验统计量	拒绝域
χ^2 检验	μ 已知	$\sigma^2 \leq \sigma_0^2$	$\sigma^2 > \sigma_0^2$	$\chi^2 = \dfrac{\sum_{i=1}^{n}(X_i-\mu)^2}{\sigma_0^2}$	$\chi^2 \geq \chi_\alpha^2(n)$
		$\sigma^2 \geq \sigma_0^2$	$\sigma^2 < \sigma_0^2$		$\chi^2 \leq \chi_{1-\alpha}^2(n)$
		$\sigma^2 = \sigma_0^2$	$\sigma^2 \neq \sigma_0^2$		$\chi^2 \geq \chi_{\alpha/2}^2(n)$ 或 $\chi^2 \leq \chi_{1-\alpha/2}^2(n)$
	μ 未知	$\sigma^2 \leq \sigma_0^2$	$\sigma^2 > \sigma_0^2$	$\chi^2 = \dfrac{(n-1)S^2}{\sigma_0^2}$	$\chi^2 \geq \chi_\alpha^2(n-1)$
		$\sigma^2 \geq \sigma_0^2$	$\sigma^2 < \sigma_0^2$		$\chi^2 \leq \chi_{1-\alpha}^2(n-1)$
		$\sigma^2 = \sigma_0^2$	$\sigma^2 \neq \sigma_0^2$		$\chi^2 \geq \chi_{\alpha/2}^2(n-1)$ 或 $\chi^2 \leq \chi_{1-\alpha/2}^2(n-1)$
Z 检验	σ_1, σ_2 已知	$\mu_1-\mu_2 \leq 0$	$\mu_1-\mu_2 > 0$	$Z = \dfrac{\overline{X}-\overline{Y}}{\sqrt{\dfrac{\sigma_1^2}{n_1}+\dfrac{\sigma_2^2}{n_2}}}$	$z \geq z_\alpha$
		$\mu_1-\mu_2 \geq 0$	$\mu_1-\mu_2 < 0$		$z \leq -z_\alpha$
		$\mu_1-\mu_2 = 0$	$\mu_1-\mu_2 \neq 0$		$|z| \geq z_{\alpha/2}$
T 检验	$\sigma_1 = \sigma_2$ 但未知	$\mu_1-\mu_2 \leq 0$	$\mu_1-\mu_2 > 0$	$T = \dfrac{\overline{X}-\overline{Y}}{S_w\sqrt{\dfrac{1}{n_1}+\dfrac{1}{n_2}}}$	$t \geq t_\alpha(n_1+n_2-2)$
		$\mu_1-\mu_2 \geq 0$	$\mu_1-\mu_2 < 0$		$t \leq -t_\alpha(n_1+n_2-2)$
		$\mu_1-\mu_2 = 0$	$\mu_1-\mu_2 \neq 0$		$|t| \geq t_{\alpha/2}(n_1+n_2-2)$
F 检验	μ_1, μ_2 未知	$\sigma_1^2 \leq \sigma_2^2$	$\sigma_1^2 > \sigma_2^2$	$F = \dfrac{S_1^2}{S_2^2}$	$F \geq F_\alpha(n_1-1, n_2-1)$
		$\sigma_1^2 \geq \sigma_2^2$	$\sigma_1^2 < \sigma_2^2$		$F \leq F_{1-\alpha}(n_1-1, n_2-1)$
		$\sigma_1^2 = \sigma_2^2$	$\sigma_1^2 \neq \sigma_2^2$		$F \geq F_{\alpha/2}(n_1-1, n_2-1)$ 或 $F \leq F_{1-\alpha/2}(n_1-1, n_2-1)$

习题 8.3

1. 装配一个部件时可以采用不同的方法,所关心的问题是哪一个方法的效率更高。劳动效率可以用平均装配时间反映。现从不同的装配方法中各抽取 12 件产品,记录各自的装配时间(单位:分钟)如下。

甲方法:31 34 29 32 35 38 34 30 29 32 31 26
乙方法:26 24 28 29 30 29 32 26 31 29 32 28
两总体为正态总体且方差相同。问两种方法的装配时间有无显著不同($\alpha = 0.05$)。

2. 有人说在大学里男生的学习成绩比女生的学习成绩好。现从一个学校中随机抽取 25 名男生和 16 名女生,对他们进行同样题目的测试。测试结果表明,男生的平均成绩为 82 分,方差为 56;女生的平均成绩为 78 分,方差为 49。假设显著性水平 $\alpha = 0.02$,男生的学习成绩是否比女生的学习成绩好?

3. 抽样分析某种食品在处理前和处理后的含脂率,测得数据如下。

处理前:0.19 0.18 0.21 0.30 0.41 0.12 0.27
处理后:0.15 0.13 0.07 0.24 0.19 0.06 0.08 0.12

假设处理前后的含脂率都服从正态分布,试问处理前后含脂率的标准差是否存在显著差异($\alpha = 0.02$)。

4. 在针织品的漂白工艺过程中,考察温度对针织品断裂程度的影响。根据经验可以认为,在不同温度下断裂强度都服从正态分布且方差相等。现在 70℃ 和 80℃ 两种温度下断裂强度都服从正态分布且方差相等。现在 70℃ 和 80℃ 两种温度下各做 8 次试验,得到强力的数据(单位:千克) 如下。

70℃:20.5 18.8 19.8 20.9 21.5 19.5 21.0 21.2
80℃:17.7 20.3 20.0 18.8 19.0 20.1 20.2 19.1

试问在不同温度下强度是否存在显著差异($\alpha = 0.05$)。

5. 抽样检测 A,B 两种建筑材料的抗压强度测得数据(单位:千克/平方厘米) 如下。

A:88 87 92 90 91
B:89 89 90 84 88

已知抗压强度服从正态分布,问:A 种材料是否比 B 种材料更抗压($\alpha = 0.05$)?

*8.4 置信区间与假设检验的关系

置信区间和假设检验是统计推断问题的两个重要内容,通过对这两个部分的学习,不难发现它们之间存在明显的联系。先考察双侧置信区间与双侧假设检验之间的关系。设总体 $X \sim N(\mu, \sigma^2)$,σ^2 未知,$X_1, X_2, \cdots, X_n$ 为来自正态总体 $N(\mu, \sigma^2)$ 的样本,$x_1, x_2, \cdots, x_n$ 为样本值,则参数 μ 的置信度为 $1-\alpha$,置信区间为 $\left[\bar{x} \pm \dfrac{S}{\sqrt{n}} t_{\alpha/2}(n-1)\right]$。在同样条件下对应的假设检验为

$$H_0: \mu = \mu_0, \quad H_1: \mu \neq \mu_0$$

其拒绝域为 $|z| = \left|\dfrac{\overline{X} - \mu_0}{S/\sqrt{n}}\right| \geqslant t_{\alpha/2}(n-1)$,即 $\mu_0 \geqslant \bar{x} + \dfrac{S}{\sqrt{n}} t_{\alpha/2}(n-1)$ 或 $\mu_0 \leqslant \bar{x} - \dfrac{S}{\sqrt{n}} t_{\alpha/2}(n-1)$,接受域为 $\bar{x} - \dfrac{S}{\sqrt{n}} t_{\alpha/2}(n-1) < \mu_0 < \bar{x} + \dfrac{S}{\sqrt{n}} t_{\alpha/2}(n-1)$,即 $\mu_0 \in \left(\bar{x} \pm \dfrac{S}{\sqrt{n}} t_{\alpha/2}(n-1)\right)$ 时,接受原假设 H_0。

通过以上推导可知:同样条件下,参数 μ 的置信度为 $1-\alpha$ 置信区间对应于假设检验中 μ 的接受域。对于单侧置信区间和单侧假设检验,可以得到类似结论。置信区间是由大概率事件确定参数 μ 的取值范围,假设检验是利用小概率事件确定参数 μ 的不合理取值范围。两者考虑问题角度不一样,但目的都是一样的。

实际案例

产品检验问题 Quality Associates 是一家咨询公司,为委托人监控其制造过程抽样和统计程序方面的建议。在某一应用中,一名委托人向 Quality Associates 公司提供了其生产过程正常运行时的 800 个观察值组成的一个样本。这些数据的样本标准差为 0.21,所以假定总体的标准差为 0.21。Quality Associates 公司建议委托人连续地定期选取样本容量为 30 的随

机样本对该生产过程进行监控。通过对这些样本的分析,委托人可以迅速了解该生产过程的运行状况。当生产过程运行不正常时,应采取措施以避免出现问题。设计规格要求该生产过程的均值为 12,Quality Associates 公司建议采用以下形式的假设检验:

$$H_0: \mu = 12, \quad H_1: \mu \neq 12$$

只要 H_0 被拒绝,就应采取纠正措施。表 8-2 为新的统计监控程序运行的第一天且每间隔 1 小时所收集到数据。

表 8-2

样本 1	样本 2	样本 3	样本 4
11.55	11.62	11.91	12.02
11.62	11.69	11.36	12.02
11.52	11.59	11.75	12.05
11.75	11.82	11.95	12.18
11.90	11.97	12.14	12.11
11.64	11.71	11.72	12.07
11.80	11.87	11.61	12.05
12.03	12.10	11.85	11.64
11.94	12.01	12.16	12.39
11.92	11.99	11.91	11.65
12.13	12.20	12.12	12.11
12.09	12.16	11.61	11.90
11.93	12.00	12.21	12.22
12.21	12.28	11.56	11.88
12.32	12.39	11.95	12.03
11.93	12.00	12.01	12.35
11.85	11.92	12.06	12.09
11.76	11.83	11.76	11.77
12.16	12.23	11.82	12.20
11.77	11.84	12.12	11.79
12.00	12.07	11.60	12.30
12.04	12.11	11.95	12.27
11.98	12.05	11.96	12.29
12.30	12.37	12.22	12.47
12.18	12.25	11.75	12.03
11.97	12.04	11.96	12.17
12.17	12.24	11.95	11.94
11.85	11.92	11.89	11.97
12.30	12.37	11.88	12.23
12.15	12.22	11.93	12.25

管理报告:

(1) 对每个样本在 0.01 的显著水平下进行假设检验,如果需要采取措施,确定应该采取何种措施?给出每个检验的检验统计量和 p 值。

① 假设检验。

a. 提出假设：
$$H_0: \mu = 12, \quad H_1: \mu \neq 12$$

b. 统计量及分布：
$$Z = \frac{\sqrt{n}(\overline{X} - \mu)}{\sigma} \sim N(0,1)$$

c. 给出显著水平 $\alpha = 0.01 \to Z_{\alpha/2} = 2.576$。

置信区间：
$$I_\alpha = \left(\bar{x} - Z_{\alpha/2} \frac{\sigma}{\sqrt{n}}, \bar{x} + Z_{\alpha/2} \frac{\sigma}{\sqrt{n}}\right)$$

样本 1：
$$\begin{aligned}
I_{\alpha 1} &= \left(11.96 - 2.576 \times \frac{0.21}{\sqrt{30}}, 11.96 + 2.576 \times \frac{0.21}{\sqrt{30}}\right) \\
&= (11.96 - 0.10, 11.96 + 0.10) \\
&= (11.86, 12.06)
\end{aligned}$$

样本 2：
$$\begin{aligned}
I_{\alpha 2} &= \left(12.03 - 2.576 \times \frac{0.21}{\sqrt{30}}, 12.03 + 2.576 \times \frac{0.21}{\sqrt{30}}\right) \\
&= (12.03 - 0.10, 12.03 + 0.10) \\
&= (11.93, 12.13)
\end{aligned}$$

样本 3：
$$\begin{aligned}
I_{\alpha 3} &= \left(11.89 - 2.576 \times \frac{0.21}{\sqrt{30}}, 11.89 + 2.576 \times \frac{0.21}{\sqrt{30}}\right) \\
&= (11.89 - 0.10, 11.89 + 0.10) \\
&= (11.79, 11.99)
\end{aligned}$$

样本 4：
$$\begin{aligned}
I_{\alpha 4} &= \left(12.03 - 2.576 \times \frac{0.21}{\sqrt{30}}, 12.03 + 2.576 \times \frac{0.21}{\sqrt{30}}\right) \\
&= (12.08 - 0.10, 12.08 + 0.10) \\
&= (11.98, 12.18)
\end{aligned}$$

d. 统计决策：因为 $12 \notin I_{\alpha 1}, 12 \notin I_{\alpha 2}, 12 \in I_{\alpha 3}, 12 \notin I_{\alpha 4}$，所以对于样本 1、样本 2、样本 4 可做出拒绝原假设 $H_0: \mu = 12$ 的统计决策。而对于样本 3 来讲，则不拒绝原假设 $H_0: \mu = 12$。

可见，生产过程还不够稳定，有必要缩短监控时间并收集更多的样本进行检验，以进一步做出比较准确的决策。

② 每个检验的检验统计量和 p 值。

各个样本的检验统计量及 p 值如表 8-3 所示。

表 8-3

样本	样本 1	样本 2	样本 3	样本 4
$\overline{X}$	11.96	12.03	11.89	12.08
z	-1.04	0.78	-2.87	2.09
p 值	0.30	0.44	0.004	0.036

利用检验统计量及 p 值可以得到相同的统计决策结论。

(2) 计算表 8-4 中每一样本的标准差；假设总体标准差为 0.21 是否合理？

表 8-4

样本	样本 1	样本 2	样本 3	样本 4
标准差	0.22	0.22	0.21	0.21

从每一个样本的标准差来看,假设总体标准差为 0.21 基本合理。

(3) 当样本均值在 $\mu=12$ 附近多大范围内,可以认为该生产过程的运行令人满意?(如果超过上限或低于下限,则应对其采取纠正措施。在质量控制中,这类上限或下限被称作上侧或下侧控制限。)

对于置信水平 $\alpha=0.01$,当 $|z_0|>z_{\alpha/2}$ 时,则拒绝原假设 $H_0:\mu=12$,即认为生产过程是不正常的;当 $\left|z_0=\dfrac{\bar{x}-\mu}{\sigma/\sqrt{n}}\right|\leqslant z_{\alpha/2}$ 时,被认为生产过程是正常运行的,从而有

上侧控制限: $U_\alpha=\mu+z_{\alpha/2}\dfrac{\sigma}{\sqrt{n}}=12.10$

下侧控制限: $L_\alpha=\mu-z_{\alpha/2}\dfrac{\sigma}{\sqrt{n}}=11.90$

(4) 当显著水平变大时说明什么?这时哪种错误或误差将增大?

当显著水平 α 变大时,则增大了拒绝原假设 H_0 的可能性,即犯第一类错误的概率增大。

考研题精选

1. 设 $X_1,X_2,\cdots,X_n$ 为来自总体 $X\sim N(\mu,\sigma^2)$ 的简单随机样本,μ,σ^2 未知,记 $\bar{x}=\dfrac{1}{n}\sum\limits_{i=1}^{n}x_i$,$Q=\sum\limits_{i=1}^{n}(x_i-\bar{x})^2$,则对假设检验 $H_0:\mu=u_0$,$H_1:\mu\neq u_0$ 使用的 t 统计量 $t=$ _____(用 $\bar{x}$,Q 表示),其拒绝域 $w=$ _____。

2. z 检验、t 检验都是关于 _____ 的假设检验。当 _____ 已知时,用 z 检验;当 _____ 未知时,用 t 检验。

3. 设总体 $X\sim N(\mu_1,\sigma_1^2)$,总体 $Y\sim N(\mu_2,\sigma_2^2)$,其中 σ_1^2,σ_2^2 未知,设 $X_1,X_2,\cdots,X_n$ 是来自总体 X 的样本,$Y_1,Y_2,\cdots,Y_n$ 是来自总体 Y 的样本,两样本独立,则对于假设检验 $H_0:\mu_1=\mu_2$,$H_1:\mu_1\neq\mu_2$,使用的统计量为 _____,它服从的分布为 _____。

4. 设总体 $X\sim N(\mu,\sigma^2)$,μ 未知,$X_1,X_2,\cdots,X_n$ 是来自该总体的样本,样本方差为 S^2,对 $H_0:\sigma^2\geqslant 16$,$H_1:\sigma^2<16$,其检验统计量为 _____,拒绝域为 _____。

5. 某厂生产一种螺钉,要求标准长度(单位:毫米)是 68。实际生产的产品,其长度服从 $N(\mu,3.6^2)$,考察假设检验问题 $H_0:\mu=68$,$H_1:\mu\neq 68$。设 $\bar{x}$ 为样本均值,按下列方式进行假设检验:当 $|\bar{x}-68|>1$ 时,拒绝原假设 H_0;当 $|\bar{x}-68|\leqslant 1$ 时,接受原假设 H_0。求:

(1) 当样本容量 $n=36$ 时,犯第一类错误的概率 α;

(2) 当样本容量 $n=64$ 时,犯第一类错误的概率 α;

(3) 当 H_0 不成立时(设 $\mu=70$),又 $n=64$ 时,按上述检验法,犯第二类错误的概率 β。

自 测 题

一、填空题（每题 5 分，共 30 分）

1. 设 $X_1, X_2, \cdots, X_n$ 是来自正态总体的样本，其中参数 μ, σ^2 未知，则检验假设 $H_0: \mu = 0$ 的 t 检验使用统计量 $t = \underline{\quad\quad}$。

2. 设 $X_1, X_2, \cdots, X_n$ 是来自正态总体的样本，其中参数 μ 未知，σ^2 已知。要检验假设 $\mu = \mu_0$ 应用 $\underline{\quad\quad}$ 检验法，检验的统计量是 $\underline{\quad\quad}$；当 H_0 成立时，该统计量服从 $\underline{\quad\quad}$。

3. 要使犯两类错误的概率同时减小，只有 $\underline{\quad\quad}$。

4. 设 $X_1, X_2, \cdots, X_n$ 和 $Y_1, Y_2, \cdots, Y_m$ 分别来自正态总体 $X \sim N(\mu_X, \sigma_X^2)$ 和 $X \sim N(\mu_Y, \sigma_Y^2)$，两总体相互独立。要检验假设 $H_0: \sigma_X^2 = \sigma_Y^2$ 应用 $\underline{\quad\quad}$ 检验法，检验的统计量为 $\underline{\quad\quad}$。

5. 设总体 $X \sim N(\mu, \sigma^2)$，μ, σ^2 都是未知参数，把从 X 中抽取的容量为 n 的样本均值记为 $\overline{X}$，样本标准差记为 S（修正）。当 σ^2 已知时，在显著性水平 α 下，检验假设 $H_0: \mu \geqslant \mu_0$，$H_1: \mu < \mu_0$ 的统计量为 $\underline{\quad\quad}$，拒绝域为 $\underline{\quad\quad}$。

6. 设总体 $X \sim N(\mu, \sigma^2)$，μ, σ^2 都是未知参数，从 X 中抽取的容量为 $n = 50$ 的样本，已知样本均值 $\overline{x} = 1900$，样本标准差 $s = 490$。检验假设 $H_0: \mu = 2000$；$H_1: \mu \neq 2000$ 的统计量值为 $\underline{\quad\quad}$；在显著性水平 $\alpha = 0.01$ 下，检验结果是 $\underline{\quad\quad} H_0$。

二、选择题（每题 5 分，共 40 分）

1. 在假设检验中，用 α 和 β 分别表示犯第一类错误和第二类错误的概率，则当样本容量一定时，下列说法中正确的是（　　）。

    A. α 减小 β 也减小

    B. α 增大 β 也增大

    C. α 与 β 不能同时减小，减小其中一个，另一个往往就会增大

    D. A 和 B 同时成立

2. 在假设检验中，一旦检验法选择正确，计算无误（　　）。

    A. 不可能作出错误判断　　　　　　　　B. 增加样本容量就不会作出错误判断
    C. 仍有可能作出错误判断　　　　　　　D. 计算精确些就可避免错误判断

3. 在一个确定的假设检验问题中，与判断结果有关的因素有（　　）。

    A. 样本值及样本容量　　　　　　　　　B. 显著性水平
    C. 检验的统计量　　　　　　　　　　　D. A 和 B 同时成立

4. 在假设检验中，记 H_1 为备择假设，则称（　　）为犯第一类错误。

    A. H_1 真，接受 H_1　　　　　　　　　B. H_1 不真，接受 H_1
    C. H_1 真，拒绝 H_1　　　　　　　　　D. H_1 不真，拒绝 H_1

5. 机床厂某日从两台机器所加工的同一种零件中分别抽取两个样本，检验两台机器的精度是否相同，则提出假设（　　）。

    A. $H_0: \mu_1 = \mu_2, H_1: \mu_1 \neq \mu_2$　　　　B. $H_0: \sigma_1^2 = \sigma_2^2, H_1: \sigma_1^2 \neq \sigma_2^2$

C. $H_0: \mu_1 = \mu_2, H_1: \mu_1 > \mu_2$ D. $H_0: \sigma_1^2 = \sigma_2^2, H_1: \sigma_1^2 > \sigma_2^2$

6. 检验的显著性水平是(　　)。

　　A. 第一类错误概率   B. 第一类错误概率的上限
　　C. 第二类错误概率   D. 第二类错误概率的上限

7. 在假设检验中,如果原假设 H_0 的否定域是 W,那么样本观测值 $x_1, x_2, \cdots, x_n$ 只可能有下列四种情况,其中拒绝 H_0 且不犯错误的是(　　)。

　　A. H_0 成立,$(x_1, x_2, \cdots, x_n) \in W$
　　B. H_0 成立,$(x_1, x_2, \cdots, x_n) \notin W$
　　C. H_0 不成立,$(x_1, x_2, \cdots, x_n) \in W$
　　D. H_0 不成立,$(x_1, x_2, \cdots, x_n) \notin W$

8. 一家汽车生产企业在广告中宣称:该公司的汽车可以保证在两年或24000公里内无事故。但该汽车的一个经销商认为保证"两年"这一项是不必要的,因为汽车车主在两年内行驶的平均里程不会超过 24000 公里。假定这位经销商要检验假设 $H_0: \mu \leqslant 2400, H_1: \mu > 2400$,取显著水平为 $\alpha = 0.01$,并假设为大样本,则此项检验的拒绝域为(　　)。

　　A. $z \geqslant 2.33$ B. $z \leqslant -2.33$ C. $|z| \geqslant 2.33$ D. $z = 2.33$

三、解答题(每题 10 分,共 30 分)

1. 根据以往资料分析,某种电子元件的使用寿命服从正态分布,$\sigma = 11.25$。现从一周内生产的一批电子元件中随机抽取 9 个,测得其使用寿命为(单位:小时)2315,2360,2340,2325,2350,2320,2335,2335,2325。问:这批电子元件的平均使用寿命可否认为是 2350($\alpha = 0.05$)。

2. 某厂生产的维尼纶在正常生产条件下纤度服正态分布 $N(1.405, 0.048)$。某日抽取 5 根纤维,测得其纤维度 1.32,1.55,1.36,1.40,1.44。问:这天生产的维尼伦纤度的均值有无显著变化($\alpha = 0.05$)。

3. 设有甲、乙两台机床加工同样产品。分别从甲、乙机床加工的产品中随机抽取 8 件和 7 件,测得产品直径(单位:毫米)如下。

　　甲:20.5　19.8　19.7　20.4　20.1　20.0　19.6　19.9
　　乙:19.7　20.8　20.5　19.8　19.4　20.6　19.2

已知两台机床加工产品的直径长度分别服从方差为 $\sigma_1^2 = 0.3^2, \sigma_2^2 = 1.2^2$ 的正态分布,问:两台机床加工产品直径的长度有无显著差异($\alpha = 0.01$)。

附

附表 1　泊松分布

$k\rightarrow$	0.1	0.2	0.3	0.4	0.5	0.6	0.7
0	0.9048	0.8187	0.7408	0.6703	0.6065	0.5488	0.4966
1	0.9953	0.9825	0.9631	0.9384	0.9098	0.8781	0.8442
2	0.9998	0.9989	0.9964	0.9921	0.9856	0.9769	0.9659
3	1.0000	0.9999	0.9997	0.9992	0.9982	0.9966	0.9942
4		1.0000	1.0000	0.9999	0.9998	0.9996	0.9992
5				1.0000	1.0000	1.0000	0.9999
6							1.0000
7							
8							
9							
10							
11							
12							
$k\rightarrow$	3.5	4.0	4.5	5.0	5.5	6.0	6.5
0	0.0302	0.0183	0.0111	0.0067	0.0041	0.0025	0.0015
1	0.1359	0.0916	0.0611	0.0404	0.0266	0.0174	0.0113
2	0.3208	0.2381	0.1736	0.1247	0.0884	0.0620	0.0430
3	0.5366	0.4335	0.3423	0.2650	0.2017	0.1512	0.1118
4	0.7254	0.6288	0.5321	0.4405	0.3575	0.2851	0.2237
5	0.8576	0.7851	0.7029	0.6160	0.5289	0.4457	0.3690
6	0.9347	0.8893	0.8311	0.7622	0.6860	0.6063	0.5265
7	0.9733	0.9489	0.9134	0.8666	0.8095	0.7440	0.6728
8	0.9901	0.9786	0.9597	0.9319	0.8944	0.8472	0.7916
9	0.9967	0.9919	0.9829	0.9682	0.9462	0.9161	0.8774
10	0.9990	0.9972	0.9933	0.9863	0.9747	0.9574	0.9332
11	0.9997	0.9991	0.9976	0.9945	0.9890	0.9799	0.9661
12	0.9999	0.9997	0.9992	0.9980	0.9955	0.9912	0.9840
13	1.0000	0.9999	0.9997	0.9993	0.9983	0.9964	0.9929
14		1.0000	0.9999	0.9998	0.9994	0.9986	0.9970
15			1.0000	0.9999	0.9998	0.9995	0.9988
16				1.0000	0.9999	0.9998	0.9996
17					1.0000	0.9999	0.9998
18						1.0000	0.9999
19							1.0000
20							
21							
22							
23							

录

表 $$F(k) = \sum_{i=0}^{k} \frac{\lambda^i}{i!} e^{-\lambda}$$

0.8	0.9	1.0	1.5	2.0	2.5	3.0
0.4493	0.4066	0.3679	0.2231	0.1353	0.0821	0.0498
0.8088	0.7725	0.7358	0.5578	0.4060	0.2873	0.1991
0.9526	0.9371	0.9197	0.8088	0.6767	0.5438	0.4232
0.9909	0.9865	0.9810	0.9344	0.8571	0.7576	0.6472
0.9986	0.9977	0.9963	0.9814	0.9473	0.8912	0.8153
0.9998	0.9997	0.9994	0.9955	0.9834	0.9580	0.9161
1.0000	1.0000	0.9999	0.9991	0.9955	0.9858	0.9665
		1.0000	0.9998	0.9989	0.9958	0.9881
			1.0000	0.9998	0.9989	0.9962
				1.0000	0.9997	0.9989
					0.9999	0.9997
					1.0000	0.9999
						1.0000

7.0	7.5	8.0	8.5	9.0	9.5	10.0
0.0009	0.0006	0.0003	0.0002	0.0001	0.0001	0.0000
0.0073	0.0047	0.0030	0.0019	0.0012	0.0008	0.0005
0.0296	0.0203	0.0138	0.0093	0.0062	0.0042	0.0028
0.0818	0.0591	0.0424	0.0301	0.0212	0.0149	0.0103
0.1730	0.1321	0.0996	0.0744	0.0550	0.0403	0.0293
0.3007	0.2414	0.1912	0.1496	0.1157	0.0885	0.0671
0.4497	0.3782	0.3134	0.2562	0.2068	0.1649	0.1301
0.5987	0.5246	0.4530	0.3856	0.3239	0.2687	0.2202
0.7291	0.6620	0.5925	0.5231	0.4557	0.3918	0.3328
0.8305	0.7764	0.7166	0.6530	0.5874	0.5218	0.4579
0.9015	0.8622	0.8159	0.7634	0.7060	0.6453	0.5830
0.9467	0.9208	0.8881	0.8487	0.8030	0.7520	0.6968
0.9730	0.9573	0.9362	0.9091	0.8758	0.8364	0.7916
0.9872	0.9784	0.9658	0.9486	0.9261	0.8981	0.8645
0.9943	0.9897	0.9827	0.9726	0.9585	0.9400	0.9165
0.9976	0.9954	0.9918	0.9862	0.9780	0.9665	0.9513
0.9990	0.9980	0.9963	0.9934	0.9889	0.9823	0.9730
0.9996	0.9992	0.9984	0.9970	0.9947	0.9911	0.9857
0.9999	0.9997	0.9993	0.9987	0.9976	0.9957	0.9928
1.0000	0.9999	0.9997	0.9995	0.9989	0.9980	0.9965
	1.0000	0.9999	0.9998	0.9996	0.9991	0.9984
		1.0000	0.9999	0.9998	0.9996	0.9993
			1.0000	0.9999	0.9999	0.9997
				1.0000	0.9999	0.9999

附表 2 标准正态分布表

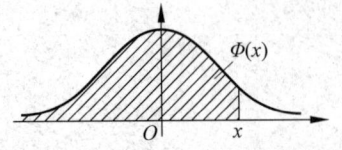

$$\Phi(x) = \int_{-\infty}^{x} \frac{1}{\sqrt{2\pi}} e^{-\frac{t^2}{2}} dt$$

x	0	0.01	0.02	0.03	0.04	0.05	0.06	0.07	0.08	0.09
0	0.5000	0.5040	0.5080	0.5120	0.5160	0.5199	0.5239	0.5279	0.5319	0.5359
0.1	0.5398	0.5438	0.5478	0.5517	0.5557	0.5596	0.5636	0.5675	0.5714	0.5753
0.2	0.5793	0.5832	0.5871	0.5910	0.5948	0.5987	0.6026	0.6064	0.6103	0.6141
0.3	0.6179	0.6217	0.6255	0.6293	0.6331	0.6368	0.6406	0.6443	0.6480	0.6517
0.4	0.6554	0.6591	0.6628	0.6664	0.6700	0.6736	0.6772	0.6808	0.6844	0.6879
0.5	0.6915	0.6950	0.6985	0.7019	0.7054	0.7088	0.7123	0.7157	0.7190	0.7224
0.6	0.7257	0.7291	0.7324	0.7357	0.7389	0.7422	0.7454	0.7486	0.7517	0.7549
0.7	0.7580	0.7611	0.7642	0.7673	0.7703	0.7734	0.7764	0.7794	0.7823	0.7852
0.8	0.7881	0.7910	0.7939	0.7967	0.7995	0.8023	0.8051	0.8078	0.8106	0.8133
0.9	0.8159	0.8186	0.8212	0.8238	0.8264	0.8289	0.8315	0.8340	0.8365	0.8389
1.0	0.8413	0.8438	0.8461	0.8485	0.8508	0.8531	0.8554	0.8577	0.8599	0.8621
1.1	0.8643	0.8665	0.8686	0.8708	0.8729	0.8749	0.8770	0.8790	0.8810	0.8830
1.2	0.8849	0.8869	0.8888	0.8907	0.8925	0.8944	0.8962	0.8980	0.8997	0.9015
1.3	0.9032	0.9049	0.9066	0.9082	0.9099	0.9115	0.9131	0.9147	0.9162	0.9177
1.4	0.9192	0.9207	0.9222	0.9236	0.9251	0.9265	0.9278	0.9292	0.9306	0.9319
1.5	0.9332	0.9345	0.9357	0.9370	0.9382	0.9394	0.9406	0.9418	0.9430	0.9441
1.6	0.9452	0.9463	0.9474	0.9484	0.9495	0.9505	0.9515	0.9525	0.9535	0.9545
1.7	0.9554	0.9564	0.9573	0.9582	0.9591	0.9599	0.9608	0.9616	0.9625	0.9633
1.8	0.9641	0.9648	0.9656	0.9664	0.9671	0.9678	0.9686	0.9693	0.9700	0.9706
1.9	0.9713	0.9719	0.9726	0.9732	0.9738	0.9744	0.9750	0.9756	0.9762	0.9767
2.0	0.9772	0.9778	0.9783	0.9788	0.9793	0.9798	0.9803	0.9808	0.9812	0.9817
2.1	0.9821	0.9826	0.9830	0.9834	0.9838	0.9842	0.9846	0.9850	0.9854	0.9857
2.2	0.9861	0.9864	0.9868	0.9871	0.9874	0.9878	0.9881	0.9884	0.9887	0.9890
2.3	0.9893	0.9896	0.9898	0.9901	0.9904	0.9906	0.9909	0.9911	0.9913	0.9916
2.4	0.9918	0.9920	0.9922	0.9925	0.9927	0.9929	0.9931	0.9932	0.9934	0.9936
2.5	0.9938	0.9940	0.9941	0.9943	0.9945	0.9946	0.9948	0.9949	0.9951	0.9952
2.6	0.9953	0.9955	0.9956	0.9957	0.9959	0.9960	0.9961	0.9962	0.9963	0.9964
2.7	0.9965	0.9966	0.9967	0.9968	0.9969	0.9970	0.9971	0.9972	0.9973	0.9974
2.8	0.9974	0.9975	0.9976	0.9977	0.9977	0.9978	0.9979	0.9979	0.9980	0.9981
2.9	0.9981	0.9982	0.9982	0.9983	0.9984	0.9984	0.9985	0.9985	0.9986	0.9986
3.0	0.9987	0.9990	0.9993	0.9995	0.9997	0.9998	0.9998	0.9999	0.9999	1.0000
3.1	0.9990	0.9991	0.9991	0.9991	0.9992	0.9992	0.9992	0.9992	0.9993	0.9993
3.2	0.9993	0.9993	0.9994	0.9994	0.9994	0.9994	0.9994	0.9995	0.9995	0.9995
3.3	0.9995	0.9995	0.9996	0.9996	0.9996	0.9996	0.9996	0.9996	0.9996	0.9997
3.4	0.9997	0.9997	0.9997	0.9997	0.9997	0.9997	0.9997	0.9997	0.9997	0.9998
3.5	0.9998	0.9998	0.9998	0.9998	0.9998	0.9998	0.9998	0.9998	0.9998	0.9999
3.6	0.9998	0.9998	0.9999	0.9999	0.9999	0.9999	0.9999	0.9999	0.9999	0.9999
3.7	0.9999	0.9999	0.9999	0.9999	0.9999	0.9999	0.9999	0.9999	0.9999	0.9999
3.8	0.9999	0.9999	0.9999	0.9999	0.9999	0.9999	0.9999	0.9999	0.9999	1.0000
3.9	1.0000	1.0000	1.0000	1.0000	1.0000	1.0000	1.0000	1.0000	1.0000	1.0000

附表3 χ^2 分布

$P\{\chi^2 > \chi^2_\alpha(n)\} = \alpha$

n	α												
	0.995	0.990	0.975	0.95	0.90	0.75	0.50	0.25	0.10	0.05	0.03	0.01	0.005
1	0.000	0.000	0.001	0.004	0.016	0.102	0.455	1.323	2.706	3.841	5.024	6.635	7.879
2	0.010	0.020	0.051	0.103	0.211	0.575	1.386	2.773	4.605	5.991	7.378	9.210	10.597
3	0.072	0.115	0.216	0.352	0.584	1.213	2.366	4.108	6.251	7.815	9.348	11.345	12.838
4	0.207	0.297	0.484	0.711	1.064	1.923	3.357	5.385	7.779	9.488	11.143	13.277	14.860
5	0.412	0.554	0.831	1.145	1.610	2.675	4.351	6.626	9.236	11.070	12.833	15.086	16.750
6	0.676	0.872	1.237	1.635	2.204	3.455	5.348	7.841	10.645	12.592	14.449	16.812	18.548
7	0.989	1.239	1.690	2.167	2.833	4.255	6.346	9.037	12.017	14.067	16.013	18.475	20.278
8	1.344	1.646	2.180	2.733	3.490	5.071	7.344	10.219	13.362	15.507	17.535	20.090	21.955
9	1.735	2.088	2.700	3.325	4.168	5.899	8.343	11.389	14.684	16.919	19.023	21.666	23.589
10	2.156	2.558	3.247	3.940	4.865	6.737	9.342	12.549	15.987	18.307	20.483	23.209	25.188
11	2.603	3.053	3.816	4.575	5.578	7.584	10.341	13.701	17.275	19.675	21.920	24.725	26.757
12	3.074	3.571	4.404	5.226	6.304	8.438	11.340	14.845	18.549	21.026	23.337	26.217	28.300
13	3.565	4.107	5.009	5.892	7.042	9.299	12.340	15.984	19.812	22.362	24.736	27.688	29.819
14	4.075	4.660	5.629	6.571	7.790	10.165	13.339	17.117	21.064	23.685	26.119	29.141	31.319
15	4.601	5.229	6.262	7.261	8.547	11.037	14.339	18.245	22.307	24.996	27.488	30.578	32.801
16	5.142	5.812	6.908	7.962	9.312	11.912	15.338	19.369	23.542	26.296	28.845	32.000	34.267
17	5.697	6.408	7.564	8.672	10.085	12.792	16.338	20.489	24.769	27.587	30.191	33.409	35.718
18	6.265	7.015	8.231	9.390	10.865	13.675	17.338	21.605	25.989	28.869	31.526	34.805	37.156
19	6.844	7.633	8.907	10.117	11.651	14.562	18.338	22.718	27.204	30.144	32.852	36.191	38.582
20	7.434	8.260	9.591	10.851	12.443	15.452	19.337	23.828	28.412	31.410	34.170	37.566	39.997
21	8.034	8.897	10.283	11.591	13.240	16.344	20.337	24.935	29.615	32.671	35.479	38.932	41.401
22	8.643	9.542	10.982	12.338	14.041	17.240	21.337	26.039	30.813	33.924	36.781	40.289	42.796
23	9.260	10.196	11.689	13.091	14.848	18.137	22.337	27.141	32.007	35.172	38.076	41.638	44.181
24	9.886	10.856	12.401	13.848	15.659	19.037	23.337	28.241	33.196	36.415	39.364	42.980	45.559
25	10.520	11.524	13.120	14.611	16.473	19.939	24.337	29.339	34.382	37.652	40.646	44.314	46.928
26	11.160	12.198	13.844	15.379	17.292	20.843	25.336	30.435	35.563	38.885	41.923	45.642	48.290
27	11.808	12.879	14.573	16.151	18.114	21.749	26.336	31.528	36.741	40.113	43.195	46.963	49.645
28	12.461	13.565	15.308	16.928	18.939	22.657	27.336	32.620	37.916	41.337	44.461	48.278	50.993
29	13.121	14.256	16.047	17.708	19.768	23.567	28.336	33.711	39.087	42.557	45.722	49.588	52.336
30	13.787	14.953	16.791	18.493	20.599	24.478	29.336	34.800	40.256	43.773	46.979	50.892	53.672
31	14.458	15.655	17.539	19.281	21.434	25.390	30.336	35.887	41.422	44.985	48.232	52.191	55.003
32	15.134	16.362	18.291	20.072	22.271	26.304	31.336	36.973	42.585	46.194	49.480	53.486	56.328
33	15.815	17.074	19.047	20.867	23.110	27.219	32.336	38.058	43.745	47.400	50.725	54.776	57.648
34	16.501	17.789	19.806	21.664	23.952	28.136	33.336	39.141	44.903	48.602	51.966	56.061	58.964
35	17.192	18.509	20.569	22.465	24.797	29.054	34.336	40.223	46.059	49.802	53.203	57.342	60.275
36	17.887	19.233	21.336	23.269	25.643	29.973	35.336	41.304	47.212	50.998	54.437	58.619	61.581
37	18.586	19.960	22.106	24.075	26.492	30.893	36.336	42.383	48.363	52.192	55.668	59.893	62.883

续表

n	α												
	0.995	0.990	0.975	0.95	0.90	0.75	0.50	0.25	0.10	0.05	0.03	0.01	0.005
38	19.289	20.691	22.878	24.884	27.343	31.815	37.335	43.462	49.513	53.384	56.896	61.162	64.181
39	19.996	21.426	23.654	25.695	28.196	32.737	38.335	44.539	50.660	54.572	58.120	62.428	65.476
40	20.707	22.164	24.433	26.509	29.051	33.660	39.335	45.616	51.805	55.758	59.342	63.691	66.766
41	21.421	22.906	25.215	27.326	29.907	34.585	40.335	46.692	52.949	56.942	60.561	64.950	68.053
42	22.138	23.650	25.999	28.144	30.765	35.510	41.335	47.766	54.090	58.124	61.777	66.206	69.336
43	22.859	24.398	26.785	28.965	31.625	36.436	42.335	48.840	55.230	59.304	62.990	67.459	70.616
44	23.584	25.148	27.575	29.787	32.487	37.363	43.335	49.913	56.369	60.481	64.201	68.710	71.893
45	24.311	25.901	28.366	30.612	33.350	38.291	44.335	50.985	57.505	61.656	65.410	69.957	73.166
46	25.041	26.657	29.160	31.439	34.215	39.220	45.335	52.056	58.641	62.830	66.617	71.201	74.437
47	25.775	27.416	29.956	32.268	35.081	40.149	46.335	53.127	59.774	64.001	67.821	72.443	75.704
48	26.511	28.177	30.755	33.098	35.949	41.079	47.335	54.196	60.907	65.171	69.023	73.683	76.969
49	27.249	28.941	31.555	33.930	36.818	42.010	48.335	55.265	62.038	66.339	70.222	74.919	78.231
50	27.991	29.707	32.357	34.764	37.689	42.942	49.335	56.334	63.167	67.505	71.420	76.154	79.490

附表 4 t 分布表

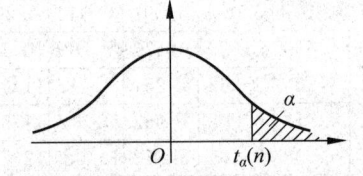

$P\{T(n) > t_\alpha(n)\} = \alpha$

n	α							
	0.25	0.20	0.15	0.10	0.05	0.025	0.01	0.005
1	1.0000	1.3764	1.9626	3.0777	6.3138	12.7062	31.8205	63.6567
2	0.8165	1.0607	1.3862	1.8856	2.9200	4.3027	6.9646	9.9248
3	0.7649	0.9785	1.2498	1.6377	2.3534	3.1824	4.5407	5.8409
4	0.7407	0.9410	1.1896	1.5332	2.1318	2.7764	3.7469	4.6041
5	0.7267	0.9195	1.1558	1.4759	2.0150	2.5706	3.3649	4.0321
6	0.7176	0.9057	1.1342	1.4398	1.9432	2.4469	3.1427	3.7074
7	0.7111	0.8960	1.1192	1.4149	1.8946	2.3646	2.9980	3.4995
8	0.7064	0.8889	1.1081	1.3968	1.8595	2.3060	2.8965	3.3554
9	0.7027	0.8834	1.0997	1.3830	1.8331	2.2622	2.8214	3.2498
10	0.6998	0.8791	1.0931	1.3722	1.8125	2.2281	2.7638	3.1693
11	0.6974	0.8755	1.0877	1.3634	1.7959	2.2010	2.7181	3.1058
12	0.6955	0.8726	1.0832	1.3562	1.7823	2.1788	2.6810	3.0545
13	0.6938	0.8702	1.0795	1.3502	1.7709	2.1604	2.6503	3.0123
14	0.6924	0.8681	1.0763	1.3450	1.7613	2.1448	2.6245	2.9768
15	0.6912	0.8662	1.0735	1.3406	1.7531	2.1314	2.6025	2.9467
16	0.6901	0.8647	1.0711	1.3368	1.7459	2.1199	2.5835	2.9208

续表

n	α							
	0.25	0.20	0.15	0.10	0.05	0.025	0.01	0.005
17	0.6892	0.8633	1.0690	1.3334	1.7396	2.1098	2.5669	2.8982
18	0.6884	0.8620	1.0672	1.3304	1.7341	2.1009	2.5524	2.8784
19	0.6876	0.8610	1.0655	1.3277	1.7291	2.0930	2.5395	2.8609
20	0.6870	0.8600	1.0640	1.3253	1.7247	2.0860	2.5280	2.8453
21	0.6864	0.8591	1.0627	1.3232	1.7207	2.0796	2.5176	2.8314
22	0.6858	0.8583	1.0614	1.3212	1.7171	2.0739	2.5083	2.8188
23	0.6853	0.8575	1.0603	1.3195	1.7139	2.0687	2.4999	2.8073
24	0.6848	0.8569	1.0593	1.3178	1.7109	2.0639	2.4922	2.7969
25	0.6844	0.8562	1.0584	1.3163	1.7081	2.0595	2.4851	2.7874
26	0.6840	0.8557	1.0575	1.3150	1.7056	2.0555	2.4786	2.7787
27	0.6837	0.8551	1.0567	1.3137	1.7033	2.0518	2.4727	2.7707
28	0.6834	0.8546	1.0560	1.3125	1.7011	2.0484	2.4671	2.7633
29	0.6830	0.8542	1.0553	1.3114	1.6991	2.0452	2.4620	2.7564
30	0.6828	0.8538	1.0547	1.3104	1.6973	2.0423	2.4573	2.7500
31	0.6825	0.8534	1.0541	1.3095	1.6955	2.0395	2.4528	2.7440
32	0.6822	0.8530	1.0535	1.3086	1.6939	2.0369	2.4487	2.7385
33	0.6820	0.8526	1.0530	1.3077	1.6924	2.0345	2.4448	2.7333
34	0.6818	0.8523	1.0525	1.3070	1.6909	2.0322	2.4411	2.7284
35	0.6816	0.8520	1.0520	1.3062	1.6896	2.0301	2.4377	2.7238
36	0.6814	0.8517	1.0516	1.3055	1.6883	2.0281	2.4345	2.7195
37	0.6812	0.8514	1.0512	1.3049	1.6871	2.0262	2.4314	2.7154
38	0.6810	0.8512	1.0508	1.3042	1.6860	2.0244	2.4286	2.7116
39	0.6808	0.8509	1.0504	1.3036	1.6849	2.0227	2.4258	2.7079
40	0.6807	0.8507	1.0500	1.3031	1.6839	2.0211	2.4233	2.7045
41	0.6805	0.8505	1.0497	1.3025	1.6829	2.0195	2.4208	2.7012
42	0.6804	0.8503	1.0494	1.3020	1.6820	2.0181	2.4185	2.6981
43	0.6802	0.8501	1.0491	1.3016	1.6811	2.0167	2.4163	2.6951
44	0.6801	0.8499	1.0488	1.3011	1.6802	2.0154	2.4141	2.6923
45	0.6800	0.8497	1.0485	1.3006	1.6794	2.0141	2.4121	2.6896
46	0.6799	0.8495	1.0483	1.3002	1.6787	2.0129	2.4102	2.6870
47	0.6797	0.8493	1.0480	1.2998	1.6779	2.0117	2.4083	2.6846
48	0.6796	0.8492	1.0478	1.2994	1.6772	2.0106	2.4066	2.6822
49	0.6795	0.8490	1.0475	1.2991	1.6766	2.0096	2.4049	2.6800
50	0.6794	0.8489	1.0473	1.2987	1.6759	2.0086	2.4033	2.6778
51	0.6793	0.8487	1.0471	1.2984	1.6753	2.0076	2.4017	2.6757
52	0.6792	0.8486	1.0469	1.2980	1.6747	2.0066	2.4002	2.6737
53	0.6791	0.8485	1.0467	1.2977	1.6741	2.0057	2.3988	2.6718

续表

n	α							
	0.25	0.20	0.15	0.10	0.05	0.025	0.01	0.005
54	0.6791	0.8483	1.0465	1.2974	1.6736	2.0049	2.3974	2.6700
55	0.6790	0.8482	1.0463	1.2971	1.6730	2.0040	2.3961	2.6682
56	0.6789	0.8481	1.0461	1.2969	1.6725	2.0032	2.3948	2.6665
57	0.6788	0.8480	1.0459	1.2966	1.6720	2.0025	2.3936	2.6649
58	0.6787	0.8479	1.0458	1.2963	1.6716	2.0017	2.3924	2.6633
59	0.6787	0.8478	1.0456	1.2961	1.6711	2.0010	2.3912	2.6618
60	0.6786	0.8477	1.0455	1.2958	1.6706	2.0003	2.3901	2.6603
61	0.6785	0.8476	1.0453	1.2956	1.6702	1.9996	2.3890	2.6589
62	0.6785	0.8475	1.0452	1.2954	1.6698	1.9990	2.3880	2.6575
63	0.6784	0.8474	1.0450	1.2951	1.6694	1.9983	2.3870	2.6561
64	0.6783	0.8473	1.0449	1.2949	1.6690	1.9977	2.3860	2.6549
65	0.6783	0.8472	1.0448	1.2947	1.6686	1.9971	2.3851	2.6536
66	0.6782	0.8471	1.0446	1.2945	1.6683	1.9966	2.3842	2.6524
67	0.6782	0.8470	1.0445	1.2943	1.6679	1.9960	2.3833	2.6512
68	0.6781	0.8469	1.0444	1.2941	1.6676	1.9955	2.3824	2.6501
69	0.6781	0.8469	1.0443	1.2939	1.6672	1.9949	2.3816	2.6490
70	0.6780	0.8468	1.0442	1.2938	1.6669	1.9944	2.3808	2.6479
71	0.6780	0.8467	1.0441	1.2936	1.6666	1.9939	2.3800	2.6469
72	0.6779	0.8466	1.0440	1.2934	1.6663	1.9935	2.3793	2.6459
73	0.6779	0.8466	1.0438	1.2933	1.6660	1.9930	2.3785	2.6449
74	0.6778	0.8465	1.0437	1.2931	1.6657	1.9925	2.3778	2.6439
75	0.6778	0.8464	1.0436	1.2929	1.6654	1.9921	2.3771	2.6430
76	0.6777	0.8464	1.0436	1.2928	1.6652	1.9917	2.3764	2.6421
77	0.6777	0.8463	1.0435	1.2926	1.6649	1.9913	2.3758	2.6412
78	0.6776	0.8463	1.0434	1.2925	1.6646	1.9908	2.3751	2.6403
79	0.6776	0.8462	1.0433	1.2924	1.6644	1.9905	2.3745	2.6395
80	0.6776	0.8461	1.0432	1.2922	1.6641	1.9901	2.3739	2.6387
81	0.6775	0.8461	1.0431	1.2921	1.6639	1.9897	2.3733	2.6379
82	0.6775	0.8460	1.0430	1.2920	1.6636	1.9893	2.3727	2.6371
83	0.6775	0.8460	1.0429	1.2918	1.6634	1.9890	2.3721	2.6364
84	0.6774	0.8459	1.0429	1.2917	1.6632	1.9886	2.3716	2.6356
85	0.6774	0.8459	1.0428	1.2916	1.6630	1.9883	2.3710	2.6349
86	0.6774	0.8458	1.0427	1.2915	1.6628	1.9879	2.3705	2.6342
87	0.6773	0.8458	1.0426	1.2914	1.6626	1.9876	2.3700	2.6335

续表

n	α							
	0.25	0.20	0.15	0.10	0.05	0.025	0.01	0.005
88	0.6773	0.8457	1.0426	1.2912	1.6624	1.9873	2.3695	2.6329
89	0.6773	0.8457	1.0425	1.2911	1.6622	1.9870	2.3690	2.6322
90	0.6772	0.8456	1.0424	1.2910	1.6620	1.9867	2.3685	2.6316
91	0.6772	0.8456	1.0424	1.2909	1.6618	1.9864	2.3680	2.6309
92	0.6772	0.8455	1.0423	1.2908	1.6616	1.9861	2.3676	2.6303
93	0.6771	0.8455	1.0422	1.2907	1.6614	1.9858	2.3671	2.6297
94	0.6771	0.8455	1.0422	1.2906	1.6612	1.9855	2.3667	2.6291
95	0.6771	0.8454	1.0421	1.2905	1.6611	1.9853	2.3662	2.6286
96	0.6771	0.8454	1.0421	1.2904	1.6609	1.9850	2.3658	2.6280
97	0.6770	0.8453	1.0420	1.2903	1.6607	1.9847	2.3654	2.6275
98	0.6770	0.8453	1.0419	1.2902	1.6606	1.9845	2.3650	2.6269
99	0.6770	0.8453	1.0419	1.2902	1.6604	1.9842	2.3646	2.6264
100	0.6770	0.8452	1.0418	1.2901	1.6602	1.9840	2.3642	2.6259
101	0.6769	0.8452	1.0418	1.2900	1.6601	1.9837	2.3638	2.6254
102	0.6769	0.8452	1.0417	1.2899	1.6599	1.9835	2.3635	2.6249
103	0.6769	0.8451	1.0417	1.2898	1.6598	1.9833	2.3631	2.6244
104	0.6769	0.8451	1.0416	1.2897	1.6596	1.9830	2.3627	2.6239
105	0.6768	0.8451	1.0416	1.2897	1.6595	1.9828	2.3624	2.6235
106	0.6768	0.8450	1.0415	1.2896	1.6594	1.9826	2.3620	2.6230
107	0.6768	0.8450	1.0415	1.2895	1.6592	1.9824	2.3617	2.6226
108	0.6768	0.8450	1.0414	1.2894	1.6591	1.9822	2.3614	2.6221
109	0.6767	0.8449	1.0414	1.2894	1.6590	1.9820	2.3610	2.6217
110	0.6767	0.8449	1.0413	1.2893	1.6588	1.9818	2.3607	2.6213
111	0.6767	0.8449	1.0413	1.2892	1.6587	1.9816	2.3604	2.6208
112	0.6767	0.8448	1.0413	1.2892	1.6586	1.9814	2.3601	2.6204
113	0.6767	0.8448	1.0412	1.2891	1.6585	1.9812	2.3598	2.6200
114	0.6766	0.8448	1.0412	1.2890	1.6583	1.9810	2.3595	2.6196
115	0.6766	0.8448	1.0411	1.2890	1.6582	1.9808	2.3592	2.6193
116	0.6766	0.8447	1.0411	1.2889	1.6581	1.9806	2.3589	2.6189
117	0.6766	0.8447	1.0410	1.2888	1.6580	1.9804	2.3586	2.6185
118	0.6766	0.8447	1.0410	1.2888	1.6579	1.9803	2.3584	2.6181
119	0.6766	0.8447	1.0410	1.2887	1.6578	1.9801	2.3581	2.6178
120	0.6765	0.8446	1.0409	1.2886	1.6577	1.9799	2.3578	2.6174

附表 5 F 分布表

$$P\{F > F_\alpha(n_1, n_1)\} = \alpha$$

($\alpha = 0.1$)

n_2 \ n_1	1	2	3	4	5	6	7	8	9	10	12	15	20	24	30	40	60	120	∞
1	39.86	49.5	53.59	55.83	57.24	58.20	58.91	59.44	59.86	60.19	60.71	61.22	61.74	62.00	62.26	62.53	62.79	63.06	63.33
2	8.53	9.00	9.16	9.24	9.29	9.33	9.35	9.37	9.38	9.39	9.41	9.42	9.44	9.45	9.46	9.47	9.47	9.48	9.49
3	5.54	5.46	5.39	5.34	5.31	5.28	5.27	5.25	5.24	5.23	5.22	5.20	5.18	5.18	5.17	5.16	5.15	5.14	5.13
4	4.54	4.32	4.19	4.11	4.05	4.01	3.98	3.95	3.94	3.92	3.90	3.87	3.84	3.83	3.82	3.80	3.79	3.78	3.76
5	4.06	3.78	3.62	3.52	3.45	3.40	3.37	3.34	3.32	3.30	3.27	3.24	3.21	3.19	3.17	3.16	3.14	3.12	3.10
6	3.78	3.46	3.29	3.18	3.11	3.05	3.01	2.98	2.96	2.94	2.90	2.87	2.84	2.82	2.80	2.78	2.76	2.74	2.72
7	3.59	3.26	3.07	2.96	2.88	2.83	2.78	2.75	2.72	2.70	2.67	2.63	2.59	2.58	2.56	2.54	2.51	2.49	2.47
8	3.46	3.11	2.92	2.81	2.73	2.67	2.62	2.59	2.56	2.54	2.50	2.46	2.42	2.40	2.38	2.36	2.34	2.32	2.29
9	3.36	3.01	2.81	2.69	2.61	2.55	2.51	2.47	2.44	2.42	2.38	2.34	2.30	2.28	2.25	2.23	2.21	2.18	2.16
10	3.29	2.92	2.73	2.61	2.52	2.46	2.41	2.38	2.35	2.32	2.28	2.24	2.20	2.18	2.16	2.13	2.11	2.08	2.06
11	3.23	2.86	2.66	2.54	2.45	2.39	2.34	2.30	2.27	2.25	2.21	2.17	2.12	2.10	2.08	2.05	2.03	2.00	1.97
12	3.18	2.81	2.61	2.48	2.39	2.33	2.28	2.24	2.21	2.19	2.15	2.10	2.06	2.04	2.01	1.99	1.96	1.93	1.90
13	3.14	2.76	2.56	2.43	2.35	2.28	2.23	2.20	2.16	2.14	2.10	2.05	2.01	1.98	1.96	1.93	1.90	1.88	1.85
14	3.10	2.73	2.52	2.39	2.31	2.24	2.19	2.15	2.12	2.10	2.05	2.01	1.96	1.94	1.91	1.89	1.86	1.83	1.80
15	3.07	2.70	2.49	2.36	2.27	2.21	2.16	2.12	2.09	2.06	2.02	1.97	1.92	1.90	1.87	1.85	1.82	1.79	1.76
16	3.05	2.67	2.46	2.33	2.24	2.18	2.13	2.09	2.06	2.03	1.99	1.94	1.89	1.87	1.84	1.81	1.78	1.75	1.72
17	3.03	2.64	2.44	2.31	2.22	2.15	2.10	2.06	2.03	2.00	1.96	1.91	1.86	1.84	1.81	1.78	1.75	1.72	1.69
18	3.01	2.62	2.42	2.29	2.20	2.13	2.08	2.04	2.00	1.98	1.93	1.89	1.84	1.81	1.78	1.75	1.72	1.69	1.66
19	2.99	2.61	2.40	2.27	2.18	2.11	2.06	2.02	1.98	1.96	1.91	1.86	1.81	1.79	1.76	1.73	1.70	1.67	1.63
20	2.97	2.59	2.38	2.25	2.16	2.09	2.04	2.00	1.96	1.94	1.89	1.84	1.79	1.77	1.74	1.71	1.68	1.64	1.61

续表

($\alpha = 0.1$)

n_2	\ n_1	1	2	3	4	5	6	7	8	9	10	12	15	20	24	30	40	60	120	∞
21		2.96	2.57	2.36	2.23	2.14	2.08	2.02	1.98	1.95	1.92	1.87	1.83	1.78	1.75	1.72	1.69	1.66	1.62	1.59
22		2.95	2.56	2.35	2.22	2.13	2.06	2.01	1.97	1.93	1.90	1.86	1.81	1.76	1.73	1.70	1.67	1.64	1.60	1.57
23		2.94	2.55	2.34	2.21	2.11	1.05	1.99	1.95	1.92	1.89	1.84	1.80	1.74	1.72	1.69	1.66	1.62	1.59	1.55
24		2.93	2.54	2.33	2.19	2.10	2.04	1.98	1.94	1.91	1.88	1.83	1.78	1.73	1.70	1.67	1.64	1.61	1.57	1.53
25		2.92	2.53	2.32	2.18	2.09	2.02	1.97	1.93	1.89	1.87	1.82	1.77	1.72	1.69	1.66	1.63	1.59	1.56	1.52
26		2.91	2.52	2.31	2.17	2.08	2.01	1.96	1.92	1.88	1.86	1.81	1.76	1.71	1.68	1.65	1.61	1.58	1.54	1.50
27		2.90	2.51	2.30	2.17	2.07	2.00	1.95	1.91	1.87	1.85	1.80	1.75	1.70	1.67	1.64	1.60	1.57	1.53	1.49
28		2.89	2.50	2.29	2.16	2.06	2.00	1.94	1.90	1.87	1.84	1.79	1.74	1.69	1.66	1.63	1.59	1.56	1.52	1.48
29		2.89	2.50	2.28	2.15	2.06	1.99	1.93	1.89	1.86	1.83	1.78	1.73	1.68	1.65	1.62	1.58	1.55	1.51	1.47
30		2.88	2.49	2.28	2.14	2.05	1.98	1.93	1.88	1.85	1.82	1.77	1.72	1.67	1.64	1.61	1.57	1.54	1.50	1.46
40		2.84	2.44	2.23	2.09	2.00	1.93	1.87	1.83	1.79	1.76	1.71	1.66	1.61	1.57	1.54	1.51	1.47	1.42	1.38
60		2.79	2.39	2.18	2.04	1.95	1.87	1.82	1.77	1.74	1.71	1.66	1.60	1.54	1.51	1.48	1.44	1.40	1.35	1.29
120		2.75	2.35	2.13	1.99	1.90	1.82	1.77	1.72	1.68	1.65	1.60	1.55	1.48	1.45	1.41	1.37	1.32	1.26	1.19
∞		2.71	2.30	2.08	1.94	1.85	1.77	1.72	1.67	1.63	1.60	1.55	1.49	1.42	1.38	1.34	1.30	1.24	1.17	1.00

续表

($\alpha = 0.05$)

n_2	\ n_1	1	2	3	4	5	6	7	8	9	10	12	15	20	24	30	40	60	120	∞
1		161.40	199.50	215.70	224.60	230.20	234.00	236.80	238.90	240.50	241.90	243.90	245.90	248.00	249.10	250.10	251.10	252.20	253.30	254.30
2		18.51	19.00	19.16	19.25	19.30	19.33	19.35	19.37	19.38	19.40	19.41	19.43	19.45	19.45	19.46	19.47	19.48	19.49	19.50
3		10.13	9.55	9.28	9.12	9.01	8.94	8.89	8.85	8.81	8.79	8.74	8.70	8.66	8.64	8.62	8.59	8.57	8.55	8.53
4		7.71	6.94	6.59	6.39	6.26	6.16	6.09	6.04	6.00	5.96	5.91	5.86	5.80	5.77	5.75	5.72	5.69	5.66	5.63
5		6.61	5.79	5.41	5.19	5.05	4.95	4.88	4.82	4.77	4.74	4.68	4.62	4.56	4.53	4.50	4.46	4.43	4.40	4.36
6		5.99	5.14	4.76	4.53	4.39	4.28	4.21	4.15	4.10	4.06	4.00	3.94	3.87	3.84	3.81	3.77	3.74	3.70	3.67
7		5.59	4.74	4.35	4.12	3.97	3.87	3.79	3.73	3.68	3.64	3.57	3.51	3.44	3.41	3.38	3.34	3.30	3.27	3.23
8		5.32	4.46	4.07	3.84	3.69	3.58	3.50	3.44	3.39	3.35	3.28	3.22	3.15	3.12	3.08	3.04	3.01	2.97	2.93
9		5.12	4.26	3.86	3.63	3.48	3.37	3.29	3.23	3.18	3.14	3.07	3.01	2.94	2.90	2.86	2.83	2.79	2.75	2.71
10		4.96	4.10	3.71	3.48	3.33	3.22	3.14	3.07	3.02	2.98	2.91	2.85	2.77	2.74	2.70	2.66	2.62	2.58	2.54
11		4.84	3.98	3.59	3.36	3.20	3.09	3.01	2.95	2.90	2.85	2.79	2.72	2.65	2.61	2.57	2.53	2.49	2.45	2.40

续表

($\alpha = 0.05$)

n_2	n_1																
	1	2	3	4	5	6	7	8	9	10	12	15	20	24	30	40	60	120	∞
12	4.75	3.89	3.49	3.26	3.11	3.00	2.91	2.85	2.80	2.75	2.69	2.62	2.54	2.51	2.47	2.43	2.38	2.34	2.30
13	4.67	3.81	3.41	3.18	3.03	2.92	2.83	2.77	2.71	2.67	2.60	2.53	2.46	2.42	2.38	2.34	2.30	2.25	2.21
14	4.60	3.74	3.34	3.11	2.96	2.85	2.76	2.70	2.65	2.60	2.53	2.46	2.39	2.35	2.31	2.27	2.22	2.18	2.13
15	4.54	3.68	3.29	3.06	2.90	2.79	2.71	2.64	2.59	2.54	2.48	2.40	2.33	2.29	2.25	2.20	2.16	2.11	2.07
16	4.49	3.63	3.24	3.01	2.85	2.74	2.66	2.59	2.54	2.49	2.42	2.35	2.28	2.24	2.19	2.15	2.11	2.06	2.01
17	4.45	3.59	3.20	2.96	2.81	2.70	2.61	2.55	2.49	2.45	2.38	2.31	2.23	2.19	2.15	2.10	2.06	2.01	1.96
18	4.41	3.55	3.16	2.93	2.77	2.66	2.58	2.51	2.46	2.41	2.34	2.27	2.19	2.15	2.11	2.06	2.02	1.97	1.92
19	4.38	3.52	3.13	2.90	2.74	2.63	2.54	2.48	2.42	2.38	2.31	2.23	2.16	2.11	2.07	2.03	1.98	1.93	1.88
20	4.35	3.49	3.10	2.87	2.71	2.60	2.51	2.45	2.39	2.35	2.28	2.20	2.12	2.08	2.04	1.99	1.95	1.90	1.84
21	4.32	3.47	3.07	2.84	2.68	2.57	2.49	2.42	2.37	2.32	2.25	2.18	2.10	2.05	2.01	1.96	1.92	1.87	1.81
22	4.30	3.44	3.05	2.82	2.66	2.55	2.46	2.40	2.34	2.30	2.23	2.15	2.07	2.03	1.98	1.94	1.89	1.84	1.78
23	4.28	3.42	3.03	2.80	2.64	2.53	2.44	2.37	2.32	2.27	2.20	2.13	2.05	2.01	1.96	1.91	1.86	1.81	1.76
24	4.26	3.40	3.01	2.78	2.62	2.51	2.42	2.36	2.30	2.25	2.18	2.11	2.03	1.98	1.94	1.89	1.84	1.79	1.73
25	4.24	3.39	2.99	2.76	2.60	2.49	2.40	2.34	2.28	2.24	2.16	2.09	2.01	1.96	1.92	1.87	1.82	1.77	1.71
26	4.23	3.37	2.98	2.74	2.59	2.47	2.39	2.32	2.27	2.22	2.15	2.07	1.99	1.95	1.90	1.85	1.80	1.75	1.69
27	4.21	3.35	2.96	2.73	2.57	2.46	2.37	2.31	2.25	2.20	2.13	2.06	1.97	1.93	1.88	1.84	1.79	1.73	1.67
28	4.20	3.34	2.95	2.71	2.56	2.45	2.36	2.29	2.24	2.19	2.12	2.04	1.96	1.91	1.87	1.82	1.77	1.71	1.65
29	4.18	3.33	2.93	2.70	2.55	2.43	2.35	2.28	2.22	2.18	2.10	2.03	1.94	1.90	1.85	1.81	1.75	1.70	1.64
30	4.17	3.32	2.92	2.69	2.53	2.42	2.33	2.27	2.21	2.16	2.09	2.01	1.93	1.89	1.84	1.79	1.74	1.68	1.62
40	4.08	3.23	2.84	2.61	2.45	2.34	2.25	2.18	2.12	2.08	2.00	1.92	1.84	1.79	1.74	1.69	1.64	1.58	1.51
60	4.00	3.15	2.76	2.53	2.37	2.25	2.17	2.10	2.04	1.99	1.92	1.84	1.75	1.70	1.65	1.59	1.53	1.47	1.39
120	3.92	3.07	2.68	2.45	2.29	2.17	2.09	2.02	1.96	1.91	1.83	1.75	1.66	1.61	1.55	1.50	1.43	1.35	1.25
∞	3.84	3.00	2.6	2.37	2.21	2.10	2.01	1.94	1.88	1.83	1.75	1.67	1.57	1.52	1.46	1.39	1.32	1.22	1.00

($\alpha = 0.025$)

n_2	n_1																
	1	2	3	4	5	6	7	8	9	10	12	15	20	24	30	40	60	120	∞
1	647.80	799.50	864.20	899.60	921.80	937.10	948.20	956.70	963.30	968.60	976.70	984.90	993.10	997.20	1001	1006	1010	1014	1018
2	38.51	39.00	39.17	39.25	39.30	39.33	39.36	39.37	39.39	39.40	39.41	39.43	39.45	39.46	39.46	39.47	39.48	39.40	39.50

续表

($\alpha = 0.025$)

n_2	\	n_1																	
	1	2	3	4	5	6	7	8	9	10	12	15	20	24	30	40	60	120	∞
3	17.44	16.04	15.44	15.10	14.88	14.73	14.62	14.54	14.47	14.42	14.34	14.25	14.17	14.12	14.08	14.04	13.99	13.95	13.90
4	12.22	10.65	9.98	9.60	9.36	9.20	9.07	8.98	8.90	8.84	8.75	8.66	8.56	8.51	8.46	8.41	8.36	8.31	8.26
5	10.01	8.43	7.76	7.39	7.15	6.98	6.85	6.76	6.68	6.62	6.52	6.43	6.33	6.28	6.23	6.18	6.12	6.07	6.02
6	8.81	7.26	6.60	6.23	5.99	5.82	5.70	5.60	5.52	5.46	5.37	5.27	5.17	5.12	5.07	5.01	4.96	4.90	4.85
7	8.07	6.54	5.89	5.52	5.29	5.12	4.99	4.90	4.82	4.76	4.67	4.57	4.47	4.42	4.36	4.31	4.25	4.20	4.14
8	7.57	6.06	5.42	5.05	4.82	4.65	4.53	4.43	4.36	4.30	4.20	4.10	4.00	3.95	3.89	3.84	3.78	3.73	3.67
9	7.21	5.71	5.08	4.72	4.48	4.23	4.20	4.10	4.03	3.96	3.87	3.77	3.67	3.61	3.56	3.51	3.45	3.39	3.33
10	6.94	5.46	4.83	4.47	4.24	4.07	3.95	3.85	3.78	3.72	3.62	3.52	3.42	3.37	3.31	3.26	3.20	3.14	3.08
11	6.72	5.26	4.63	4.28	4.04	3.88	3.76	3.66	3.59	3.53	3.43	3.33	3.23	3.17	3.12	3.06	3.00	2.94	2.88
12	6.55	5.10	4.47	4.12	3.89	3.73	3.61	3.51	3.44	3.37	3.28	3.18	3.07	3.02	2.96	2.91	2.85	2.79	2.72
13	6.41	4.97	4.35	4.00	3.77	3.60	3.48	3.39	3.31	3.25	3.15	3.05	2.95	2.89	2.84	2.78	2.72	2.66	2.60
14	6.30	4.86	4.24	3.89	3.66	3.50	3.38	3.29	3.21	3.15	3.05	2.95	2.84	2.79	2.73	2.67	2.61	2.55	2.49
15	6.20	4.77	4.15	3.80	3.58	3.41	3.29	3.20	3.12	3.06	2.96	2.86	2.76	2.70	2.64	2.59	2.52	2.46	2.40
16	6.12	4.69	4.08	3.73	3.50	3.34	3.22	3.12	3.05	2.99	2.89	2.79	2.68	2.63	2.57	2.51	2.45	2.38	2.32
17	6.04	4.62	4.01	3.66	3.44	3.28	3.16	3.06	2.98	2.92	2.82	2.72	2.62	2.56	2.50	2.44	2.38	2.32	2.25
18	5.98	4.56	3.95	3.61	3.38	3.22	3.10	3.01	2.93	2.87	2.77	2.67	2.56	2.50	2.44	2.38	2.32	2.26	2.19
19	5.92	4.51	3.90	3.56	3.33	3.17	3.05	2.96	2.88	2.82	2.72	2.62	2.51	2.45	2.39	2.33	2.27	2.20	2.13
20	5.87	4.46	3.86	3.51	3.29	3.13	3.01	2.91	2.84	2.77	2.68	2.57	2.46	2.41	2.35	2.29	2.22	2.16	2.09
21	5.83	4.42	3.82	3.48	3.25	3.09	2.97	2.87	2.80	2.73	2.64	2.53	2.42	2.37	2.31	2.25	2.18	2.11	2.04
22	5.79	4.38	3.78	3.44	3.22	3.05	2.93	2.84	2.76	2.70	2.60	2.50	2.39	2.33	2.27	2.21	2.14	2.08	2.00
23	5.75	4.35	3.75	3.41	3.18	3.02	2.90	2.81	2.73	2.67	2.57	2.47	2.36	2.30	2.24	2.18	2.11	2.04	1.97
24	5.72	4.32	3.72	3.38	3.15	2.99	2.87	2.78	2.70	2.64	2.54	2.44	2.33	2.27	2.21	2.15	2.08	2.01	1.94
25	5.69	4.29	3.69	3.35	3.13	2.97	2.85	2.75	2.68	2.61	2.51	2.41	2.30	2.24	2.18	2.12	2.05	1.98	1.91
26	5.66	4.27	3.67	3.33	3.10	2.94	2.82	2.73	2.65	2.59	2.49	2.39	2.28	2.22	2.16	2.09	2.03	1.95	1.88
27	5.63	4.24	3.65	3.31	3.08	2.92	2.80	2.71	2.63	2.57	2.47	2.36	2.25	2.19	2.13	2.07	2.00	1.93	1.85
28	5.61	4.22	3.63	3.29	3.06	2.90	2.78	2.69	2.61	2.55	2.45	2.34	2.23	2.17	2.11	2.05	1.98	1.91	1.83
29	5.59	4.20	3.61	3.27	3.04	2.88	2.76	2.67	2.59	2.53	2.43	2.32	2.21	2.15	2.09	2.03	1.96	1.89	1.81

续表

($\alpha = 0.025$)

n_2	n_1																
	1	2	3	4	5	6	7	8	9	10	12	15	20	24	30	40	60	120	∞
30	5.57	4.18	3.59	3.25	3.03	2.87	2.75	2.65	2.57	2.51	2.41	2.31	2.20	2.14	2.07	2.01	1.94	1.87	1.79
40	5.42	4.05	3.46	3.13	2.90	2.74	2.62	2.53	2.45	2.39	2.29	2.18	2.07	2.01	1.94	1.88	1.80	1.72	1.64
60	5.29	3.93	3.34	3.01	2.79	2.63	2.51	2.41	2.33	2.27	2.17	2.06	1.94	1.88	1.82	1.74	1.67	1.58	1.48
120	5.15	3.80	3.23	2.89	2.67	2.52	2.39	2.30	2.22	2.16	2.05	1.94	1.82	1.76	1.69	1.61	1.53	1.43	1.31
∞	5.02	3.69	3.12	2.79	2.57	2.41	2.29	2.19	2.11	2.05	1.94	1.83	1.71	1.64	1.57	1.48	1.39	1.27	1.00

($\alpha = 0.01$)

n_2	n_1																
	1	2	3	4	5	6	7	8	9	10	12	15	20	24	30	40	60	120	∞
1	4052	4999.50	5403	5625	5764	5859	5928	5982	6022	6056	6106	6157	6209	6235	6261	6287	6313	6339	6366
2	98.50	99.00	99.17	99.25	99.30	99.33	99.36	99.37	99.39	99.40	99.42	99.43	99.45	99.46	99.47	99.47	99.48	99.49	99.50
3	34.12	30.82	29.46	28.71	28.24	27.91	27.67	27.49	27.35	27.23	27.05	26.87	26.69	26.60	26.50	26.41	26.32	26.22	26.13
4	21.20	18.00	16.69	15.98	15.52	15.21	14.98	14.80	14.66	14.55	14.37	14.20	14.02	13.93	13.84	13.75	13.65	13.56	13.46
5	16.26	13.27	12.06	11.39	10.97	10.67	10.46	10.29	10.16	10.05	9.89	9.72	9.55	9.47	9.38	9.29	9.20	9.11	9.02
6	13.75	10.93	9.78	9.15	8.75	8.47	8.26	8.10	7.98	7.87	7.72	7.56	7.40	7.31	7.23	7.14	7.06	6.97	6.88
7	12.25	9.55	8.45	7.85	7.46	7.19	6.99	6.84	6.72	6.62	6.47	6.31	6.16	6.07	5.99	5.91	5.82	5.74	5.65
8	11.26	8.65	7.59	7.01	6.63	6.37	6.18	6.03	5.91	5.81	5.67	5.52	5.36	5.28	5.20	5.12	5.03	4.95	4.86
9	10.56	8.02	6.99	6.42	6.06	5.80	5.61	5.47	5.35	5.26	5.11	4.96	4.81	4.73	4.65	4.57	4.48	4.40	4.31
10	10.04	7.56	6.55	5.99	5.64	5.39	5.20	5.06	4.94	4.85	4.71	4.56	4.41	4.33	4.25	4.17	4.08	4.00	3.91
11	9.65	7.21	6.22	5.67	5.32	5.07	4.89	4.74	4.63	4.54	4.40	4.25	4.10	4.02	3.94	3.86	3.78	3.69	3.60
12	9.33	6.93	5.95	5.41	5.06	4.82	4.64	4.50	4.39	4.30	4.16	4.01	3.86	3.78	3.70	3.62	3.54	3.45	3.36
13	9.07	6.70	5.74	5.21	4.86	4.62	4.44	4.30	4.19	4.10	3.96	3.82	3.66	3.59	3.51	3.43	3.34	3.25	3.17
14	8.86	6.51	5.56	5.04	4.69	4.46	4.28	4.14	4.03	3.94	3.80	3.66	3.51	3.43	3.35	3.27	3.18	3.09	3.00
15	8.68	6.36	5.42	4.89	4.56	4.32	4.14	4.00	3.89	3.80	3.67	3.52	3.37	3.29	3.21	3.13	3.05	2.96	2.87
16	8.53	6.23	5.29	4.77	4.44	4.20	4.03	3.89	3.78	3.69	3.55	3.41	3.26	3.18	3.10	3.02	2.93	2.84	2.75
17	8.40	6.11	5.18	4.67	4.34	4.10	3.93	3.79	3.68	3.59	3.46	3.31	3.16	3.08	3.00	2.92	2.83	2.75	2.65
18	8.29	6.01	5.09	4.58	4.25	4.01	3.84	3.71	3.60	3.51	3.37	3.23	3.08	3.00	2.92	2.84	2.75	2.66	2.57
19	8.18	5.93	5.01	4.50	4.17	3.94	3.77	3.63	3.52	3.43	3.30	3.15	3.00	2.92	2.84	2.76	2.67	2.58	2.49
20	8.10	5.85	4.94	4.43	4.10	3.87	3.70	3.56	3.46	3.37	3.23	3.09	2.94	2.86	2.78	2.69	2.61	2.52	2.42

续表

($\alpha = 0.01$)

n_2	n_1																
	1	2	3	4	5	6	7	8	9	10	12	15	20	24	30	40	60	120	∞
21	8.02	5.78	4.87	4.37	4.04	3.81	3.64	3.51	3.40	3.31	3.17	3.03	2.88	2.80	2.72	2.64	2.55	2.46	2.36
22	7.95	5.72	4.82	4.31	3.99	3.76	3.59	3.45	3.35	3.26	3.12	2.98	2.83	2.75	2.67	2.58	2.50	2.40	2.31
23	7.88	5.66	4.76	4.26	3.94	3.71	3.54	3.41	3.30	3.21	3.07	2.93	2.78	2.70	2.62	2.54	2.45	2.35	2.26
24	7.82	5.61	4.72	4.22	3.90	3.67	3.50	3.36	3.26	3.17	3.03	2.89	2.74	2.66	2.58	2.49	2.40	2.31	2.21
25	7.77	5.57	4.68	4.18	3.85	3.63	3.46	3.32	3.22	3.13	2.99	2.85	2.70	2.62	2.54	2.45	2.36	2.27	2.17
26	7.72	5.53	4.64	4.14	3.82	3.59	3.42	3.29	3.18	3.09	2.96	2.81	2.66	2.58	2.50	2.42	2.33	2.23	2.13
27	7.68	5.49	4.60	4.11	3.78	3.56	3.39	3.26	3.15	3.06	2.93	2.78	2.63	2.55	2.47	2.38	2.29	2.20	2.10
28	7.64	5.45	4.57	4.07	3.75	3.53	3.36	3.23	3.12	3.03	2.90	2.75	2.60	2.52	2.44	2.35	2.26	2.17	2.06
29	7.60	5.42	4.54	4.04	3.73	3.50	3.33	3.20	3.09	3.00	2.87	2.73	2.57	2.49	2.41	2.33	2.23	2.14	2.03
30	7.56	5.39	4.51	4.02	3.70	3.47	3.30	3.17	3.07	2.98	2.84	2.70	2.55	2.47	2.39	2.30	2.21	2.11	2.01
40	7.31	5.18	4.31	3.83	3.51	3.29	3.12	2.99	2.89	2.80	2.66	2.52	2.37	2.29	2.20	2.11	2.02	1.92	1.80
60	7.08	4.98	4.13	3.65	3.34	3.12	2.95	2.82	2.72	2.63	2.50	2.35	2.20	2.12	2.03	1.94	1.84	1.73	1.60
120	6.85	4.79	3.95	3.48	3.17	2.96	2.79	2.66	2.56	2.47	2.34	2.19	2.03	1.95	1.86	1.76	1.66	1.53	1.38
∞	6.63	4.61	3.78	3.32	3.02	2.80	2.64	2.51	2.41	2.32	2.18	2.04	1.88	1.79	1.70	1.59	1.47	1.32	1.00

习题答案